터키
일주
경로

도착
탁심광장
유러피안 사이드
이스탄불
보스포러스 해협
출발
아시안 사이드
사프란 볼루
마르마라 해협
이즈미트
(4일차)
(78일차)
얄로바
(5일차)
(77일차)
차낙칼레
부르사
(7일차)
(76일차)
앙카라
(71일차)
부르하니예
(11일차)
발리케시르 (9일차)
에스키셰히르 (75일차)
소금호수 (투즈골)
아이발릭
베르가마 (12일차)
에게해
터키
이즈미르
(14일차)
파묵칼레
아이든
(17일차)
데니즐리
(18일차)
셀축
(16일차)
무을라 (20일차)
안탈랴 (33일차)
보드룸 (21일차)
페티예 (28일차)
알라냐 (34일차)
데므레
(32일차)
케메르
산토리니
코스
마르마리스, (27일차)
보즈O
(35일
그리스
쿰루자
가집파샤
로도스
율루데니즈
(해변, 30일차)
카쉬
(31일차)
아나무르
지중해

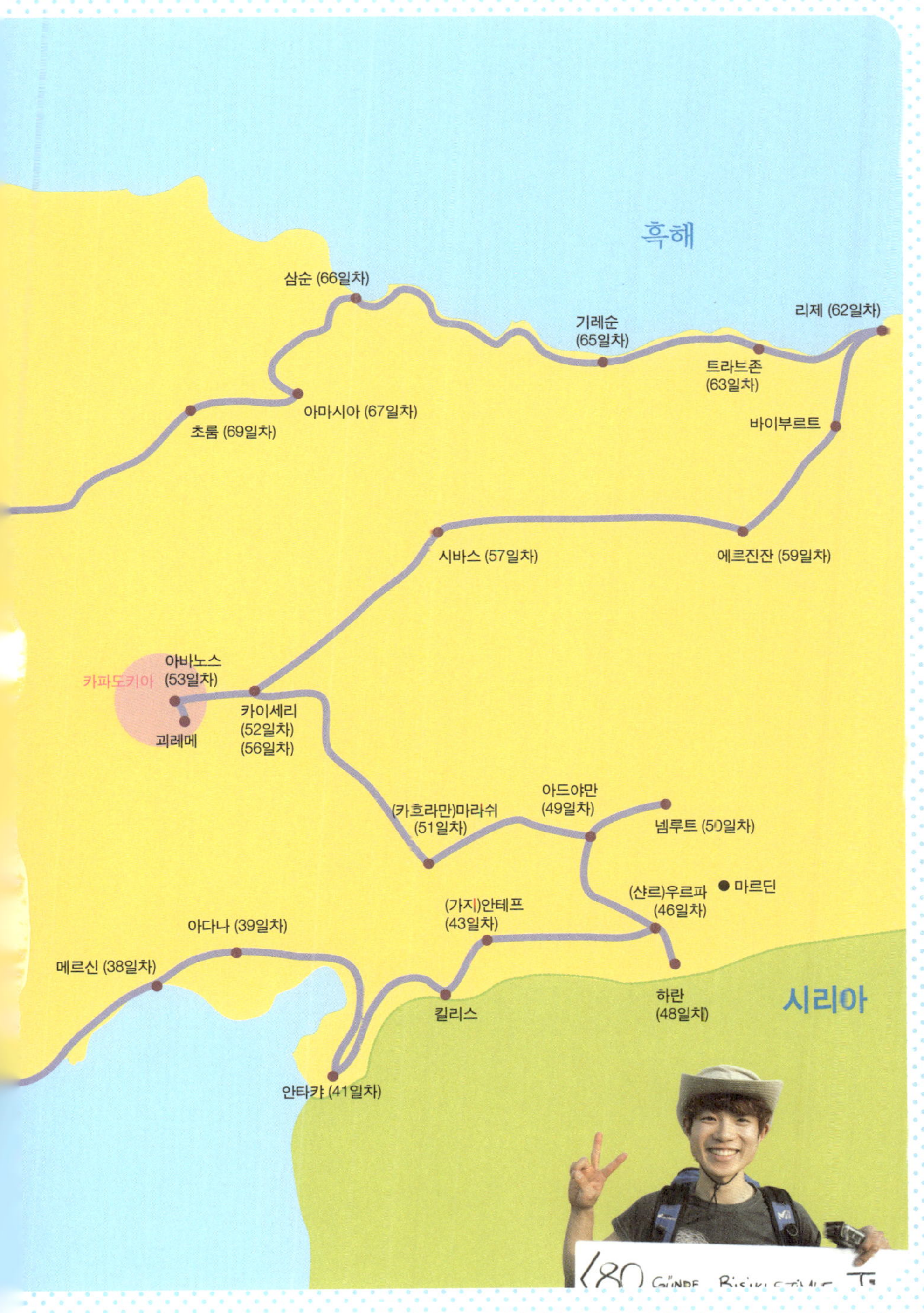
흑해
삼순 (66일차)
기레순 (65일차)
리제 (62일차)
트라브존 (63일차)
아마시아 (67일차)
초룸 (69일차)
바이부르트
에르진잔 (59일차)
시바스 (57일차)
아바노스 (53일차)
카파도키아
괴레메
카이세리 (52일차) (56일차)
(카흐라만)마라쉬 (51일차)
아드야만 (49일차)
넴루트 (50일차)
(가지)안테프 (43일차)
(샨르)우르파 (46일차)
마르딘
아다나 (39일차)
메르신 (38일차)
킬리스
하란 (48일차)
시리아
안타캬 (41일차)

미소 하나 달랑 메고,
써니의 80일간

자전거
터키일주

미소 하나 달랑 메고,
써니의 80일간

미소 하나 달랑 메고,
써니의 80일간
자전거 터키일주

숙박비 0원! 교통비 0원!

초판 1쇄 발행 2015년 9월 2일

지은이 권보선
발행인 송현옥
편집인 옥기종
펴낸곳 도서출판 더블:엔
출판등록 2011년 3월 16일 제2011-000014호

주소 서울시 강서구 마곡서1로 132, 301-901
전화 070_4306_9802
팩스 0505_137_7474
이메일 double_en@naver.com

ISBN 978-89-98294-15-1 (13980)

※ 이 책은 저작권법에 따라 보호받는 저작물이므로 무단전재와 무단복제를 금지하며, 이 책 내용의
  전부 또는 일부를 이용하려면 반드시 저작권자와 더블:엔의 서면동의를 받아야 합니다.

※ 이 도서의 국립중앙도서관 출판시도서목록(CIP)은 서지정보유통지원시스템 홈페이지(http://seoji.
  nl.go.kr)와 국가자료공동목록시스템(http://www.nl.go.kr/kolisnet)에서 이용하실 수 있습니다.
  (CIP제어번호: CIP2015021257)

※ 잘못된 책은 바꾸어 드립니다.

※ 책값은 뒤표지에 있습니다.

도서출판 더블:엔은 독자 여러분의 원고 투고를 환영합니다. '열정과 즐거움이 넘치는 책'으로 엮고자 하는
아이디어 또는 원고가 있으신 분은 이메일 double_en@naver.com으로 출간의도와 원고 일부, 연락처 등을
보내주세요. 즐거운 마음으로 기다리고 있겠습니다.

미소 하나 달랑 메고, 써니의 80일간 자전거 터키일주

권보선 지음

두 바퀴로 그린 5,036km의 기적

더블:엔

s u n n y
권 보 선

굉장한 친화력과 미소가 특기인 26세 젊은이가 국내 최초로 터키 대륙을 자전거로 완주했다.
2014년 3월 30일, 이스탄불에서 시작된 자전거 터키일주. 두 바퀴로 터키 전역을 누비면서 41개의 크고 작은 도시에서 46명의 현지인들에게 초대되어 그들과 소통하고 그들의 삶속으로 들어가 보려 노력했다. **80일간 두 바퀴로 그려낸 5036km, 1296km의 히치하이킹, 24번의 펑크, 숙박비 0원, 교통비 0원 달성!**

그 주인공은 바로 제주대학교 지리교육과 학생 권보선씨. 그는 4년 전 자전거 국토종단을 시작하며, '누군가에게 희망을 주는 존재가 되겠다'는 꿈을 갖기 시작한다. 이어 2013년 1월에는 자전거 대만일주, 7월에는 유럽일주를 무사히 완주하면서 단순한 여행이 아닌, 현지인들의 삶속으로 조금이나마 비집고 들어가 보는, 이른바 '문화체험'이라는 테마가 있는 자전거 여행을 하겠다는 목표를 갖게 된다.

'청춘' '인생' '대학생활' 등에 관해 학생들 앞에서 여러 차례 강연을 했고, 2014년 말에 대한민국 인재상(교육부)을 수상했다.

그는 오늘도 '하고 싶은 것에 미치고, 주어진 시간과 기회에 설레자. 젊음을 낭비하지 말자'는 좌우명으로 열심히 도전하는 삶을 그려나가고 있다.

https://www.facebook.com/bosun.kwon.1

써니의 자전거 유럽일주　　써니의 자전거 터키일주

★ 싸이클 경력

- 2011.08 나홀로 자전거 국토종주 880km
- 2013.01 나홀로 자전거 대만일주 1100km(노스페이스 후원)
- 2013.07 ~ 08 나홀로 유럽 7개국 일주 2807km(프랑스 · 영국 · 벨기에 · 네덜란드 · 독일 · 체코 · 스위스)
- 2013.10 제주대학교 지리교육전공 자전거 제주도 일주 기획 및 진행
- 2014.03 ~ 06 나홀로 자전거 터키일주(국내 최초) 5036km

★ 주요 활동사항

- 2013.08.15 프랑스 파리 1人 독도 알리기 행사 기획 및 진행
- 2015.01 ~ 2015.02 Truro Junior High School Intern Teacher(캐나다 인턴교사)
- 2012 제주대학교 제안서 공모전 장려상(제주대학교 박물관장상) 수상
- 2013 JDC 대학생 아카데미 Presentation 경진대회(제주대학교 총장상) 수상
- Beetm 99thinks 영상공모전 최우수상(문화체육관광부) 수상
- 2014 JNU 프레젠테이션 경진대회 우수상(제주대학교 기초교양교육원) 수상
- Land Rover Galactic Discovery Competition 대한민국 대표상(국내1위, 세계2위) 수상
- 2014 대한민국 인재상(교육부) 수상
- TESOL(국제영어교사 자격증)(California University · TIMESMEDIA/2013.12.01.)
- 2013.10 유니브엑스포 제주 학생연사로 강연(주제: 인생은 속도가 아니라 방향이다)
- 2014.08 상상유니브 제주 '아침을 여는 대학' 8월 연사(주제: 여러분 인생의 속도는 몇 km입니까?)
- 2014.09 아라대동제(제주대학교 축제) 강연(주제: 청춘사용법)
- 2014.10 제주 문화광장 강연(주제: 두 바퀴로 그리는 기적)
- 2014.11 유니브엑스포 제주 학생연사(주제: 돈 버는 대학생활, 돈 버는 여행방법)
- [제주일보 2013.10.28] 도전하는 삶, 희망을 찾다. "전 세계 누비며 제주 알리고 싶어요"
- [EKSPRES 2014.04.08] PAB, Güney Koreli Sunny'i Ağırladı(※ 터키 지역일간지)
- [Manşet Gazetesi 2014.04.08] PAB, Güney Koreli Sunny'i ağırladı(※ 터키 지역 일간지)
- [제주일보 2014.07.11] "80일간 자전거로 터키 5036km 일주 제주대 권보선씨"
- [제주일보 2014.10.01] "취업 준비에만 목매는 대학 문화에 경종을‥"
- [제주 헤드라인 2014.12.30] "대한민국 인재상 오른 제주 3인방은 누구? 제주대 권보선씨"

"미친 놈."
"젊음이 좋긴 좋구나!"
"내 아들 생각이 나네."
슬리퍼를 신은 채 내달리는 나에게 많은 사람들이 이런저런 응원(?)의 메시지를 건네주었다. 그 많은 말들 중에서 아직도 생생히 기억에 남는 말이 있다.
"내가 자네를 도와주는 건 나도 소싯적에 도움을 많이 받았기 때문일세. 자네가 이곳 통일전망대까지 오면서 많은 도움을 받았을 텐데, 지금 이 감정을 잊지 않고 나중에 여유가 된다면 다른 이들에게 베풀어주었으면 하네."

2011년, 나홀로 자전거 국토종단을 시작으로 틈틈이 자전거 여행을 했다. 그리고 지금, 나는 터키행 비행기에 몸을 싣고 있다.
지난 2013년 1월과 7월, 자전거 대만일주와 유럽일주를 무사히 완주한 후에 여행 동영상을 SNS에 게시했는데 그 반응이 상상 이상이었다.

유럽일주를 마치고 난 후 나에게는 또 하나의 욕심이 생겼다.

'이 길로 도전해보고 싶다!'가 바로 그것. 단순한 여행이 아닌, 현지인들의 삶속으로 조금이나마 비집고 들어가 보는, 이른바 '문화체험'이라는 테마가 있는 자전거 여행을 목표로 삼은 것이다. 남들이 쉽사리 가지 않는 길이고 실패의 리스크가 큰 길이다. 그렇지만 실패를 하더라도 내가 좋아하는 것이기에 후회하지 않을 자신이 있었다.

그래서 다시 한번 떠나겠다는 결심을 하고 부모님 설득 작업에 들어갔다. 겨울 내내 이어진 부모님과의 기나긴 줄다리기.

마침내 '마지막 자전거 여행'이라는 조건을 걸고 이번 여정을 준비할 수 있게 되었다. '마지막…'이라, 뭐 좋다. 일단은 떠나니까! 물론 부모님의 반대를 무릅쓰고 떠날 수도 있겠지만 그런 방법은 내가 불편하다. 그래서 합의 끝에 '마지막 장기 여행이자 자전거 여행', 그리고 '졸업 후 취직하기'라는 조건을 받아들이며 이번 여행을 기꺼이 허락 받았다.

마지막일 수 있는 이번 여행을 준비하면서 나는 많은 생각을 했다.

'정말 마지막일지도 모르니 90일간 후회하지 않도록 즐기다 오자!'

'나를 지켜보는 사람들의 마음을 조금이라도 움직여보자!'

1

2

3

'나의 인생 목표(누군가에게 희망과 영감을 줄 수 있는 사람)를 이번 여행을 통해 이뤄보자!'

이 길이 성공을 보장해주지는 않겠지만, 만약 실패하더라도 후회는 남지 않을 것이다.

자, 그럼 중고 자전거 한 대로 배낭 하나 달랑 메고 떠나는, 써니의 나홀로 자전거 터키일주! 그 젊은 청춘의 한 페이지를 멋지게 장식해볼까?

- 터키로 향하는 아시아나 OZ0551편 비행기 안에서

1. 나의 첫 자전거여행이자, '누군가에게 희망이 되는 존재'라는 꿈을 갖게 해준
   나홀로 자전거 국토종단 (2011.08.25 강원도 고성 통일전망대에서)
2. 2013년 1월, 자전거 대만일주
3. 2013년 7~8월, 자전거 유럽일주

자, 한번 떠나볼까?

★ 자전거 관련

☆ 자전거 : Specialized 알레 스포츠 2010년식(중고 45만원)

☆ 속도계 : Giant Continuum 9W

☆ 헬멧 : 필모리스 F-575

☆ 저가형 전조등 · 후미등, 펑크패치(지름 32mm짜리 60개), 여분 타이어(schwalbe lugano folding tire) 1쌍, 여분 튜브(schwalbe) 4개, 타이어 레버, 육각 렌치, 스패너, 케이블 타이, 체인오일, 휴대용펌프, 자전거 깃발

★ 가방 및 의류

☆ 36L 크기 배낭(MILLET MXISK902), 메신저 백

☆ 버프 1개(현지에서 1개 구입해서 총 2개), 팔토시 1벌, 발토시 2벌, 바람막이 1벌, 싸이클저지 1벌(현지에서 1벌 선물 받아서 총 2벌), 패드 바지 2벌, 기능성 티 2벌(긴팔 1벌, 민소매 1벌), 자전거용 장갑 2벌, 속옷 2벌, 양말 3켤레, 긴팔 1벌, 긴바지 1벌, 반팔 3벌, 반바지 2벌, 수건 2장

★ 전자제품

☆ HP 미니넷북 + 어댑터, SONY NEX-5 미러리스 카메라, NEX–5 여분 배터리x1, gopro3 hero 액션캠, gopro 여분배터리x6, FUJI 인스탁스 미니25 폴라로이드 카메라 + 필름 100장

★ 기타

☆ 손톱깎기, 수첩 1권, 연습장 3권, 슬리퍼(flip-flop), 아쿠아슈즈, 여권, 현금 및 카드, 셀카 모노포드(일명 셀카봉), 샴푸, 세안제, 선크림 2통, 밴드 및 상비약(지사제, 감기약), 전통 엽서, 명함, 태극기, 나침반, 선글라스

Total 23.16kg (자전거 포함)

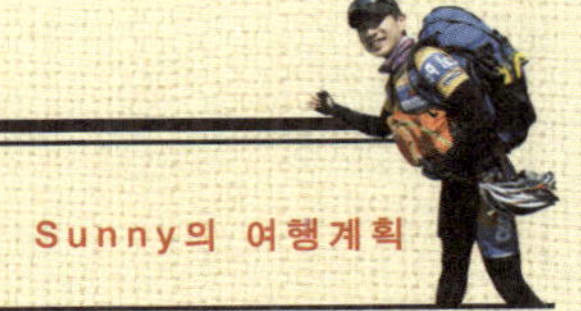

숙박비 0원! 교통비 0원!

★ 마음가짐

☆ 누군가에게 희망과 영감을 주는 Sunny가 되자. 여행 후 누군가에게 힘이 되는 메시지를 받으면 나는 이번 여행, 성공한 것이다! 무엇보다 최대한 즐기자!

★ 여행의 목표

☆ '그들의 마음의 문에 먼저 다가가라. 그러면 그들의 대문이 열릴 것이다' 라는 마인드로 숙박비 0원 달성!
☆ 교통비 0원 달성!
☆ 완주 후 이스탄불 탁심광장에서 프리허그 행사 진행
☆ 한국 음식 먹지 않기, 한국인 초대한 적게 만나기, 최대한 터키를 느끼자

★ 여행 기간

☆ 90일 (2014.03.30 ~ 2014.06.27) : 터키일주 80일, 그 뒤 10일간 자유여행

★ 여행 경로

☆ 터키일주 + 그리스 산토리니섬

★ 여행 자금

☆ 항공료 127만원
☆ 현지 생활비 최대 200만원
☆ 환율 : 터키 1리라 (여행 당시 약 490원, 2015년 8월 11일 현재 약 418원)

돈… 상당히 중요하다. 하지만 '지금 내게는 200만원밖에 없다. 더 있어도 200만원 밖에 없는 것이다. 없는 거다. 없는 거다' 속으로 계속 주문을 건다. 실제로 여행경비 최대치를 200만원으로 잡고 통장에 200만원단 넣은 채 출금 카드를 만들었다. 나도 참 대단하다!

친구도 사귀고~ 현지 문화체험에 경비 절약까지! 1석3조의 여행방법

여행을 하며 가장 중요한 건 아마도 '비용' 문제일 것이다. 여행에서 가장 많은 비용을 차지하는 부분인 의, 식, 주에서 Sunny는 '주' 의 해결책으로 '웜샤워' 를 이용했다.
외국에 비해 우리나라에서는 활발하지 않지만, 아는 사람은 다 안다는 '카우치서핑' 과 '웜샤워' 에 대해 알아보기로 하자.

카우치서핑(Couchsurfing)이란?

카우치서핑은 여행하고자 하는 곳의 현지인의 도움을 받아 무료 숙박 및 때로는 가이드를 제공받을 수 있는, 여행자들을 위한 비영리 커뮤니티다. 여행자는 서핑을 하는 사람이기에 서퍼(Surfer)라 부르고, 쇼파(Couch)를 빌려주는 사람은 호스트(Host)라고 한다. 먼저 커뮤니티에 회원가입을 한 후 개인정보를 올리고, 가고자 하는 여행지에 있는 호스트들을 향해 한껏 어필해본다. 여기에 호스트가 승낙을 해주면 카우치서핑이 이루어진다. 참고로 터키는 카우치서핑 문화가 굉장히 잘 발달되어 있다.

☆ 카우치서핑 사이트 www.couchsurfing.org

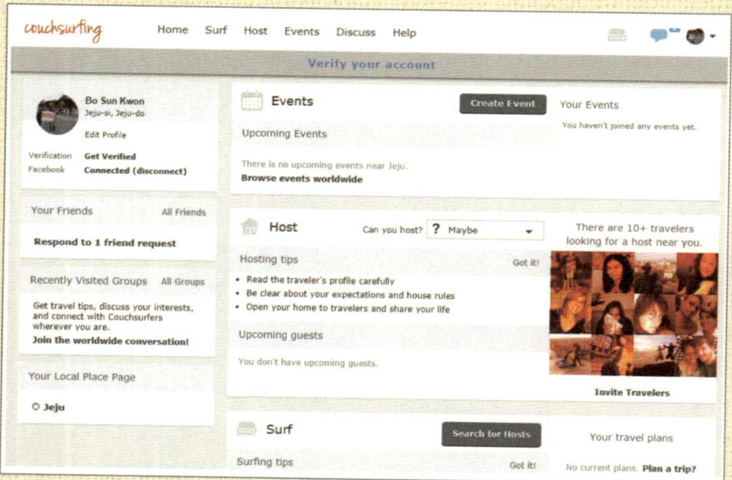

미소 하나 달랑 메고, 써니의 80일간 자전거 터키일주

웜샤워(Warm Showers)란?

전 세계 자전거 여행자들의 모임으로, 자신의 지역으로 오는 자전거 여행자들의 비영리 숙소 제공 서비스를 목적으로 한 커뮤니티다. 카우치서핑은 많이 들어봤겠지만, 웜샤워 시스템은 생소할 것이다. 웜샤워는 카우치서핑과 똑같은 시스템이나 오로지! 자전거 여행자들만을 위한 시스템이기에 자전거 여행을 하는 사람에게만 해당된다는 사실!

이용방법도 그리 어렵지 않다. 회원가입 → 해당 지역의 호스트에게 컨택 메시지 전송 → 답장(호스팅 가능 여부) 확인 후 호스트 집에 찾아가면 끝! 그리고 그들과 즐기면 된다.

☆ 웜샤워 사이트 www.warmshowers.org

★ 2~3일 혹은 일주일 정도 여유를 두고 메일을 보내는 게 좋다. why? 그들도 그들만의 일정이 있을 테니까!

★ 집에 방문했을 때는 그 나라의 문화나 예의범절에 어긋나지 않도록 행동하자. 우리는 예절 바른 한국인이란 걸 보여주자.

★ 받기만 하지 말자! 숙박이 무료로 이루어진다고 해도 나를 초대해준 그들에게 무언가를 선사해준다면 그대는 센스쟁이 ^.~

CONTENTS

자, 고생문이 열렸다!

D-DAY! 자정을 조금 넘긴 시각, 인천공항으로 가기 위해 광주 광천터미널로 향한다. 어머니 아버지께서 터미널까지 배웅해주신다. 터미널에 도착하니 고등학교 친구들이 미리 배웅을 나와 있다. 진짜 친구들! 서울에서도, 제주도에서도 그랬지만 녀석들의 문자와 응원이 나를 더욱 힘나게 한다. 건투를 빌며 기념사진을 찍은 후 인천공항으로 가는 1시 50분 고속버스에 몸과 자전거를 싣는다.

5시 30분 인천국제공항 도착. 버스 안에서의 네 시간은 잠만보인 나의 수면 욕구를 충분히 채워주지 못했기에 공항에 도착하자마자 구석에 자리를 잡고 잠을 청한다. 두어 시간 잤으려나? 사람들의 소란스런 소리에 잠이 깼다. 탑승수속을 밟으러 아시아나 창구로 향한다.

자전거 박스는 14.66kg, 배낭 무게는 8.5kg. 생각보다 가볍다! 아시아나 항공의 자전거 수화물 규정은 20kg 이내로만 맞추면 추가요금이 붙지 않아서 걱정 없지만, 배낭은 조금 걱정이다. 12~13kg 정도로 예상했는데, 8kg대

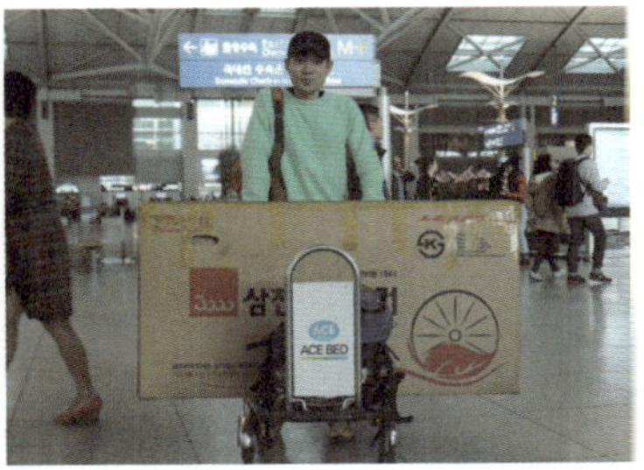

라니! 지난 유럽일주 때도 가져가지 않았던 넷북까지 챙겼건만 무게 경량화에 성공했다. 이건 필히 여러 차례의 여행으로 인한 내공 덕분이라 자만해본다. 하지만 빠뜨린 건 없는지 덜렁대는 나 자신이 내심 의심스럽기도 하다.

무리 없이 수화물을 부치고 나서 빵과 밀크티로 간단히 아침을 때운다.

이번 여정의 준비기간은 무척이나 짧았다. 갑자기 이런저런 일들이 생겨 전국 여기저기 오가느라 바쁘기도 했지만, 무엇보다 나 스스로 나태해져 출국일이 코앞에 다가와서야 허겁지겁 준비한 이유도 있었다. 첫날 묵을 숙소도 출국 바로 전날 밤에서야 이스탄불 호스트로부터 OK 답장을 받았다.

기분도 지난 유럽일주 때와는 사뭇 다르다. 그때는 가벼운 마음으로 부담 없이 출국했는데, 지금 이스탄불로 향하는 나의 마음 속에는 왠지 모르게 '부담감'이란 녀석이 함께하고 있다. 아마도 나를 지켜보고 응원해주는 시선들이 많아져서일 것이다. 무엇보다 스케일이 많이 커졌다. 40일 자전거 유럽일주와 80일 자전거 터키일주, 게다가 지금 터키는 반정부시위가 한창이니, 여행의 안전성을 비교해 봐도 이번 여정은 상당히 조심스럽다.

나는 여행 계획을 미리 세우지 않는 편이다. 여행 전에 골머리를 앓으면서 빈틈없이 계획을 짜는 것보다는 여행은 그 틈을 만나러 가는 것이라고 생각한다. 물론 당장 필요한 숙박 같은 문제는 출발 전에 손을 써놓지만, 어떻게 어떤 식으로 여행을 할 것인지는 지금 이곳, 목적지를 향해 가는 비행기 안에서 생각한다. 지금도 그 생각을 하고 있는 중이다.

'앞으로 어떻게 여행을 해야 할 것인가? 어디로 가야 할 것인가?'

이번 여행의 주제는 '써니의 80일간, 나홀로 자전거 터키일주'다. 큰 틀은 두 바퀴로 터키 방방곡곡을 돌아다니며 그들의 문화를 이해하고, 조금이나마 그들의 삶속으로 비집고 들어가 보는 것이다. 어떻게 여행하든, 어디로 가든 그 안에는 그리스 산토리니섬이 꼭! 들어가야만 한다! 산토리니는 지난 유럽일주를 시작할 당시에 최종 목적지였지만 계획이 변경되면서 못 간 곳이다. 이번에는 무조건 산토리니에 발도장을 찍고 오기로 마음먹는다. 일단 마음속에 자리잡으면 꼭 해버려야 직성이 풀리는 나의 머릿속에 대략 루트가 그려진다. 이스탄불에서 시작하여 터키를 한 바퀴 돌고 다시 이스탄불로 돌아오면 된다. 참 쉽다.

'뭐 어떻게든 되겠지.'

여행 방법은? 특정한 테마 혹은 목표 없이 여행하는 건 정말 재미없다. 여행 시작 전 목표를 정하기로 한다. 먼저 숙박은 지난번 유럽일주에서처럼 웜샤워 시스템을 이용한다. 웜샤워는 자전거 여행자들에게 최고의 시스템이다. 외국인 친구도 사귈 수 있고 돈도 절약할 수 있을 뿐만 아니라 그 나라의 문화를 직접 체험할 수 있다. 그야말로 1석 3조!

그럼, 그들에게 어떻게 베풀어줄 수 있을까? 나는 지인으로부터 폴라로이드 카메라를 공수해왔다. 그들에게 즉석사진을 찍어 선물함으로써 우리가 함께한 추억을 간직하게 해주고 싶고, 작게나마 감사의 마음을 담아 전통엽서를 선물할 계획이다. 솔직히 웜샤워와 카우치서핑, 그리고 때론 구걸(?)을 시도하여 숙박비 0원에 도전해보고 싶다. 쉽지만은 않겠지만 노력해볼 것이다. 여러 번의 여행을 통해 배짱과 깡다구 하나 만큼은 아주 충만해졌다.

또한 여행을 하면서 현지인들과 잊지 못할 좋은 추억을 많이 남기고 싶다. 예를 들면, 완주 후 프리허그 이벤트라든지 그들과 함께하는 플래쉬몹(flash mob)이라든지… 한마디로 어떠한 결과물을 만들어내고 싶다. 그리고 그 결과물로 인해 많은 사람들에게 영감을 주고 싶다. 바로 이게 내가 원하는 여행이고 이번 여행의 목적이다. 나는 이번 여행에서 최대한 많은 사람들을 만날 것이며, 사서 고생할 것이다.

터키에서의 첫 웜샤워

16시 30분. 나를 실은 비행기는 이스탄불 아타튀르크 공항에 무사히 도착했다. 그러나 입국 심사와 수화물 때문에 오늘 호스트와의 만남장소인 메트로 입구까지 가는 시간이 점점 늦어지고 있다. 터키 입국 심사는 까다롭지 않다. 아니, 상당히 쉽다. 그냥 도장만 찍어주고 질문도 없이 통과시킨다. 수화물을 찾을 때 한 가지 유의해야 할 점은 자전거처럼 대형 수화물을 찾을 때에는 보통 짐들처럼 수화물 컨테이너벨트 앞에서 기다리고 있으면 절대 안 된다는 것! 자전거는 부피가 상당히 크기 때문에 일반 수화물 컨테이너에서 토해낼 수가 없다. 그래서 공항 직원에게 대형 수화물은 어디에서 나오는지를 꼭 물어보고 대기해야 한다. 나는 다행히도 내가 타고 온 비행기 수화물 근처의 직원에게 물어보아 대형 수화물 배출구(?) 앞에서 대기할 수 있었다.

드디어 12시간 만에 내 자전거 박스와의 만남! 박스가 찢어질까봐 조금 걱정했는데 다행히 외부 손상은 없어 보인다.

아타튀르크 공항은 카트를 끌려면 동전을 투입해야 한다. 아직까지 터키 돈을 쓰지 않아 동전이 없는 나는 자전거 박스를 낑낑대며 끌면서 물어물어 메트로 타는 곳까지 간다. 게다가 와이파이도 안 된다(무언가를 사먹어야 이용할 수 있다는 걸 나중에야 알게 되었다). 가장 답답한 건 인터넷으로 호스트의 메일을 확인할 수 없다는 거였다. 오늘의 호스트인 컬비가 며칠 전에 쪽지로 알려준 약속장소까지 걸어가는 내내 걱정이 한가득이다.

'만약 컬비가 안 나오면, 나는 오늘 어디서 자야 하지?'

마침내 약속장소에 도착했을 때, 어떤 여자가 내게 다가오는 것 같다. '그래, 컬비는 결혼했다고 했지. 아마 부인이 아닐까?'

그때 저 멀리서 들려오는… "Sunny?"

내 안에 도사리고 있던 근심이 한순간에 떨어져 나간다. 휴~! 컬비의 아내 레베카다!

한 시간 전부터 나를 기다리고 있었다고 한다. 와이파이가 되지 않으니 혹시 연락이 안 될 경우를 대비해 컬비는 공항입국장 앞에서, 레베카는 메트로 입구에서 대기하고 있었단다. 이렇게 하여 터키 이스탄불에서 나를 책임져줄, 터키에서의 첫! 호스트와의 만남이 이루어졌다.

자전거는 조립하지 않기로 했다. 세 명이서 번갈아가며 자전거 박스를 들고 컬비네 집으로 향한다. 나 혼자였으면 낑낑댔을 것을 레베카가 친절히 도와주어 무사히 메트로 카드를 구매하고 충전도 한다. 이스탄불에서 처음 메트로를 타본다. 한 시간 후, 우리는 컬비네 집에 도착한다.

컬비&레베카 부부는 터키인이 아니라 미국인이다. 그들은 터키 영주권

자가 아닌, 외국인 신분으로 이스탄불에서 1년째 살고 있다. 자전거로 유럽을 여행하고, 레베카가 이스탄불에서 고등학교 영어 교사로 일하게 되어 미국 생활을 청산하고 그냥 외국인 신분으로 이스탄불에 살고 있다고 한다.

레베카는 한국과도 인연이 있었다. 2001년부터 2004년까지 3년간 서울 용산의 한 고등학교에서 영어를 가르친 적이 있다. 웜샤워 호스트가 터키인이 아니라는 게 조금 아쉽긴 하지만(터키 현지 문화를 느껴보고 싶었기에) 그래도 의사소통이 원활히 이루어질 수 있는 건 다행이었다.

3월의 터키는 쌀쌀하다. 긴바지와 긴팔을 한 벌씩밖에 안 가져왔는데 벌써 걱정이다. 집에 도착해 가장 먼저 한 일은 샤워! 장시간 비행으로 인한 찝찝함을 털어내고 우리는 저녁을 먹으러 나갔다. 주문을 하는데 역시나 우리 모두 외국인이어서 많이 서툴다. 그나마 터키어를 아는 컬비 부부가 간단히 주문 요령을 나에게 알려준다. Tavuk은 치킨, Pide는 피자, Ekmek은 빵, 그리고 "감사합니다" "잘 먹겠습니다" 등 정말 초간단 표현들을 터득한다. '그래, 하나하나씩 배워나가는 거야!'

레스토랑 TV에서는 선거 투표 경과가 흘러나오고 있다. 마침 오늘 3월 30일은 터키 총선거가 실시된 날이었다. 한국에 있을 때부터 터키 정부와 관련된 뉴스를 관심있게 들었는데, 터키는 현재 트위터와 유튜브를 차단하고 있다. 반정부적인 소식이 SNS를 통해 전파되는 것을 터키 총리가 전면 차단시킨 것이다. 아직 페이스북은 차단하지 않았지만, 언제 차단시킬지 모른다고 한다. 페이스북은 내가 유일하게 하는 SNS인데, 이것만은 차단시키지 말아다오!

저녁을 먹으면서 터키에서 유의해야 할 사항들을 몇 가지 배운다. 그 중 한 가지는 여성에게 터치하지 말 것. 그리고 야생 개들을 조심할 것. 여성 터치는 한국에서도 조심해야 할 사항이기에, 그리고 여기는 무슬림 국가이기 때문에 충분히 이해가 갔다. 그러나 개들을 조심해야 한다니? 터키 사람들은 개보다는 고양이를 좋아하고 야생 고양이에게 먹이를 잘 주지만, 개들에게는 그렇지 않다고 한다. 그리고 교외나 시골의 들개는 사람들에게 공격적이기 때문에 돌멩이나 막대기를 준비해가라는 조언도 듣는다.

지금은 컬비네 집 거실의 쇼파 위. 3일간 컬비네서 머무를 내 공간이다. 내일부터 이틀 동안은 터키에 대해 적응하는 시간을 갖기로 한다. 시차 때문인지 졸음이 쏟아진다. 그리고 날씨가 쌀쌀하다. 바람막이와 긴바지, 양말까지 신어도 몸이 으슬으슬하다. 빨리 날씨가 풀려야 할 텐데, 내가 가지고 있는 모든 옷을 껴입어도 춥네. ㅠㅠ

나도 뭐 딱히 할 건 없고 이스탄불 시내를 돌아보려 했는데, 컬비 부부가 기꺼이 가이드를 해주겠단다. 좋다 좋아! 내일은 이스탄불 구경하면 딱이겠다. 앞으로가 기대된다. 잘해보자. 으쌰! 첫날밤 굿나잇!

3/30 23:00 컬비네 집 쇼파 위

1일차 주행거리 0km / 총 주행거리 0km
1일차 지출 44리라(메트로 카드 10, 충전 20, 저녁식사 14) / 총 지출 44리라

아직은 적응중

간밤에 잠을 잘 못 잤다. 담요 속을 파고드는 추위 때문에 도무지 깊게 잠을 청할 수 없었다. 3시에 깨고, 5시에 깨고, 6시에 깨고… 이윽고 레베카가 출근하는 소리가 들리고, 8시가 넘어서야 컬비가 일어나 아침을 준비하는 소리가 들린다. 그제야 나도 쇼파에서 몸을 일으켜 컬비와 아침인사를 나눈다. "뭐 도와줄 거 없어?"

예의상 물어보지만, 이미 아침은 거의 다 만들어진 상태. 쌀알들이 따로 노는 밥에다가 계란, 토마토, 그리고 양파를 볶은 소스다. 뭐라고 정의해야 될지 모르겠다.

일을 하지 않는 컬비는 평소에 아침을 먹지 않는데 내가 있어서 특별히 해주는 거다. 아침을 먹고 난 후 컬비에게 카우치서핑 이용하는 법을 물어본다. 카우치서핑을 해본 적이 없어서 언젠가 사용하게 될 걸 대비해 알아둬야겠다 싶었는데, 마침 컬비가 카우치서핑 호스팅도 하고 있다니 잘된 일이다. 컨택이 잘 되는 팁 같은 건 없었다.

오전 11시쯤 주변 산책을 하러 나섰다. 레베카는 일을 마치고 바로 돌아와서 함께 시티 투어를 하자고 한다. 그전까지 우리는 내게 필요한 물품을 구매하기로 한다. 내게 필요한 건 지도와 휴대폰.

먼저 컬비가 알아본 휴대폰 가게로 들어간다. 휴대폰 개통비로 내심 200리라 정도 예상했는데, 겨우 35리라다. (여행 당시 환율 : 1리라=490원) 그리고 선불 요금제로 250분 통화, 문자 250건, 250MB의 데이터 충전으로 12리라를 더 지불했다. 폰 개통도 금방이다. 심 카드만 꼽으면 끝!

이제 지도를 사러 거리를 배회한다. 그때! 내 눈에 들어온 카메라 상점.

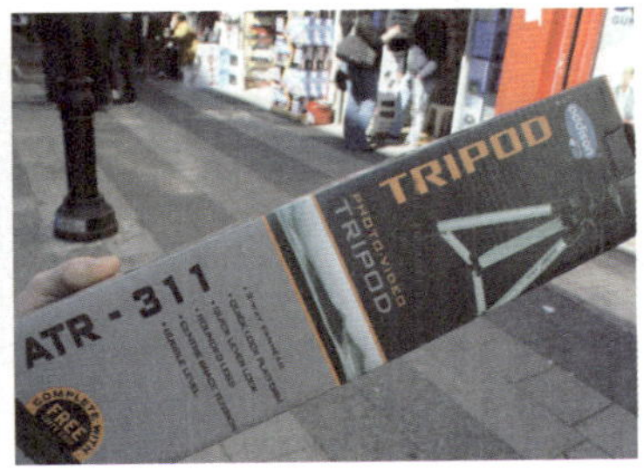

창문가에 제법 비싸 보이는 카메라들이 전시되어 있다. 아니 이건! 한켠에 고프로가 떡하니 자리잡고 있는 게 아닌가. 혹… 혹… 혹시나 내가 한국에서 미처 준비하지 못했던 트라이포드마운트가 있지 않을까 해서 상점 안을 샅샅이 둘러본다. 헉! 있다. Lucky! 주저 없이 바로 구매한다. 가격도 괜찮다. 29리라인데 할인을 받아 25리라에 구매했다. 뜻하지 않게 찾아온 행운에 입이 귀에 걸린다. 룰루랄라~!

욕심을 더 내 컬비에게 카메라 삼각대 파는 곳도 있냐고 물어보니 컬비가 바로 전자제품 매장에 데려다준다. 매장에 들어서기도 전에 삼각대가 전시되어 있는 게 창문너머로 보인다. 안으로 들어가 들어보니 굉장히 가볍다. 요것도 바로 구매! 단돈 20리라. 한국보다 엄청 싸다. 터키 좋네, 좋아. 때마침 레베카도 일을 마치고 우리와 합류했다.

우리는 이제 관광명소가 몰려 있는 유러피안 사이드(Europian side)로 건너가기 위해 페리를 이용하기로 한다. 물론 메트로를 타고 보스포러스 해협을 건널 수도 있지만, 한번쯤 페리를 타보는 것도 좋을 것 같다고 해서 페리를 타기로 한다. 아니지, 이 친구들이 나를 위해 페리를 태워주는 것이 맞다. 여튼 페리도 타보고 좋은 경험이다. 페리에 탑승한 지 10여 분 만에 아시안 사이드에서 유러피안 사이드로 넘어간다.

이제부터 이스탄블 관광 시작!

1. 우리가 처음으로 들른 곳, 예레바탄 사라이. 바실리카 지하저수조라고도 불린다.
2. 터키의 명동이라 불리는 이스틱크랄 거리   3. 탁심광장. 예전에 내가 여기서 프리허그를 하겠다고 했었는데, 정말 왔다. 기분이 묘하다.

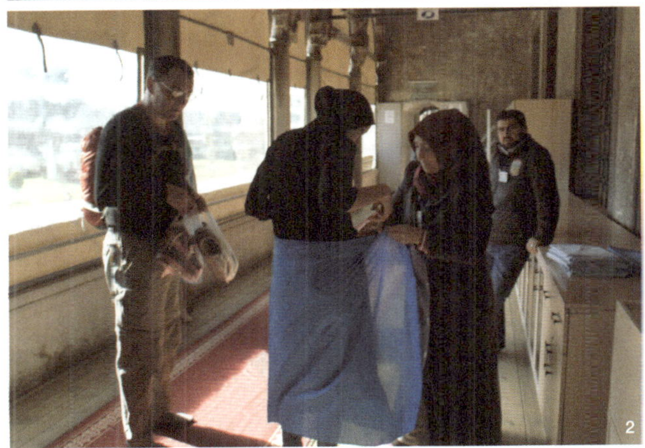

1. 가톨릭과 이슬람, 두 종교의 극적인 공존의 현장, 아야소피아 성당(맨위)과 블루모스크
2. 블루모스크에 입장하기 위해서는 신발을 벗어야 하고, 여성은 히잡을 둘러야 한다.
   꼭 긴바지를 착용해야 하며 어깨 이상 노출되는 상의는 불가하다. 칸팔 티셔츠는 가능하다.

● 이스탄불 에미뇌뉴 부두의 대표 먹을거리 고등어케밥

이스탄불은 어느 동네를 가든 프레즐 닮은 빵 시미크(simik)와 밤, 옥수수, 그리고 주스를 파는 좌판들이 늘어서 있는 광경을 쉽게 볼 수 있다. 가격도 굉장히 착하다. 시미크는 단돈 1리라, 그리고 옥수수는 2리라, 밤은 100g에 5리라, 쥬스는 1~2리라다. 우리 돈으로 2천원도 안 되는 가격들이다. 레베카가 밤을 사줘서 두어 개 먹어봤는데 맛도 나쁘지 않다. 이런 좌판들을 보면서 드는 생각, '터키에서 절약하라고 하면 얼마든지 절약할 수 있겠다.'

호스트가 미국인이어서 그런지 굉장히 합리적이다. 나쁜 의미는 결코 아니다. 식사를 같이해도 한 쪽이 사주는 법이 절대 없으며(더치페이) 부부간에도 돈은 각자 낸다. 그런 점에서 부담 없는 3일이 될 것 같다.

어젯밤 조금(?) 추웠다고 말하니 컬비가 바로 히터를 가져다준다. 오늘은 추위 걱정 없이 잘 잘 수 있겠다. 내일은 오전에 자전거를 조립한 후 터키 친구인 에제를 만나러 느지막이 집을 나설 계획이다.

3/31 22:00 컬비네 집

2일차 주행거리 0km / 총 주행거리 0km
2일차 지출 125리라(카메라 삼각대 20, 트라이포드마운트 25, 휴대폰 개통 47, 점심 7, 바실리카 지하저수조 입장료 10, 간식 2, 지도 7, 저녁 7) / 총 지출 169리라

1년 전의 약속, 에제를 만나다

아침 6시에 눈이 한 번 떠진다. 아니, 완전 말똥말똥하게 깨버렸다. 추위 때문에 깬 건 아니다. 난로의 힘이 크긴 큰가 보다. 반바지를 입고도 잠이 들었으니 말이다. 억지로 다시 잠을 청해보는데 요란한 소리가 들린다. 레베카가 출근한다. 일어나 컴퓨터를 만지작거리고 있으니, 컬비가 아침을 준비해준다. 메뉴는 어제와 같은 딱히 정의하기 힘든 요리.

오늘은 자전거를 조립하기로 했다. 조심스레 자전거 박스를 뜯어보니 다행히도 빠진 부품이나 손상된 곳은 없어 보인다. 20분 만에 뚝딱 완성! 다만 속도계가 작동했다 안 했다를 반복하여 내일 실제로 타볼 때 다시 손봐야 될 것 같다.

오늘은 각자 개인적인 약속이 있다. 컬비는 치과에 가야 하고, 나는 탁심광장에서 에제(Ece)와 저녁 약속이 있다. 에제는 1년 전, SNS를 통해 우연히 알게 된 23세 터키 친구. 컬비는 내가 걱정되는지 탁심광장까지 가는 방법, 그리고 집으로 돌아오는 방법을 약도와 글로 설명해준다. 나가 길치라는 것을 스스로 잘 알기에 나는 'Maps with me'라는 어플을 구매하여 설치해 놓는다. 'Maps with me' 어플리케이션은 오프라인일 경우에도 GPS를 켜 현재 위치를 파악할 수 있어, 길을 잃었을 경우 굉장히 편하게 이용할 수 있다.

자전거의 3단 변화

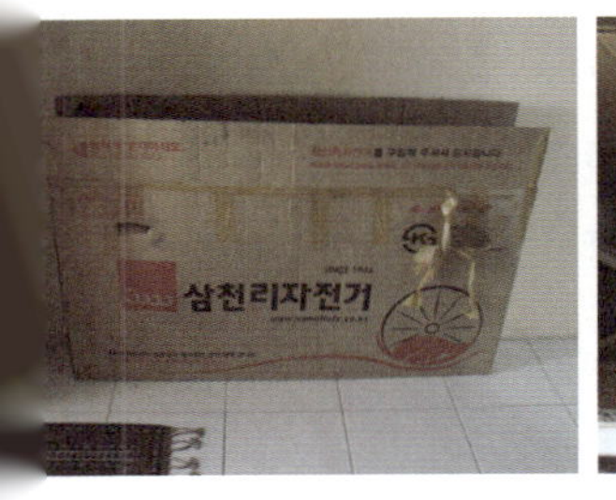

컬비가 써준 대로 탁심광장을 찾아가는데, 마치 현지인이 된 느낌이다. 광장히 쉽게, 헤매지 않고 찾아간다. 이런 나, 왠지 낯설다.

탁심광장과 이스틱크랄 거리를 거니는데, 날씨가 제법 쌀쌀하다. 내 옷차림은 반바지에 맨투맨. 괜찮겠지 싶어 반바지를 입었는데 허벅지를 파고드는 쌀쌀함을 도저히 견딜 수가 없다. 특히 그늘 안에 들어가면 추위는 배가 된다. 추위를 이기려고 이리저리 돌아다녀도 보고 몸을 움직여보지만 그래도 추워서 결국 향한 곳은 케밥 음식점. 카페는 너무 비싸다. 케밥 음식점에서는 케밥을 먹지 않고 차이(터키 홍차)만 마셔도 된다! 단돈 1리라로 추위를 피할 수 있음을 물론 시간을 때울 수 있는 아주 좋은 장소다.

때마침 에제에게서 문자가 왔다. 수업이 일찍 끝났다며 6시쯤 탁심광장에서 보자고 한다. 시간 맞춰 약속장소에 나가니 에제와 에제의 친구 에므레(Emre)가 나를 기다리고 있다. 페이스북에서 알게 된 다른 나라 친구를 이렇게 실제로 마주하게 되다니.

1년 전, 나는 해외 탐방 프로그램의 하나인 '아시아나 드림윙즈'에 지원하여 결선까지 올라 최종 오디션만을 앞두고 있었다. 자전거를 타고 아시아와 유럽을 이어주는 터키 마르마라 해협을 일주하겠다는 주제로 기획안을 제출했는데, 운이 좋게도 결선까지 올랐다. 오디션 준비에 앞서, 나에게 힘을 실어줄 터키 친구가 필요했다. 에제는 그때 온라인상에서 연이 닿아 알게 된 친구다. 나를 위해 손수 현지인들의 응원 메시지를 영상으로 보내준 에제의 수고에도 불구하고 나는 쓰디 쓴 탈락의 고배를 마시고 말았다. 그때 나는 에제에게 고마움 반, 미안함 반으로 언젠가 터키에 꼭! 가겠노라고 했었는데, 1년이 지난 지금 이렇게 에제와 만나게 되었다. 참, 사람 인연이라는 게 상당하구나.

저녁을 함께하면서 우리는 그동안 우리의 특별한 인연에 대해 회상하며 이야기를 나누었다. 에제는 내가 준비해온 태극기 위에 응원 메시지를 적어

이스틱크랄 거리의 낮과 밤. 각각의 매력을 가지고 있다.

에므레 & 에제, 그리고 나

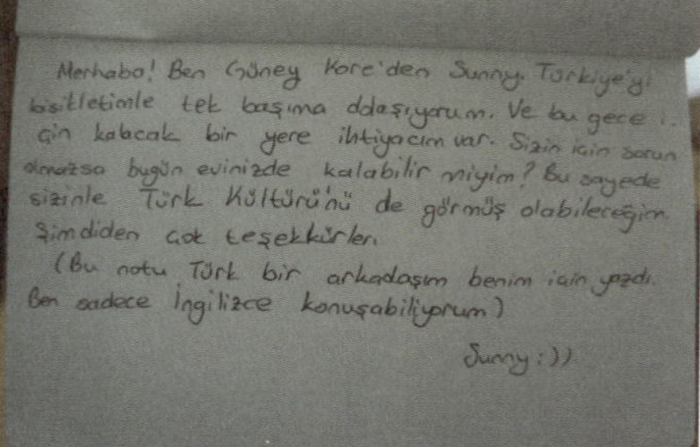

터키어로 된, 이른바 구걸(?)문구

주었고, 도와줄 게 있으면 최대한 도움을 주겠단다. 아군 한 명을 얻은 것처럼 힘이 난다. 아, 그녀에게 도움을 청할 게 있다. 이른바 구걸문구. 아마 터키 동부를 가면 웜샤워나 카우치서핑 호스트가 많지 않을 것이기에, 구걸할 각오를 하고 있었다. 원활한 의사소통을 위해 구걸문구를 터키어로 써달라고 요청했다. 이야, 5분 만에 뚝딱 구걸문구 완성! 천군만마를 얻은 듯하다.

에제와 다시 만날 것을 기약하고, 집으로 돌아오니 밤 10시 10분. 컬비에게 11시까지 돌아온다고 했는데, 늦지 않아 다행이다.

많이 추워서였을까? 피곤함이 몰려온다. 내일부터 본격적인 라이딩이 시작된다. 그리고 이스탄불을 떠난다. 언제가 될지는 모르겠으나, 무사히 이곳 이스탄불에 돌아올 수 있도록 빌어본다.

컬비네 쇼파 위

3일차 주행거리 0km / **총 주행거리 0km**
3일차 지출 21리라(점심 4, 차이 1, 저녁 16) / **총 지출 190리라**

미소 하나 달랑 메고, 써니의 80일간 자전거 터키일주

이스탄불에서 이즈미트로

드디어 터키에서 처음으로 자전거 페달을 밟아보는 날! 컬비가 차려준 아침(언제나 메뉴는 똑같다)으로 배를 든든하게 채운 후 오늘의 루트를 점검하고 나갈 채비를 한다. 터키일주 후 다시 이스탄불로 돌아오면 언제든지 컬비네 집에 머물러도 되며 자전거 박스도 그때 가져갈 수 있게끔 보관해주겠단다. 대단히 친절하다~!

살을 에는 추위에 긴팔 긴바지를 입고 달리려 했으나, 왠지 그건 아닌 것 같아 패딩 속바지에 반바지를 입고 라이딩을 시작한다. 오늘의 경로는 게브제(Gebze)라는 작은 동네를 지나 이즈미트(Izmit)까지 약 9)km의 구간. 초반 20km까지는 오르막 없이 모든 구간이 평지다. 콧노래가 저절로 나온다.

터키인들은 굉장히 친절하며 어딜 가나 차이를 권한다고 들었는데, 역시나 이스탄불에서 조금 벗어나니 이방인인 나를 신기하게 바라보면서 반겨준다. "Welcome to Turkey!"를 외치면서 말이다.

2시간 정도 달리니 오르막길이 시작된다. 끙끙대며 천천히 달리다가 길가에서 잠시 쉬고 있는데, 대형트럭이 빵빵거리며 내 앞에 정차한다. '무

지?' 서서히 내게로 후진해온다. 내가 힘들어하는 줄 알고 나를 태워주려는 건가? 정말 간만이어서인지 다리가 영 말을 듣지 않는다. 힘들긴 했지만, 첫 라이딩부터 트럭을 얻어 타는 건 아닌 것 같아 운전기사의 호의를 정중히 거절하고 다시 출발한다. 유럽일주를 준비하면서는 제주도 일주를 밥 먹듯이 했는데 유럽일주를 하고 나서는 이번 여행을 위해 딱히 운동을 하지 않았다. 뭘 믿고 그랬을까… 무릎 근처가 욱신거린다.

현재시각 14시 30분. 휴식도 하고 점심도 먹을 겸 동네 식당에 들어가 타북 되네르 에크메크(Tavuk Döner Ekmek) 주문을 시도한다. (Tavuk은 터키어로 닭고기, Ekmek는 빵을 가리킨다. Tavuk Döner는 터키 길거리 어디서나 쉽게 볼 수 있는 음식으로 고기 덩어리를 수직으로 세워 회전시키며 익히는, 케밥의 대명사 격이다. Ekmek(빵)이라고 덧붙였으니, 샌드위치처럼 고기를 빵 사이에 야채와 함께 끼워주는 음식이다) 그러나 의사소통이 영 되질 않는다. 나는 주문을 잘했다고 생각했는데, 내 앞에 놓인 접시 위에는 닭고기와 야채가. ^^; 그래도 정말 맛있다. 대부분의 식당에서는 빵이 무료로 제공된다. 아직 얼마 안 됐지만, 내가 느낀 터키는 어느 식당을 가나 친절하고, 웃으며 상냥하게 다가가면 차이를 권해준다. 어제는 1리라를 주고 마셨지만, 오늘은 돈 주고 사먹고 싶지는 않았다. 주인이 무료로 주겠단다. 정말 친절 그 자체다. 오전에 들른 어시장에서도 차이를 주셨고, 지금 식당에서도 벌써 차이를 두 잔째 주신다.

다시 자전거에 올라 페달을 밟는다. 무릎 상태가 좋지 않다는 핑계로 조금 달리다 쉬고, 조금 달리다 쉬고를 반복한다. 6시가 다 되어서야 겨우 오늘의 목적지인 이즈미트에 도착. 속도계를 보니 104km를 달렸다. 장거리도, 단거리도 아니다. 그런데 몸 상태가 좋지 않다. 지금 이곳은 웜샤워 호스트인 헤발네 집. 원래는 이곳에 있어야 하는 게 아니다.

아찔하게 보이는 전복사고

헤발의 친구 에스라와 함께

말하자면 이렇다. 이즈미트에서 웹샤워 컨택한 호스트들에게서 갑자기 연락이 마구마구 와버렸다. 일단 처음 답을 준 친구네 집에 가려고 주소를 받아들고 집을 찾으려던 찰나, 전화가 한 통 온다. 지금까지 연락도 없다가 갑자기 전화를 걸어온 '헤발'이다. 자기 집에 재워줄 수 있으겨 바로 픽업하러 오겠단다. 게다가 그는 나와 가까운 곳에 있었다. 이러니 뭐 어쩌겠는가. '이게 어떻게 돌아가고 있는 거지?'라는 생각과 함께 헤발을 만난다. 원래 찾아가려 했던 호스트에게는 이런저런 사정을 설명한다. 헤발은 그의 대학 친구인 에스라를 데리고 나왔다. 이들을 만나 저녁을 먹으면서 서로의 나라와 문화에 대해 공유한다.

터키에 대해 헤발과 이야기를 나누면서 많은 사실을 알게 되었다. 터키 친구들은 학교 다닐 때 여행하기 힘들다고 한다. 시간은 있지만 돈이 없는 것이다. 나이 먹어 직장에 들어가면 돈은 벌지만 시간이 없고, 은퇴를 하게 되면 시간과 돈이 있지만 에너지가 없고. 뭐 한국도 매한가지다. 터키는 아르바이트 시급이 보통 2,000원 이내다. 내가 경험한 것만 봐도 물 1.5리터에 200원, 식사 한 끼에 넉넉잡아 3,000원 정도니 물가는 상당히 싸다. 그러니 다른 나라를 여행하기 힘들다는 헤발의 말도 이해가 된다. 특히 유럽만 해도 체감하는 물가 수준이 어마어마하겠지.

헤발은 허름한 아파트에서 여럿이(적어도 4명 이상?) 함께 산다. 모두들 여기 이즈미트 대학생처럼 보인다. 오늘밤에는 가나에서 온 친구를 비롯해 헤발의 친구들이 거실을 점령했다. 게다가 담배까지 피운다. 그 친구들이 오늘밤을 불태워보잔다. 나는 정말 피곤해서 사양했다. 아니, 피곤해서라기보다 그들과 어울리면 밤새 잠을 못 잘 것 같다는 느낌이 들었다. 그리고 무엇보다 그 가나형! 발 냄새가 아주 그냥 확 그냥 막 그냥. ㅠ.ㅠ 나 냄새에 민감한데… 헤발도 거실에서 술 마시고 담배까지 피우는 친구들 때문에 좀 미안했던지 내 보금자리를 거실에서 자기 방으로 옮겨준다. 시끄러우면 다른 방으로 옮겨줄 수도 있단다. 헤발의 방은 그나마 좀 깨끗해서 다행이다.

간만의 라이딩으로 인해 몸이 아직 적응을 못하고 있나 보다. 며칠 지나면 적응되겠지? 눕자마자 기절할 기세다. 사진정리만 하고 곧장 꿈나라로 떠나야겠다.

' Sweety Sunny~!"

언제 들어와서 눈을 붙였는지, 헤발은 침대 위에 기절해 있다. 깨워서 작별인사를 하고, 나는 집을 나선다.

이즈미트를 떠나 얄로바로 향하기 전, SNS에서 알게 된 일람과 멜리케를 만나기로 했다. 이스탄불에 머물 때, 페이스북에 나의 여행 취지를 올리며 터키 친구들을 사귀고 싶고 만나고 싶다고 했더니 현지의 몇몇 친구들에게서 연락이 왔었다. 이 친구들은 그들 중 한 무리. 일람과 멜리케는 터키의 전형적인 아침식사를 알려준다며 근처 레스토랑으로 나를 데려간다. 메뉴는 잘 모르겠지만 급식판(?)에 여러 가지 야채와 빵이 나온다. (나중에서야 알게 된 이 음식은 터키의 전형적인 아침식사인 카흐발트) K-pop을 무척 사랑하던 그녀들은 한국 이야기만 나오면 좋아서 어쩔 줄을 모른다.

그런데, 레스토랑 종업원이 나를 힐끗힐끗 쳐다보더니 일람과 멜리케에게 터키어로 말을 건넨다. 내 친구들은 박장대소한다. 내가 너무 'sweety'하단다. 그리고는 같이 사진을 찍고 싶단다. 레스토랑 주인 부부도 나에게 와서 웃으면서 터키어로 얘기하는데 좋은 말인 것 같다. 이때 내가 폴라로이드 카메라를 꺼냈다. 그리고 종업원과 같이 찍고 나서 필름을 보여준다. 이 친구들, 폴라로이드 카메라를 모르나 보다! 필름의 모습이 점점 변해가는 모습을 보고 유레카를 외친다. 일람, 멜리케와도 사진을 같이 찍어 나눠 가졌더니 옆에서 지켜보던 주인아저씨가 우리와도 같이 찍자며 포즈를 취한다. 게다가 음식 판매대 안에 들어가서 찍자는 시늉을 한다. 필름 열 장이 순식간에 동이 나버린다. 이렇게 막 쓰면 안 되는데, 그냥 그들에게 무언가를 해주고 싶다. 터키에서 필름을 못 구하게 되면 한국에서 국제택배로라도 꼭 수할 생각이다. 폴라로이드 카메라를 챙겨온 건 신의 한 수다. 최고의 선물이 될 듯하다.

일람과 멜리케는 담배를 피우러 나갔다 오더니 큼직한 상자 하나를 내게 전해준다. 바로 '로쿰(Lokum)'이라는 터키 디저트. 정말 고마운데 가방에 넣을 자리가 마땅치 않다. 옆구리에 꾸역꾸역 집어넣으니 겨우 들어가기는 하는구나. 그들의 호의이니, 어떻게든 챙겨가야지. :)

식사를 마치고 나가려는데, 나를 계속 쳐다보고 있던 종업원이 영어로 된 편지를 살짝 내게 건넨다. 일람의 통역에 따르면, 이 친구가 영어를 못해서 다른 손님에게 도움을 요청해 적은 편지란다. 우와~ 나도 간단하게 답장을 써 준다. 그녀는 다시 봤으면 좋겠다며 나에게 팔찌를 선물로 준다. 그녀가 준 팔찌에서는 자꾸만 맡게 되는, 중독성 강한 오묘한 향기가 진하게 난다. 향수를 엄청 뿌렸나 보다. 정말 오늘 아침부터 굉장히 기분이 좋다! 팬시리 한류열풍의 주역인 우리의 아이돌, 그리고 이렇게 나를 낳아주신 어머니 아버지에게 고마운 마음이 든다.

1. 터키의 전형적인 아침식사, 카흐발트 2. 카페 종업원 멜템과 함께 3. 멜템이 전해준 편지 4. 일람과 멜리케

터키 친구들과 나누는 이야기 소재
중 가장 흥미로운 건 나의 '나이'다. 모
두들 내 나이를 들으면 놀라서 뒤로 자
빠지려고 한다. 절대 26살 같이 보이지
않는단다. 대부분의 사람들이 21~22살

로 내 나이를 추정하는데, 아침의 그 레스토랑 종업원은 내 나이를 19살로
보았다!

Mutlu Yalova! 행복한 얄로바!

친구들과 함께 즐거운 아침식사를 마치고 나니, 시계바늘은 어느덧 11시
를 가리킨다. 이제는 떠나야 할 때. 작별인사를 나누고 자전거에 오른다. 오
늘 구간은 약 70~80km. 넉넉히 다섯 시간이면 충분하다. 일단 오늘의 목적
지 얄로바까지 힘차게 달려본다. 가는 길이 모두 평지다. 오예! 정말 신나게
웃으면서 달린다. 게다가 으른쪽에는 마르마라 해협이 펼쳐져 있어 두 눈
또한 즐겁다. 터키 해군부대가 마르마라 해협을 따라 길게 자리잡고 있다.

신나게 페달을 밟았더니 오후 3시가 채 되기도 전에 얄로바에 도착한다.
세 시간 동안 70km 이상 달린 셈이다. 매일 오늘만 같았으면 싶다. 아직 점
심을 먹지 않았기에 약속시간인 4시까지 허기를 달래기 위해 근처 케밥 집
을 찾아본다. 조금 깔끔한 식당이 눈에 들어온다. 치킨 되네르를 먹고 싶었
지만, 그 집에는 치킨 되네크가 없다. 하는 수 없이 '치 쾨프테(çiğ köfte: 밀
과 토마토 반죽으로 만들어진 음식)'라는 음식에 도전해본다. 음, 다시는 먹
지 않을 듯하다. 인도향이라고 해야 할까? 특유의 강한 향신료 때문에 도저
히 입을 댈 수가 없다. 내가 음식에 입을 못 대고 소스를 덜어내면서 야채
만 먹는 모습을 보며, 주인 부부가 한 마디 건넨다. 괴질레메(Gözleme: 밀가

치 쾨프테

괴질레메

루 반죽에 치즈와 시금치를 넣어 만든 일종의 부침개)를 가리키며 "괴질레메를 먹을래?"라고 묻는 듯하다. 공짜일지 돈을 지불해야 할지 모르겠지만, 일단 먹겠다고 고개를 끄덕끄덕.

잠시 후 한 청년이 들어오더니, 나의 차림새를 보며 내 자전거에 대해 몇 가지 묻는다. 이 친구는 영어를 할 줄 알아 주인 부부와 나의 통역사 역할을 해준다. 알고 보니 이 식당 주인의 아들이다. 이 친구 역시 자전거에 관심이 많으며, 이 지역 자전거 동호회 활동을 하고 있었다. 시간 되면 자기랑 같이 자전거를 타고 놀러 가자고 한다. 성의는 고마웠지만, 오늘 저녁엔 호스트와의 라이딩 약속이 잡혀 있었다. 약속시간인 4시가 가까워졌기에 그와 작별 인사를 하고 가게를 떠난다. 주인아주머니께서 치 쾨프테 대신 먹었던 괴질레메 값은 받질 않겠다며 손사래를 치신다. 정말이지 이방인에 대한 터키인들의 친절함을 다시 한번 느낄 수 있었다. 그리고 시골지역에서의 구걸에 대한 일말의 가능성도 엿보았다.

오후 4시, 약속장소인 페리 스테이션으로 간다. 10분쯤 지났을까? 오늘 호스트의 친구인 잔수가 나를 마중 나온다. 오늘의 호스트 오멜은 얄로바의 한 자전거 동호회(아까 식당 친구와는 다른 동호회) 소속인데, 5시까지 일을 하기 때문에 잔수가 대신 픽업을 해준다. 그녀와 함께 자전거 클럽 사무실로 이동한다. 오늘 내가 머물 곳이다. 그곳에는 오늘 저녁 있을 단체 라이딩을 준비하는 동호회원들이 미리 대기하고 있었다. 그들과 이야기를 나누던 중, 오멜이 도착한다. 첫 인상과 다르게(?) 오멜은 굉장히 친절하고, 친절하며, 그리고 또 친절하다. 그냥 친절함의 대명사다. 지역 저널리스트로 활동하고 있는 한 회원분이 내 이야기를 잡지에 싣고 싶다고 한다. 와~! 그러나 그는 영어를 못해 오멜이 통역을 해준다. 그렇게 인터뷰가 진행되고… 잡지에 실리면 내 메일로 보내주겠단다. 이러쿵저러쿵 나에 대한 이야

아싸~! 유니폼 득템

기가 길어지면서 이곳 자전거 클럽 매니저가 선물이라며 자전거 유니폼 상의를 주신다. 그리고 기념사진 한 장. 정말 오늘 하루는 기분 좋은 일들뿐이구나. ^^*

저녁 7시, 유럽에서의 크리티컬 매스(유럽을 중심으로 세계 30여 나라에서 한 달에 한 번씩 열리는 자전거 타기 행사)는 아니지만, 그보다 소규모의 아기자기한 라이딩을 즐긴다. 저녁날씨가 제법 쌀쌀하다. 무엇보다 바람이 너무 거세졌다. 나를 포함한 18명의 라이더들은 약 두 시간 동안 해질녘의 마르마라 해협 해안가를 누빈 후, 자전거 클럽 사무실로 돌아온다. 출발 때와는 다르게 사무실이 북적북적하다. 사무실 한가운데 탁구대가 설치되어 있다. 탁구를 좋아하는 나는 친구들에게 탁구 한판 치자고 도전장을 내밀었는데 아뿔싸, 다들 실력자다. 내가 밀린다! 한국의 위상이… ㅎㅎㅎ;;

각자 집으로 돌아가기 전, 그들에게 동영상을 함께 찍자고 했더니 흔쾌히

잔수와 나, 그리고 눌세다

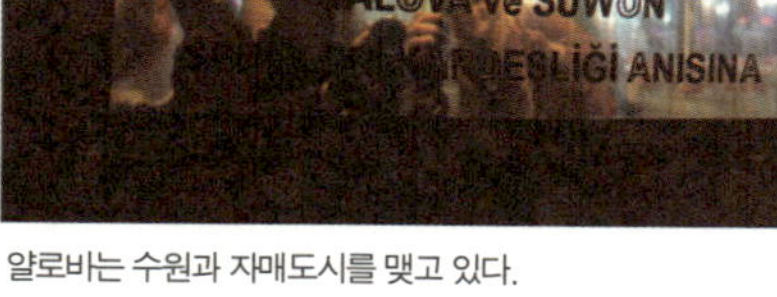

얄로바는 수원과 자매도시를 맺고 있다.

응해준다. 정말 감동이다! 동영상이 완성되면 페이스북에 공유해주겠다고 약속했다. 그들은 떠나고, 사무실에는 나와 오멜, 잔수, 그리고 잔수 동생 눌세다가 남았다. 우리는 제대로 된 저녁을 먹지 않아 조금 출출했던지라 마리나로 향했다.

오늘 하루, 진짜 행복하고 너무 황홀해서 이 친구들에게 저녁만큼은 대접해주고 싶었다. 그런데 계산을 잔수가 해버린다. 그저 선물이란다.

"You are guest."

하루의 시작부터 끝까지 좋은 일들만, 그리고 좋은 추억만 쌓인 오늘이다. 집으로 돌아오는 길에 내일 일정에 대해서 잠깐 이야기를 나누다가, 내일 오전에는 잔수가 나를 가이드해주기로 한다. 그리고 오후에는 부르사라는 지역으로 옮길 예정. 그런데 얄로바를 둘러보기에 오전만으로는 부족할 것 같다고 한다. 나는 한 번 흔들렸다. 그들은 무척 친절하고, 오늘 하루 얄로바에 대한 인상이 너무 강렬했기 때문에 약간 고민하다 조심스레 물었다.

"실례가 안 된다면 하루를 더 묵어도 될까?"

"괜찮아, 언제든지!"라는 대답이 돌아올 줄 알았는데 "정말 고마워!"라고 하는 게 아닌가! 이 친구들, 뭐 이리 매력적이야! 끝까지 나를 감동시킨다. 이번 만남으로 끝나는 인연은 아닐 것 같다는 느낌이 물씬 드는 친구들이다. 내일은 또 어떤 기분 좋은 일들이 내게 펼쳐질까? 터키, 정말 좋다.

"Mutlu Yalova! 행복한 얄로바!"

때론 베어 그릴스처럼

전날 밤 알람을 맞추지 않고 잠들었다. 눈을 뜨자마자 드는 느낌, '와, 개운하다!'

시계는 5시를 가리키고 있다. 뭐지? 꿈인가? 눈을 비비고 시계를 자세히 들여다본다. 5시가 맞다. 헉! 지금 일어나면 안 되는데… 억지로 눈을 붙여본다. 다시 뜨니 6시, 6시 반, 7시, 8시… 그러기를 반복하다 10시에 잔수가 온다는 문자에 씻고 나갈 채비를 한다. 오늘은 잔수가 하루 종일 얄로바 가이드를 해주기로 한 날~! :)

먼저 도착한 곳은 터키 국부인 아타튀르크의 옛 집, 자전거로 10분만 달리면 갈 수 있는 곳이다. 가는 길의 경치는 정말 평화롭고 아름답다. 아타튀르크의 집을 구경하고 그 옆에 위치한 레스토랑에서 아침식사를 한다. 전통적인 터키식 아침이라고 하는데 이름을 외우지 못했다. (멍충이, 바로 카흐발트!) 이즈미트에서 맛본 아침식사와 똑같은 메뉴였다. 언젠가는 이름을 외우겠지. 워낙 한국을 좋아하는 친구들이다 보니 그들은 한국말을 조금씩 할 줄 알며, 나 또한 터키어를 하루에 한두 문장씩 배워나간다. '아마 두세 달 뒤면 기본적인 회화 정도를 할 수 있지 않을까?'라는 생각을 잠시 해본다.

식사 후, 우리는 온천수가 흐르는 동네 테르말(Termal)로 향했다. 언덕이 많아 자전거로는 힘들 것 같아 자전거를 클럽 사무실에 놔둔 후 버스를 타

고 가기로 한다.

"얄로바에 왔으면 테르달은 꼭 가봐야 해." 테르말에 가브지 않고 얄로바에 갔다왔다고 하지 말란다. 이런 말이 나를 얄로바에 하루 더 머무르게 하고 있는지도 모르겠다. 버스에 오르기 전, 우리는 소시지와 마시멜로우를 산다. 온천수의 김으로 이것들을 구워먹자는 건가?

하아… 잔수 너란 여자, 어제부터 정말 모든 식사에서부터 버스비까지 돈을 자기가 다 지불한다. 내가 어떻게 해보려고 해도 현지인들과는 말이 통하지 않기에 도통 내 돈은 받질 않는다. 정말 미안하게시리! 마음속으로 한국에 돌아가면 택배로 선물을 보내줘야겠다는 생각을 한다.

소시지와 마시멜로우를 두 손에 쥔 채 버스에 올라 10여 분이 지났을까, 테르말에 도착한다. 눈에 보이는 건 울창한 숲과 리조트들. 우리나라 온천 관광단지 같은 곳이라고나 할까?

우리는 테르말 온천단지에서 몸에 좋다는 미네랄워터도 맛보고, 눈에 좋다는 온천수로 눈 마사지도 하며 즐거운 시간을 보냈다. 점심시간이 되자 잔수는 울창한 숲속에 들어가더니 나뭇가지들을 모아 불을 지피기 시작한다. 바비큐를 하려나 보다. 나도 여기저기서 나뭇가지들을 모아 잔수를 돕는다. 불이 활활 타오르고, 우리는 가져온 소시지들을 굽기 시작한다. 이건 뭐… 베어 그릴스(영국의 모험가이자 서바이벌 전문가)도 아니고. 소시지들이 익고 우리는 잔수가 사온 빵과 함께 점심식사를 한다. 공기 좋고 경치 좋은 곳에서 먹는 소시지 빵이란, 캬! 맛있다. 마시멜로우는 처음 구워 먹어보는데, 그냥 먹을 때는 너무 달지만, 구워먹으니 어라? 요거 괜찮다. ㅎㅎㅎ

맛 좋은 점심식사를 한 후, 얄로바 시내로 돌아가려고 온천단지를 내려오다가 잔수의 친구를 만나게 된다. 그 친구는 테르말 온천단지에서 캐리커처를 그려주는 장사를 하고 있다. 잔수가 나를 외국에서 온 손님이라고 소개하자, 그는 곧장 스케치북을 펴고 우리 얼굴을 그리기 시작한다. 우와, 어쩌다보니 공짜로 캐리커처도 받게 생겼구나! 완성된 그림은… so so? 내가 너무 여자같이 나와버렸다! 아무튼 그 친구에게서 뜻하지 않은 캐리커처 선물을 받아 기분은 좋다. 하지만 들고 갈 수가 없다. 넣을 공간이 없다. 나는 사진으로만 이 그림을 간직하기로 하고 얄로바 시내로 가는 버스에 오른다.

얄로바 자전거 사무실에 돌아와, 거기에 있던 친구들과 함께 저녁을 먹으러 나갔다. 쾨프테라는 미트볼을 먹었는데, 듣던 대로 정말 떡갈비 맛이다. 하지만 소스가 없는 맹맹한 떡갈비 같아 고추장 생각이 절실해진다. 이번에도 잔수는 내 지갑을 열지 못하게 했다. 생각해보니 어제 이곳에 와서부터 오늘까지 한 푼도 지출하지 않았다. 휴, 정말 큰 빚을 지고 있다는 느낌이다.

친구들이 나를 자전거 사무실로 데려다 주고 나는 혼자만의 시간을 즐긴다.

얄로바 자전거 동호회 친구들

이게 바로 쾨프테!

　얄로바에서의 마지막 밤. 나는 대형 사고를 쳤다. 세면대에서 빨래를 하다가 힘을 조금 줬는데, 정말 조금밖에 안 줬는데, 세면대가 아래로 "쿵"하고 내려앉아 버린 것이다. 이걸 어쩌지. 내일 어떻게 말해야 할까 ㅠ.ㅠ 이 사고뭉치….

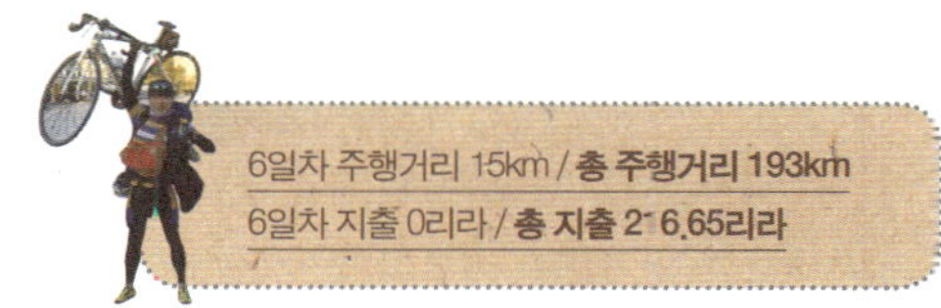

오스만제국의 흔적이 그대로, 주말르크즉 마을

아침 8시, 눈이 떠진다. 다른 때와 달리 굉~장히 피곤하다. 계속 쇼파 위에서 기절해 있다가 잔수와 눌세다가 9시 반에 작별인사를 하러 온다는 연락을 받고서야 허겁지겁 씻고 짐을 챙긴다. 그리고 짬을 내 그들에게 편지를 쓴다. 번역기를 동원하여 한국어와 터키어를 조금씩 섞어가며 자매에게 나의 고마움을 표현해줄 편지 한 장 완성!

이윽고 잔수와 눌세다가 오고, 나는 자전거를 끌고 밖으로 나왔다. 이 자매에게 편지를 건네주며, 꼭 한국에 놀러오라고 했다. 진심이다! 이틀간 나는 이들에게 엄청난 은혜를 받았다. 잔수가 이틀 전체를 나를 위해 가이드해 주었고, 한순간도 내 지갑을 못 열게 했다. 정말이지, 꼭! 이 자매가 한국에 놀러왔으면 한다. 만약 놀러오면 나는 수업을 빼먹는 한이 있더라도 서울에 올라가 가이드를 해줄 의향이 있다~!

오늘은 부르사까지 갈 예정. 구글맵이 70km라고 안내해준다. 9시 반쯤에나 자전거에 오르니, 약 3시쯤 도착할 듯싶다. 오늘의 호스트와는 6시에 만나기로 약속을 했기에, 그 전까지는 부르사 시내를 둘러볼 계획이다. 부르사에는 울루 자미와 아타튀르크 동상, 그리고 근교에 주말르크즉이라는 오스만의 자취가 묻어나는 마을이 있다고 하니, 여기를 둘러볼 계획이다. 생각해보니 아직 아침을 먹지 않았구나.

페달을 굴리기 전에 껌과 물을 구매했다. (터키 껌은 정말! 맛있다. 그래

서 다 버렸다) 한 시간쯤 달렸을까? 오르한가지(Orhangazi)라는 마을에서 되네르 집을 찾아 아침을 해결한다. 콜라도 시켰는데, 단돈 3리라다. 싸다. 아마 음료 값을 받지 않은 듯하다. 역시 내가 제일 좋아하는 음식은 타북 되네르! 언제 어디서 먹어도 맛있다. 이곳 사람들이 모두 나를 쳐다본다. 이해가 된다. 이방인이 이곳을 찾아올 리 만무하겠지. 케밥을 냠냠 먹고 있으니, 케밥 집 사장이 사진을 찍어달란다. 내가 카메라를 들이대니 바로 케밥 고기를 써는 포즈를 취한다. "잠시만요, 저도 좀 해볼게요~." 나도 칼을 쥐고 케밥을 한번 썰어본다. 어렵다 어려워. 역시나 기술이 필요한 거였어. :(

"귤레귤레(잘 가요)~!"

케밥도 썰어보고! 마을 주민들의 시선을 한몸에 받으며 작별인사를 나눈 후 다시 페달을 굴린다. 얄로바에서 부르사까지 가는 길에는 오르막이 많다. ㅠ.ㅠ 밥도 먹었겠다 밥값은 해야지. 쉴 새 없이 내달려 부르사에는 예상보다 빨리 2시에 도착한다. 이놈의 배엔 뭐가 들었는지, 밥 달라 아우성이다. 부르사에 오면 꼭 먹어보라는 케밥을 찾아 여기저기 두리번거려 보는데 그 케밥 이름이 도무지 생각이 나질 않는다. 어젯밤에 맛본 쾨프테가 생각나 무작정 쾨프테가 그려진 식당에 들어간다. 그리고 8리라짜리 피자쾨프테와 환타를 주문. 양이 무지막지하게 많았지만 다 먹었다.

늦은 점심을 먹으며 잠깐 휴식을 취한 후, 부르사에서 가장 먼저 찾은 곳은 주말르크즉 마을. 부르사 시티에서 동쪽으로 약 10km 떨어진 곳에 위치해 있다. 뭐 왔다갔다 20km면 호스트와의 약속 시간인 6시까지 충분히 도착할 수 있겠구나 싶다. 일단 지도를 따라 주말르크즉 마을 근방까지 20분 만에 도착한다. 이어 눈앞에 보이는 엄청난 오르막길. 게다가 돌밭이다. 그래도 보러 왔으니 자전거를 끌고 올라가본다. 끌다가… 끌다가… 도저히 안 되겠다 싶어 자전거를 한쪽 구석에 묶어두고 혼자 올라간다.

저 멀리 아이들 대여섯 명이 무리지어 내려오는 게 보인다. 장난기 가득한 아이들이 귀여워서 사진을 찍어주겠다고 카메라를 꺼내드니 손가락 욕과 발차기를 선보인다. 이 녀석들이…! 얼굴에 장난기가 가득하다. 돈 달라는 시늉을 하길래 "귤레귤레(잘 가)" 하며 내 갈 길을 간다. 그런데 이 녀석들, 아래로 내려가더니 내가 묶어둔 자전거를 만지작거리기 시작하는 게 아닌가! 아, 왠지 불안하다. '저거 없어지면, 나는 끝이야.' 하는 수 없이 다시 5분을 걸어 내려가 자전거를 끌고 올라왔다. 땀을 삐질삐질 흘리며 한 20분을 올라갔을까? 길이 없다. 잉? 옆에서 쉬고 계시는 할아버지께 여쭤보니 이 길이 아니고 돌아가야 마을이 나온단다. 길치 본성이 드러난 나 자신에게

미소 하나 달랑 메고, 써니의 80일간 자전거 터키일주

오스만제국의 흔적이 그대로, 주말르크즈 마을

화풀이를 해보지만 어쩔 수 없다. 에휴! 그나마 포장도로여서 자전거로도 갈 수 있다고 한다. 30분을 우회해서 드디어 주말르크즉 마을에 도착했다.

오스만의 흔적을 그대로 가지고 있는 마을. 안 왔으면 후회할 뻔했다!

펑크주의보 발령

마을을 한 바퀴 둘러보고 나니 어느덧 5시. 아이쿠, 바로 웜샤워 호스트에게 연락을 했다. 약속 시간을 좀 늦춰도 되겠냐고 물어보니, 언제라도 픽업을 해줄 수 있으니 전화만 하란다. 약속 장소까지 거리를 대충 재보니 30km가 나온다. 빨리 가서 쉬고 싶은 마음에 거침없이 달렸다. 다행히 오르막길은 거의 없고, 평지다. 씽씽 달렸다. 30km가 이렇게 멀게 느껴진 건 처음이다.

막바지에 이르러 1km를 남겨두고 뭔가 이상하다. 올커니, 올 것이 왔다. 뒷바퀴에 펑크가 난 것이다. 1km만 더 가면 되는데! 고지가 눈앞인데! 왜 하필 여기에서…. ㅠㅠ

끌고 갈까? 그런데 눈앞에 보이는 건 엄청난 내리막길. 이런 길을 끌고 내려가는 건 너무 손해다. 펑크를 때우기로 마음먹고 자전거를 분해한다. 두 군데나 펑크가 나 있다. 터키에서의 첫 펑크, 20분 가량 씨름한 끝에 다시 자전거에 오른다. 그런데 달리면서 나도 모르게 계속 뒷바퀴를 주시하게 된다. 펑크주의보가 발령된 것이다. 앞으로 한동안은(아마 튜브를 바꾸지 않는 한) 뒷바퀴를 의식할 게 분명하다.

오늘의 웜샤워 호스트는 아흐멧&세빌 부부. 홈페이지에 트랙터라고 적어놔서 농기계 운전하는 농부인 줄 알았는데 아이구, 트래킹 하는 트랙터를 말하는 것이었다. ㅋㅋ 그의 차를 졸졸 따라 집으로 향하는데, 우와~ 마치 유명 관광단지에 온 듯하다. 집들이 모두 화려하기 그지없다. '내가 경험한 웜샤워 중 최고의 웜샤워가 될 듯하다'는 느낌은 틀리지 않았다. 단둘이 사는데 지하 1층부터 2층까지 있다. 내 방은 지하 1층이다. 한 층을 아예 내게 줘버린다. 방 2개, 내 방만 해도 침대가 둘이다. 게다가 전용 화장실까지! 샤워를 끝내고 저녁식사를 함께한다. 어제 저녁과 오늘 점심 때 먹었던 쾨프테, 그리고 샐러드와 파스타. 저녁을 먹으면서 이런저런 이야기를 나눈다. 아흐멧과 세빌에게 나는 첫 번째 웜샤워 게스트란다. 굉장히 겁된 분위기 속에서 저녁을 먹는다. 그리고는 갑자기 왜 하루만 머무는지 물어본다. 하루 더 있다 가면 자기들이 하루를 가이드 해줄 수 있단다. 진짜 혹 한다! 자기들은 자전거를 타지는 않지만 외국인들을 만나는 게 좋아 웜샤워에 등록했다고 한다. 굉장히 잘해줄 것 같은 기분이 드는 것도 이 때문이다. 저녁을 먹고 난 뒤, 지도를 펼쳐보며 차를 마시다 조심스레 물어본다.

“나 하루만 더 머물러도 돼?”

“물론이지!”

내일 아침에는 아흐멧 부모님 집에서 아침을 먹고, 오늘 못 간 울루 자미와 시티를 둘러보고 이스켄데르 케밥을 먹자고 한다. 아! 맞다. 이제야 생각난다. 부르사에 가면 꼭 먹어보라고 했던 게 바로 ‘이스켄데르 케밥’이었다. 저녁에는 터키 축구의 빅 매치인 페네르바체 vs. 갈라타사라이 경기를 같이 보기로 한다. 아흐멧 부부는 페네르바체 광팬인 듯하다. 잠시 축구이야기가 나와 이야기하다가 내가 터키리그의 축구 선수 중 갈라타사라이의 드록바 선수만 안다고 하니, “오~ 노~!” 이마를 치면서 페네르바체를 연신 외쳐댄다. 아무튼 내일도 정말 기대되는 하루가 되겠다!

눈도 마음도 즐거운, 부르사에서의 일요일 아침

전날 밤 일기를 쓰다가 그만 잠들어버렸다. 졸린 눈을 비비며 1층으로 올라가본다. 화창한 날씨, 아흐멧과 세빌은 집 뒤 정원에서 이웃집 아이들 사하라, 멜리스와 놀고 있다. 귀여운 멜리스가 나를 보더니 도망간다. 도망가지 않은 사하라와 함께 폴라로이드 사진을 찍어 건네준다.

잠시 후 우리는 아흐멧의 부모님 집으로 출발했다. 집을 나서니 일요일 마켓이 한창이다. 아흐멧 부부는 내게 시장 구경도 시켜줄 겸 겸사겸사 아침 장을 본다. 평화로운 일요일 아침, 지극히 평범하고 터키스러운 시장 속에 현지인마냥 돌아다니는 동양인이 신기했는지 모든 사람들이 주목해준다.

터키 물가는 체감상 굉장히 저렴하다. 올리브 1kg에 3천원이 채 안 되고, 레몬 한 망(대략 10개)이 2천원도 안 한다. 말린 자두도 1kg에 6천원으로 꽤 괜찮은 편. 물 1.5L에 150원이다!

시장을 둘러보고 아흐멧 부모님 집으로 향한다. 아흐멧 부모님 집에는 동물을 키우는 정원이 딸려있다. 닭, 고양이, 염소, 꿩, 메추리 등 완전 동물농장이다. 우리뿐 아니라 아흐멧 사촌네도 아침을 먹으러 왔다. 어느새 열 명 남짓의 대가족이 모여 함께 아침식사를 한다. 무르타파, 앨마스, 무라트, 으틀함, 이브라힘, 바하르, 제흐멧… 이름 외우기도 벅차구나.

정말 행복해 보이는 가족이다. 전원주택에서 동물들을 키우고 정원에서 함께하는 식사, 이게 바로 내가 원하는 삶인데… :) 이곳에서 염소 젖을 짜는 모습도 보고 갓 낳은 달걀도 바로 삶아 먹어보고, 정말이지 눈도 마음도 즐거운 일요일 아침이다.

곧이어 우리는 부르사 시내 구경에 나섰다. 부르사는 터키에서 서너 번째

규모의 대도시이자, 오스만제국의 첫 번째 수도다. 부르사 시민들은 이에 자긍심이 대단하다. 그러나 아흐멧은 부르사가 마음에 들지 않는단다. 이유는 잘 모르겠으나, 그래서 일부러 교외에 산다고 한다.

날씨가 생각보다 덥다. 모자와 선글라스도 없이, 이대로라면 얼굴과 팔뚝이 금세 그을릴 것 같다. 바로 선크림을 듬뿍 바른다. 발이 타는 건 용납해도, 얼굴과 팔뚝만은 지키고 싶다.

울루 자미는 이스탄불의 블루 모스크 다음으로 터키에서 유명한 성당인데, 규모는 블루 모스크에 비할 바가 아니다. 이곳에서 아흐멧에게 여러 이야기를 들었는데, 기억나는 건 모든 모스크들이 메카를 향해 지어졌다는 것이다. 역시나 종교에는 큰 관심이 없다 보니 이런 이야기는 귀에 잘 들어오지 않고, 그냥 흘러만 가버린다.

부르사는 두 가지가 유명하다. 하나는 이스켄데르 케밥, 다른 하나는 바로 실크다. 실크 상점가를 둘러보는데, 아흐멧이 화요일에 러시아로 미팅을 가게 되어서 파트너에게 줄 실크를 고른단다. 이렇게 현지인과 함께 다니니, 정말 이 도시에 대해서 제대로 알아가는 듯하다. 부르사가 한눈에 보이

예배를 드리기 위해 몸을 씻는 이슬람교도

는 언덕도 올라보고, 여유롭그 한가로운, 무엇보다 정말 현지인스러운 일요일 오후를 만끽한다.

배가 출출해져 우리는 저녁을 먹으러 가기로 한다. 우리가 찾아간 곳은 이스켄데르 케밥 원조 레스트랑. 게다가 본점! '케밥 이스켄데르'는 터키 전역, 아니지 이스탄불과 부르사 근처에만 열 개의 체인점이 있는, 그리고 1800년대에 만들어진 전통 있는 케밥 집이며, 부르사의 명물이다. 얄로바에 있을 때 모든 사람들이 부르사에 가면 꼭! 이스켄데르 케밥을 갓봐야 한다고 했는데, 이제야 맛보게 되는구나. 여느 케밥처럼 토마토, 고추, 빵과 쇠고기가 함께 나오지만, 요거트와 함께 곁들인다는 점이 특이하다. 가늘게 채 썰어서 나온 쇠고기에 갖가지 야채와 빵, 그리고 요거트를 얹어 먹으면, 그야말로 금상첨화! 모든 사람들이 추천해준 음식이어서 그런지 맛은 역시나 좋다.

아흐멧이 정말로 좋아하는 축구 경기(페네르바체 vs. 갈라타사라이)가 7시에 시작인데, 벌써 6시 50분이다. 그래서인지 아흐멧은 굉장히 빨리 식사를 마치고 나를 기다리는 눈치다. 괜찮다고는 하지만 너무 미안해지는 순간이다. 입으로 먹는지, 코로 먹는지 모르게 꾸역꾸역 해치웠다. 아흐멧이 재차 천천히 먹어도 된다고 했지만, 어떻게 그러겠는가. 나 때문에 축구 경기를 놓칠 수는 없는 법. 이렇게 저녁은 패스트푸드 먹듯이 해치우고 곧장 집으로 향한다. 집에는 약간 늦게 도착했지만, 다행히 축구 경기는 전반전 진행중. 그런데 경기가 아주 막장으로 치닫는다. 아흐멧의 응원팀 페네르바체는 선수퇴장에 골까지 먹히고, 이거, 지면 분위기 안 좋아질 것 같은데…
전반전이 끝나자 아흐멧은 내게 디저트라며 차이와 함께 자기가 직접 만든
'헬바'라는 디저트를 건넨다. 맛이 달달하니 괜찮다. 후반전 시청 중 옆집
사하라와 멜리스가 놀러온다. 내가 메롱~ 하니 그제야 멜리스가 나를 보고
웃는다. 멜리스에게 폴라로이드 사진을 찍어주니 너무 좋아한다.

축구 경기는 0:1로 페네르바체의 패배로 끝났지만, 아흐멧은 크게 개의치
않는 표정이다. 이 부부와 함께 부르사에서의 마지막 밤을 보내며 이야기꽃
을 피운다. 이 부부, 사람을 편안하게 해주는 재주가 있다.

아흐멧! 어딜 보고 있는 거예요. ㅋㅋㅋ
축구경기에서 눈을 떼지 못하는 아흐멧.
귀여운 꼬마숙녀들은 이웃집 아이들(사하라, 멜리스)

내일의 주행 거리는 약 150km, Big day!가 될 것이다. 그리고 내일은 부부가 모두 8시에 출근하기 때문에, 나 또한 그때 집에서 나와야 한다. 8시부터 라이딩을 한다면 저녁시간에는 충분히 목적지인 발리케시르에 도착할 듯하다. 내일은 웜샤워가 아니라 카우치서핑이다! 나의 첫 카우치서핑~. 좋은 분 만났으면 좋겠다!

8일차 주행거리 0km / **총 주행거리 313km**
8일차 지출 0리라 / **총 지출 230.80리라**

미소 하나 달랑 메고, 써니의 80일간 자전거 터키일주

스피디한 여행보다는, 느리고, 더 느리게 터키를 느끼자

부르사에서 발리케시르로 가는 초반 구간은 아주 좋다! 바람도 나를 도와준다. 길, 바람, 나의 컨디션, 이렇게 3박자가 모두 갖춰져 씽씽 달린다. 이 페이스를 놓치고 싶지 않아 시속 30km를 꾸준히 유지하며 쉬지 않고 달린다. 세 시간 동안 쉼 없이 달리며 속도계를 보니 11시인데 벌써 70km를 왔다.

허기가 져서 식당을 찾는데, 식당이라고 좀처럼 찾기 힘든 외진 곳이다. 마침 길가에 허름한 레스토랑이 하나 눈에 들어온다. 뭐 먹을지 고민을 하고 있으니 주인아주머니가 지금은 빵밖에 주문이 되질 않는다고 한다. 쾨프테를 먹고 싶었는데 하는 수 없이 빵 위에 아이스크림이 얹어진 정체불명의 음식을 먹고, 잠시 휴식을 취한다. 이야… 굉장히 따뜻하다. 쌀쌀함에 얼어 있던 몸이 사르르 녹아 밖에 나가기가 싫을 정도다.

오늘 날씨는 굉장히 쌀쌀하다. 하늘을 보니 꼭 비가 올 것만 같다. 한 시간 동안 식당 안에서 몸을 녹이고 있다가 엉덩이가 무거워지기 전에 몸을 일으킨다. 그런데 꼭 거짓말같이 바람이 나를 향해 분다. 역풍이다. 그래, 역풍. 이건 봐줄 만하다. 그런데… 그런데… 결국 예의주시하고 있던 펑크가 나고 만다. 괜찮아! 오늘 페이스는 상당히 좋으니 펑크야 기분 좋게 때울 수 있지! 뚝딱 펑크를 때우고 다시 출발한다.

펑크, 수리, 펑크, 수리, 펑크, 수리의 연속. damn it! 펑크만 네 번째라니! 앞바퀴 한 번, 뒷바퀴 세 번. 타이어를 자세히 들여다보니 곳곳에 철심들과 유리들이 박혀 있다. 타이어를 갈아야 하나. 아직 여행을 시작한 지 10일도 안 됐는데….

펑크야, 친해지지 말자!

발리케시르까지 가는 길에는 딱히 볼만한 게 없다. 그저 페달만 주구장창 밟는다. 날씨는 또 왜 이렇게 추운지 영하 10도 이하임에 분명하다. 초반의 휴식 이후로 예기치 못한 역풍과 네 차례에 걸친 펑크, 이로 인한 페이스 조절 실패, 이렇게 또 다른 3박자가 갖춰지는 바람에 예상 도착시간보다 두 시간 가량 늦어진다.

6시가 돼서야 오늘 카우치서핑 호스트 집에 도착. 그렇다. 오늘은 웜샤워가 아니라 카우치서핑 컨택을 했다. 이틀 전까지만 해도 나는 이곳에 올 예정이 아니었는데, 부르사에서 챠낙칼레까지 하루 만에 가기는 힘들 것 같아 중간 지점인 이곳에서 머물기로 급하게 일정을 바꿨다. 그리고 겨우겨우 숙소를 컨택한 곳이 바로 이 엘뎀네 집.

나의 카우치서핑 역사가 오늘 시작되는구나! 호스트인 엘뎀은 중학교에서 터키어 교사로 재직중이며, 그 동료교사 중 한 명(세빌)이 한국에 대해서 정말 관심이 많아 내가 왔으면 좋겠다고 메시지를 보내왔다. 그래서 다른 호스트들을 뇌두고 엘뎀을 선택하게 된 것. 샤워를 신속히 마치고 우리는 세빌과 대학원 동료인 나게한, 이렇게 네 명이 저녁을 함께한다. 이탈리안 레스토랑에서 먹는 이즈가라 케밥, 쇠고기 스테이크라고 보면 되겠다.

세빌은 8월에 한국으로 여행을 올 예정이란다. 그리고 제주도도 방문할 예정이라고 해서 내가 제주도로 놀러 온다면 언제든지 가이드해주겠다고

하니, 정말 기뻐한다. 이 친
구, 아니 엄연히 따지면 느
나다. 실제로도 한국말로
누나라고 부른다.(그녀가
한국말을 조금 할 줄 알기어
"너는 나의 누나"라고 알려

줬다) 세빌 누나는 한국문화를 좋아하는 여느 친구들과는 달리 K-pop보다
한국 전통 발라드 음악을 좋아한다. 집으로 돌아가는 길 그녀의 차 안에서
가수 이선희의 '인연'이라는 노래가 흘러나온다. 여기가 터키인가? 한국인
가? 잠시 나의 여정에 대해서 이야기를 나누다가 내가 내일 챠낙칼레에 간
다고 하니, 하루 더 이곳에 머물렀으면 좋겠다고 한다. 여기에 둘러볼만한
곳이 많은지 물어보니, 그건 절대! 아니라고 한다. 이 도시는 전혀!! 볼게 없
는 곳이라고 그들 스스로 말한다. 세빌과 엘뎀이 하루 더 머물다가 갔으면
좋겠다고 하니 갈등이 생긴다. 그러다 문득 이런 생각이 든다. 내가 자전거
를 타러 왔는지, 아니면 무얼 하러 왔는지를 분명하게 해야 할 필요를 느꼈
다. 이번 여행의 모토는 바로 '만남'이다. 나는 자전거만 주구장창 타러 온
게 아니다. 사람들을 만나고 그들과 이야기를 나누는 게 즐겁고, 나는 그들
과 인연을 맺는 게 좋은 것이다. 얄로바에서 하루 더 머물렀던 것도 그런 이
유에서였고, 나는 앞으로도 '만남'이라는 모토로 여행을 계속할 예정이다.

　결정했다. 스피디한 여행보다는, 느리고, 더 느리게 터키를 느끼자.

　호스트 엘뎀에게 하루 더 머물러도 되겠냐고 물어본다. 언제든지 환영이
란다. 내일 하루는 여유를 만끽해보자.

　오늘 주행거리를 체크하려고 속도계를 보니 140km를 달렸다. 앞으로의
루트에 대해 곰곰이 생각해본다. 챠낙칼레를 버리는지, 마는지… 결국 버리

발리케시르 가는 길. 터키는 자전거 도로가 따로 없다. 위험천만한 순간의 연속.

기로 한다. 아무리 생각해도 200km가 넘는 구간을 하루에 달린다는 건 이번 여행과 어울리지 않는다. 아직 몸이 풀리지 않아 핑계일 수도 있겠지만. 방향을 선회하여 터키 서부 해안가 동네인 부르하니예(Burhaniye)에 가기로 한다. 거기 웹샤워 호스트와는 이미 문자로 주고받은 상태. 대충 예상 일정을 짜보니 6월 중순에 이스탄불에 다다를 듯하다. 또한 산토리니도 2주 안에 다녀오기로 급!결정. 뭐 어떻게든 되겠지?!

아직 갈 길이 머니 하루 푹 쉬고 다시 힘내서 여행을 시작해보자!

9일차 주행거리 140km / **총 주행거리 453km**
9일차 지출 4.5리라(점심 4.5) / **총 지출 235.30리라**

완전한 사육

전날 밤 알람을 7시 45분에 맞춰놓고 잤다. 하루 더 머문다고 했는데, 왜 이렇게 빨리 맞춰놨을까…. 뒹굴거리다가 10시쯤 거실에 나가 컴퓨터를 만지작거린다. 엘뎀은 7시에 출근했을 것이고, 내집 마냥 편안하게 시간을 보낸다. 그런데 갑자기, 엘뎀이 방에서 나오는 게 아닌가?! 깜!짝!이야. 얼굴을 보니 다 죽어간다. 간밤에 배가 너무 아파서 잠을 한숨도 못 잤다고 한다. 무단결근이 될 수 있기에 병원게 가서 진단서를 받아와야 한단다.

"병원에 같이 갈래?" 라는 엘뎀의 물음에, 나는 집에서 어제 못 쓴 일기도 쓰고, 조만간 산토리니도 갈 예정이라 이것저것 알아봐야 해서 집에서 기다리기로 한다. 집 주인이 아프니 괜스레 나도 불편해진다.

현재시각 2시. 아직까지 엘뎀이 돌아오지 않고 있다. 세빌에게서 연락이 온다. 엘뎀이 의사의 진료를 기다려야 하기에 자기가 대신 나를 돌보러(?) 오겠단다. 세빌의 말투는 지금 내게 엄청 미안해하고 있다. 게스트인 나를 혼자 집에 내버려두고 있기 대문이다. 나는 정말 괜찮은데, 그들이 너무 미안해하니 나 또한 미안해진다. 집에 먹을 게 하나도 없다는 건 함정. 열쇠도 없어서 어딜 나가지도 못하는 애매한 상황이 지속된다. ^^;;

잠시 후 세빌이 도착. 이때까지 나는 아침도 못 먹고 있었다. 시내 공원에 있는 레스토랑에서 3시가 다 되어 비로소 아침(?)을 먹는다. 쿠주 춉 쉬쉬(Kuzu Cop şiş)라는 양꼬치인데, 언제나 그렇듯 터키

음식은 내 입맛에 안성맞춤이다. 평화롭기 그지없는 공원에서 세빌과 영어로 두세 시간 수다를 떤다. 다른 친구들과는 어느 정도 대화하면 소재가 끊겨버리는데, 세빌과는 대화가 끊기지 않고 이어진다. 이것 또한 매력인가?

세빌은 대학교를 2등으로 졸업했단다. 졸업하자마자 22세에 바로 중학교 교사로 취직해서 현재 12년째 교사로 일하고 있다. 33세에 12년차 교사라니… 엄청 스마트한 누나였구나! 점심은 내가 대접하고 싶었는데, 터키사람들은 손님이 오면 모두 대접하는 것이란다. 그저 고마울 따름이다. 평일 오후를 주말 오후처럼 한가로이 보내다가 세빌이 나를 엘뎀네 집으로 데려다준다. 자신은 다시 엘뎀을 돌보러 병원으로 가야 한다는 것. 나는 이렇게 엘뎀네 집에 다시 갇히게(?) 된다.

10시 정도 됐을까? 세빌이 다시 찾아온다. 두 손에는 콜라와 도미노 피자 한판을 들고.^^ 왠지 갇혀 있으면서 사육당하는 느낌이 든다. 아, 엘뎀에 대한 결과가 나왔다. 맹장염이란다! 그래서 오늘밤 바로 수술에 들어간다고. 이게 무슨 상황이지. 오늘밤은 주인 없는 집에서 혼자 보내게 생겼네. 어쨌거나 엘뎀이 무사히 수술을 받고 집으로 돌아왔으면 한다. 그때까지는, 아니 내일 아침까지는 내가 집지킴이가 되어줄게요!

오늘 뭐 한 것도 없는데 피곤하다. 일찍 잠자리에 들어야겠다. 앗, 잠들기 전에 엘뎀에게 편지 쓰는 것도 잊지 말아야지.

트로이목마를 포기하고 남쪽으로 진군하라

오늘은 트로이목마가 있는 챠낙칼레를 포기하고 서부의 작은 동네 부르하니예로 가는 날이다. 아침 7시 반에 일어나 게으름을 피우며 하나둘 준비를 한다. 어라, 뒷바퀴에 바람이 빠져 있네? 펑크인가? 하지단 점검해보니 펑크 난 자국은 없다. 다시 바퀴를 끼우고 바람을 넣는다.

엘뎀~! 아프지 말아요.

9시 30분에 엘뎀네 집을 나선다. 엘뎀을 못보고 떠나니 좀 아쉽지만 아픈 엘뎀을 위해서 최대한 깔끔하게 집을 청소하고 나온다.

하늘을 보니 티 없이 맑다. 언덕이 참으로 많구나. 해발 500m 정도를 오르락내리락 하는 것 같다. 롤러코스터 같은 길인데도 왠지 지치지가 않는다. 몸이 점점 적응해가그 있는 모양이다. 목적지까지 30km를 남겨두고 허기를 달래고자 길가에 자리한 휴게소에 들어간다. 내가 가장 좋아하는 되네르는 없다. 치즈 토스트를 주문한다. 토스트에 안에 치즈와 토마토소스만을 넣어준다. 콜라를 주문하니 물도 한 병 가져다준다. 공짜라고 생각했는데 계산할 때 보니 물 값도 받는 주인장. 이런! 나도 물 있는데, 괜히 물 값 1리라가 더 나갔다! 이러면서 하나씩 배워나가는 거겠지.

오늘 호스트에게는 6시쯤 도착할 예정이라고 말해놓은 상태. 얼추 계산해보니 시간이 많이 남아 여유롭게 다시 페달링을 한다. 이어폰을 꼽고 음악을 들으며 도로를 달린다. 보통 때는 안전을 생각해 달릴 때 이어폰을 꼽

지 않는다. 터키에서 귀를 닥고 자전거를 탄다는 건 정말 미친 짓이다. 자동차 운전자들이 자전거나 보행자들을 전혀 배려해주지 않기 때문이다. 그런데 오늘은 시간도 넉넉한 터다 차들이 많이 다니지 않는 외진 곳이기에 살며시 귀에 이어폰을 꼽아본다.

느긋느긋 달렸건만 5시에 오늘의 목적지에 도착해버린다. 오늘 호스트는 50대로 추정되는 아저씨 '커말.' 아내 네스린, 아들 올쟌과 함께 살고 있다. 생각보다 일찍 도착했는데, 케말이 친히 집앞까지 나와 나를 반겨준다. 사실 케말이 사는 동네에 찾아오기까지 애를 많이 먹었다. 전화로 하는 영어 대화가 잘 통하지 않았던 것이다. 케말이 사는 마을인 '요멜'로 오라는 것만 알아듣고 그쪽으로 향하고 있는데, 길거리 모퉁이에서 어떤 아저씨가 나를 보며 손을 흔드는 게 아닌가. 아, 이분이 오늘 호스트구나! 정말 빨리 만나서 다행이다. 짐을 풀고 일단 샤워부터 한다. 내가 머무를 곳은 3층의 다락방인데, 발코니와 바로 연결되어 있다. 빨래해서 말리기 좋은 방이다. :)

케말의 가족과 함께 저녁식사를 한다. 메뉴로는 살라타(샐러드)와 흑해에서만 잡힌다는 뮬치만한 물고기 튀김, 그리고 콜라. 생선은 딱히 좋아하지 않는지라 그리 감명 깊지는 않았지만, 그들이 키우는 닭과 병아리도 구경하고 한적한 시골에서의 여유로운 만찬을 즐긴다. 케말만 영어를 할 줄 아는데, 그렇다고 케말도 영어에 능숙한 건 아니다. 그러나 언어가 중요한 건 아니다. 여기는 터키이므로 내가 터키어를 배워서 대화해야 하는 게 맞을 것이다. 흥미로운 건 내가 지금까지 배운 터키어를 입 밖으로 내뱉으면, 그들은 굉장히 놀라면서도 좋아한다는 것이다. 어딜 가나 그들의 문화에 스며들려고 노력하면 현지인들은 좋아하게 되어 있다.

케말은 2개월간 자전거로 동남아를 여행했다고 한다. 싱가포르에서 시작하여 말레이시아, 캄보디아, 태국 방콕에 이르는 인도차이나 반도를 일주했고, 며칠 뒤 세르비아로 20일간 자전거 여행을 떠난다고 한다. 얼굴로만 봐서는 정년이 되어 은퇴한 줄 알았는데, 물어보니 여름시즌에만 가게에서 장사를 한다고 한다. 이곳은 바닷가 근처이니 그럴 만도 하겠다.

생각보다 하루가 일찍 마감된다. 저녁을 마친 후 케말이 좋은 밤 보내라면서 나를 반강제적으로(?) 3층으로 올려 보낸다. 서운한 마음보다는 자유시간이 늘어 너무나도 좋다. 잠들기 전까지 오로지 나만의 시간을 가질 수 있으니, 앞으로의 루트에 대한 고민과 웜샤워 컨택을 해야겠다. 오늘 속도계를 보니 101km를 달렸다. 그런데 쌩쌩하다. 오늘 같은 페이스면 150km도 찍을 수 있었을 텐데… 케말 말로는 내일은 거의 평지라고 하니 마음이 더욱 가벼워진다.

11일차 주행거리 101km / **총 주행거리 554km**
11일차 지출 7.65리라(점심 7, 물 0.65) / **총 지출 242.95리라**

히치하이킹도 환승이 된다

케말이 아침을 먹자며 3층까지 올라와서는 나를 깨운다. 비몽사몽 아침을 입으로 먹는지 코로 먹는지 모르게 해치운 후 자전거를 꺼내든다. 케말이 내 자전거를 유심히 살펴보더니 앞바퀴를 만져본다. 그렇다. 펑크. 펑크.

펑크. 펑크! 오늘까지 총 여덟 번의 펑크가 났다. 그래도 떠나기 전에 발견해서 다행이다. 고맙게도 케말이 펑크 때우는 걸 도와준다. 그리고는 필요할 거라며 새 튜브를 하나 준다. 그런데 내 자전거와

는 맞지 않는 700×25짜리다. 혹시 모르니 일단 받아둔다. 출발 시간은 11시 30분. 굉장히 늦어졌다. 오늘은 90km 가량 달려야 하는데, 늑장을 부리다가 엄청 늦어졌다.

어젯밤 케말이 알려준 대로 아이발릭에 먼저 들러 '준다'라는 섬 구경을 한다. 준다… 이곳, 너무 평화롭고 한적하다. 날씨 또한 왜 이렇게 좋은지. 한 가지 단점이라면 바람이 너무 심하게 분다는 것이다. 나를 도와주는 순풍이 아니라 제대로 된 역풍이다.

오늘 구간은 심한 오르막길이 거의 없다. 그렇지만 역풍 때문에 약간의 오르막도 속력을 내지 못하여 끌바(자전거 끌기)도 해본다. 갑자기 뒤에서 트럭이 빵빵거린다. 갑작스런 경적소리에 뒤를 돌아보니, 어느덧 내 옆으로 와서 물을 건네준다. 친절하고 정 많은 터키 아저씨에게 너무나 고마운 나머지 "테세퀴르(감사합니다)!"를 연신 외쳐댄다. 한국에서 힘들게 여행하는 외국

사막의 오아시스와도 같은 아저씨의 손길~♥

인을 보면 나도 먼저 도움의 손길을 건네야겠다 마음먹는다. ^^

아이발릭을 구경하다 보니 어느새 2시가 넘어버린다. 점심시간이 지나 타북 되네르를 파는 곳을 찾아 헤매다 '되네르'라고 적혀 있는 케밥 집을 발견한다. 가격 또한 착하다. 되네르와 콜라 세트가 4리라. 야외 의자에서 맛있게 점심을 먹고 있는데, 하늘에서 비가 한 방울씩 떨어지는 게 아닌가. 아이발릭 해변을 구경할 때만 해도 해가 쨍쨍했는데, 어느새 북쪽에서 먹구름이 몰려온다. 오, 이런! 이러다가 비를 맞으며 달리게 생겼다. 허겁지겁 10분 만에 되네르 빵조각을 흡입하고 바로 자전거에 오른다.

10분 정도 달리니, 어느새 먹구름이 내 위로 드리운다. 그리고 장대비가 내리기 시작. 하늘에 구멍이 뚫렸나 보다. 굉장히 춥고 따갑다. 이건 소나기, 아니 그 이상이다. 스콜이라 해도 과언이 아닐 정도다. 앞이 보이질 않는다. 안 되겠다 싶어 트럭과 중형차를 상대로 엄지손가락을 치켜들며 무작정 히치하이킹을 시도했다. 비맞은 생쥐꼴로 5분 정도 손을 흔들었을 때, 트럭 한 대가 멈춰선다.

"베르가마! 베르가마!"

"베르가마 오케이."

가까이 다가가니 손짓으로 자전거를 실으란다. 오예! 자전거를 싣고 내 몸도 조수석에 싣는다. 우와… 너무 행복하다. 몸은 젖을 대로 다 젖었지만, 이대로 오늘의 목적지인 베르가마까지 간다면 정말 행복할 것 같다. 히치하이킹에 응해주신 아저씨는 영어를 못 하신다. 대화는 통하지 않는다.

한 10분 달렸으려나? 차이를 마시자며 아저씨가 야외식당 앞에 차를 멈

춘다. 아저씨는 손가락으로 옆길을 가리키며 자기는 그쪽으로 가야 한단다. 어라, 나는 어쩌지? 아무튼 차이를 마시러 야외 의자에 앉는다. 천막이 쳐 있어 비를 피할 수는 있지만, 추위는 피할 수 없다. 덜덜덜덜… 얼른 옷을 갈 아입는다. 야외식당에는 아저씨들이 차이를 마시며 이야기를 나누고 있다 가 이방인인 나를 신기하게 쳐다보며 이런저런 질문들을 하신다. 죄송합니 다. 터키어를 알아들을 수 없어요… ㅠ.ㅠ

　아저씨들은 옆에 앉으라는 시늉을 하시며 내게 땅콩을 권한다. 물론 차이 와 함께. 터키 땅콩은 땅콩 껍질에 소금이 덕지덕지 붙어 있다. 어차피 땅콩 껍질을 까먹을 텐데. 그런데 소금을 좀 빨아먹으니 의외로 맛있다. 옆에 있 던 다른 아저씨가 배가 고프냐고 물어보시고는 건너편 집에서 쾨프테를 사 다준다. 그리고 식당 집주인은 나에게 아이란을 준다. 여기저기서 건네준 음식들로 순식간에 내 입이 호강을 한다. 내가 많이 불쌍해보였나? 여기에 서만 차이 두 잔에 쾨프테와 아이란까지, 정말 행복하다. 잠시 후, 나를 태워 다주신 고마운! 아저씨께서는 일하러 가봐야 한다며 자리를 뜨신다. 떠나시 기 전, 아저씨들에게 무언가를 물어보신다. 추측컨대, 식당 안에 있는 사람 들에게 "베르가마 가는 사람?"이라고 물어보는 것 같다. 나를 위해 대신 히 치하이킹을 해주시는 것이다. 아… 감사합니다! 그때 다른 편에 앉아있던 아저씨께서 마니사를 가신단다. 마니사는 베르가마 지나서 위치해 있는 곳 이다. 올레! 나를 도와준 아저씨께서 마니사로 향하는 아저씨 트럭에 자전

거참 억수로 퍼붓네.

거를 미리 실어 놓으신다. 그리고는 일하러 떠나시고, 나는 마니사로 향하는 무뚝뚝해 보이는 아저씨에게 맡겨진다. 정말 마음이 한결 가벼워진다. 내가 쾨프테 마지막 한입을 베어 먹자마자 바로 차에 오르라는 시크함까지 보여주시는 이 아저씨. 매력 넘치신다. 가는 내내 한마디도 없으시고, 비는 억수처럼 쏟아진다. 가다가 앞이 보이질 않아 잠시 차를 멈춰 세우고, 비가 약해지자 다시 출발한다. 오늘 하루, 비에 쫄딱 젖고 정신적으로 피폐(?)해져서 그런가? 편안한 곳에 엉덩이를 붙이니 졸음이 쏟아진다. 하지만 눈을 부릅뜨고 끝까지 참아본다.

이렇게 오늘 하루는 억수처럼 쏟아붓는 비 덕분에 히치하이킹을 두 번하게 되었다. 히치하이킹으로 이동한 구간은 약 59km 정도. 다행히 좋은 사람들 만나 맛난 것도 얻어먹고, 좋은 경험했다. 확실히 버스나 기차로 이동하는 것보다 훨씬 남는 게 많은 교통수단이다.

자전거로 동부지역에 갈 생각은 하지 마!

무뚝뚝하고 시크한 매력이 철철 넘치는 아저씨가 나를 베르가마에 진입하는 길목까지만 태워다주시고 갈 길을 가신다. 여기에서 베르가마 시내까지는 7km. 베르가마 근처에 오니 저 멀리서 먹구름이 점점 몰려오는 게 보인다. 오오~ 구름이 굉장히 빨리 지나가고 있다.

7km면, 20분 내에 끊을 수 있겠지? 그렇담 먹구름이 몰려오기 전에 후다닥 시내에 도착해버릴 심산으로 페달을 힘차게 굴린다. 한 5km 달렸을까? 먹구름한테 따라잡혔다. 어쩔 수 없이 다시 비를 맞으면서 우수수 내리는

이 녀석들을 피할 곳을 찾는다. 마침 근처에 버스정류장이 있어, 그곳에 들어가 폭우를 피한다. 지금은 학교가 파할 시간인가 보다. 버스를 기다리는 대학생들이 많다. 그런데 갑자기 한 여학생이 두 손으로 내 볼을 비빈다. 으잉? 뭐지? 그리고는 황당해하는 나의 눈을 가리키며 뭐라뭐라 하는데, 아마 눈이 예쁘다고 하는 듯하다. 그리고 번호를 따간다. 나중에 알게 된 이 친구의 이름은 세린, 나이가 20살이란다. 뭐야 나보다 훨씬 어린 것이! 아무래도 나 터키에서 먹히는 얼굴인가 봐?

이윽고 비가 그치고, 다시 시내로 향한다. 오늘 호스트인 올쟈이는 아직 연락이 없고, 시간은 때워야겠고, 시내 중심에 자리한 카페에 들어간다. 이 동네는 관광객이 잘 오지 않는 곳이어서 그런지 모두들 나를 신기해하고 사진을 찍자고 한다. 커피 한 잔을 시키고 젖은 옷을 말리고 있을 때 10대들로 추정되는 한 무리와 카페 주인이 같이 사진을 찍자고 달려든다. 여자 네 명이 나에게 하트 표시를 날린다. 부끄럽게 자꾸 왜 그러실까… 그들에게 무언가 선물을 주고 싶어서 폴라로이드 카메라를 꺼내 사진을 찍어준다. 카메라 안에 필름이 한 장밖에 남지 않아 단체사진을 찍어 그들에게 준다. 한 장

만 남아있는 게 정말 다행이었다! 계속 찍어달라고 조르길래 필름이 없다며 카메라를 다시 집어넣는다. 얘들아, 나도 아껴서 다른 사람들도 좀 찍어줘 야지….

때마침 올쟈이에게서 연락이 온다. 어디어디로 오라고 하는 것 같은데, 대화가 잘 통하지 않아 그냥 애기들을 바꿔준다. 키는 나보다 클지언정, 15~16살 애기들… 터키어로 대화를 나눈 뒤, 올쟈이와 만나기로 한 곳까지 이 꼬마들이 데려다준다. 다행히 올쟈이의 집은 카페에서 200m도 되지 않는 거리에 있었다. 이렇게 오늘, 그리고 내일의 호스트가 될 올쟈이와의 만남이 이루어졌다. 실은, 올쟈이를 못 만날지도 모른다는 생각을 했다. 올쟈이가 영어도 잘 못하는 데다 군인이어서 일이 늦게 끝난다고만 들었기 때문이다. 확실한 답변도 못 들었으면서 무작정 이곳까지 찾아온 나도 좀 대단한 듯. 아무튼 만나서 천만다행이다! 내일까지는 걱정 없겠구나!

올쟈이는 전우인 후세인과 야신, 이렇게 셋이 같이 살고 있다. 남자들만, 군인들만 사는 곳이어서 그런지 집이 좀 불청결하다. 더군다나 이들은 훈련 때문에 2주간 집을 비웠고 마침 오늘 집에 도착했다. 변기 주위에는 담배꽁초들이 쌓여 있고, 변기는 언제 청소했는지 모를 정도로 누런 때들이 무늬처럼 내려앉았다. 나를 더욱 곤욕스럽게 하는 건 바로 흡연. 방에서 담배를 피우는 것 때문에 미칠 지경이다. 거실에 내 짐들이 뭉땅 있고, 더군다나 젖은 옷과 수건을 널어놨는데. ㅠㅠ 터키에서는 집 안에서도 담배를 피운다. 그들의 문화니 어쩔 수 없다.

아, 이들은 군인이어서 터키 전역은 물론, 시리아, 이라크에서 머무른 경험이 있다고 한다. 그래서 그들에게 살짝 조언을 구한다. 바로 위험한 곳을 살피는 것. 당장 지도를 펴 그들에게 자문을 구한다. 군인 호스트를 만난 덕분에 현재 어느 지역이 위험하고, 테러 문제가 많은지를 알 수 있다. 그들이 말해준 지역은 바로바로 'Ⅹ'표시로 제거했다. 어떤 지역에서는 하루에도 여러 차례 교전 소식이 들려오고, 시리아인들이 계속 국경을 넘어 터키 남동부 지역으로 유입되고 있단다. 게다가 그들은 총을 소지하고 있어 언제든지 한 방에 훅 갈 수 있다고. 자전거를 타니 더욱 더 조심하라고 단단히 조언해준다. 여행 출발 전에도 옆 동네인 이란에서 한 한국 자전거 여행자가 실종되었다는 소식을 접한 적이 있어서 조금은 심각해진다. 괜히 객기를 부렸다가 한순간에 잘못될 수도 있다. 사뭇 진지해지며, 이들이 가지 말라고 하는 곳은 절대 안갈 것이다. 디들은 군인이니 일반인보다 훨씬 잘 알 것이다! 뭐 어떻게든 되겠지 하면서도 이래저래 루트에 대해서는 고민이 많다. 하지만 계획은 언제든지 바뀔 수 있는 것.

이들은 내일 7시에 출근한단다. 나는 하루 더 머물기로 했다. 느지막이 집을 나서도 괜찮은지 물으니, 후세인이 나에게 윙크를 날린다. @,.@`` 나도 좀 개방적이어야지. 손짓도 좀 해가면서 이런저런 제스처를 연습해야겠다. 잠들기 전, 거울을 보며 내 자신에게 윙크를 날려본다.

12일차 주행거리 55km / **총 주행거리 609km**
2일차 지출 8리라(점심 4, 커피 4) / **총 지출 250.95리라**

고대 페르가몬의 유적이 고스란히, 베르가마

새벽까지만 해도 천둥소리로 인해 단잠을 방해받았는데, 창밖을 보니 언제 그랬냐는 듯 날씨가 화창하다. 냉장고를 열어보니 먹을 게 아무것도 없다. 참, 남자들만 사는 집이지… 집에 있어봐야 뭐하겠는가, 머리를 감고 나갈 채비를 한다.

베르가마는 그다지 크지 않은 작은 도시다. 내가 이곳을 선택한 이유는 바로 오늘 둘러볼 '아크로폴' 때문이다. 베르가마 시내 어디에서나 볼 수 있는 우뚝 솟아 있는 산 정상에 오늘의 유적지가 자리하고 있다. 그곳까지 가는 버스도 있지만, 이렇게 날씨 좋은 날에는 걸어가는 것도 좋겠다! 산에 올라가는 문턱에는 구글에서 찾아본 '바질리카'가 위치해 있다. 이어폰을 귀에 꼽고, 고프로와 미러리스 카메라 한 대씩 양손에 들고 산을 오르기 시작한다. 버스 종점으로 보이는 산 중턱부터는 케이블카가 관광객들을 실어 나른다. 한 시간 가량 걸었으려나? 산 정상부에 아크로폴을 가리키는 표지판이 보인다. 아뿔싸, 삼각대 가져오는 걸 깜빡했다. 이럴 때를 대비해 이스탄불에서 급히 구비한 삼각대였는데…. 바람막이도 챙겨오지 못해 산 정상에서 춥기까지 하다.

하산을 하니 4시. 호스트들의 퇴근시간인 6시가 되려면 두 시간이나 남는다. 어제 호스트를 기다리면서 친해진 카페 사장과 그 똘마니들(?)을 보러 다시 카페를 방문하니 사장이 나를 한눈에 알아본다. 우리는 하이파이브와 함께 서로의 안부를 묻는다. 2층으로 올라가니 이곳은 여기 작은 시골 동네 청소년들의 아지트인 듯하다. 이방인이 신기한지 모두들 나를 뚫어져라 쳐다본다. 나는 마치 연예인처럼 스포트라이트를 받으며 커피를 홀짝인다.

H Hastane
Kınık - Soma
RGAMON
Akropolis
boutique hotel
Akropol

이렇게 한량한 시간을 보내고 있는데, 5시도 안 돼 올쟈이에게서 문자가 날아온다. 퇴근하여 집에 도착했다는 것. 금요일이어서 빨리 퇴근했나 보다.

후다닥 집으로 향한다. 집에 와서 오늘 뭐했는지 하나하나 후세인에게 보고한다. 내 말을 듣던 후세인은 내가 안 가본 곳이 한 군데 있다며 드라이브를 시켜준다. 그런데 그곳은 이미 문을 닫은 상태. 하는 수 없이 시내를 한 바퀴 돌고 바질리카를 한 번 더 둘러본다. 나는 그렇게 땀을 흘려가며 걸었건만, 이렇게 차로 쉽게 시내 한 바퀴를 돌아버리다니… 그저 복습하는 셈 친다. ^^;;

터키 친구들에게서(물론 한 번도 본 적 없는 SNS 친구) 메시지가 하루에도 수십 통씩 날아든다. 읽고 모른 체 하기 그래서 답장을 하기는 하지만, 돌아오는 건 정체불명의 터키어… 관심을 가져주는 건 좋지만, 만국의 언어인 영어로는 안 될까요?

내일은 이즈미르로 향한다. 이즈미르는 터키에서 세 번째로 큰 도시. 그곳에 하루만 있을지, 이틀 있을지 고민하다가 하루는 느긋느긋하게 여유를 부려보기로 했다. 내일은 무슨 일이 있어도 아침 8시에 집을 나서자!

13일차 주행거리 0km / **총 주행거리 609km**
13일차 지출 30.5리라(아침 2, 간식 4.5, 페르가몬 입장료 20, 커피 4) / **총 지출 281.45리라**

써니, 우범지역에 들어가다

알람을 7시에 맞춰놨는데 일어나 보니 8시 반이다. 아뿔싸, 오늘 8시부터 달릴 계획이었는데! 창밖을 보니 이슬비가 내리고 있다. 날씨는 진짜 나를 안 도와주는구나. 날씨 때문에 다시 이불 속으로 들어가려던 찰나, 출근하는 올쟈이와 마주친다. 그와 작별인사를 하고, 한 시간여 이불 속에서 꿈틀대다가 '그래도 비가 그치면 바로 출발할 수 있게 준비는 하고 있자'라는 생각이 들어, 머리를 감고 짐을 싼다. 이야~ 내가 딱 모든 준비를 마치고 나니 마법같이 비가 그친다. 럭키! 나는 만일의 사태에 대비해 히치하이킹을 할 생각도 하고 있었는데 오늘은 라이딩을 해야겠구나! 오늘 구간 이즈미르까지는 110km정도 된다. 올쟈이의 하우스메이트인 후세인과 야신을 보지 못한 채 집을 나선다. 아직까지 자고 있나 보다.

역풍도 힘차게 뚫고 전진한다. 내 머리 위로 먹구름이 드리워져 있다. 언제 비를 퍼부을지 모른다. 그러고 보니 아침을 못 먹었다. 올쟈이네 집에서는 먹을 게 없어 아침을 못 먹는 게 당연하고, 먹구름 때문에 알리아하(Aliaga)까지 내달려 그곳에서 아침을 먹기로 마음먹는다. 알리아하에 도착하여 치킨으로 점심같은 아침을 먹는다. 와, 그런데 굉장히 맛있다! 역시 돈값을 하는구나. 맨날 2리라, 3리라짜리 타북 되네르(물론 이것도 진짜 맛있

다)만 먹다 보니 빵이 너무 질겨서 턱이 아작 날 것 같았는데.

알리아하는 아이발릭과 느낌이 비슷한 곳이다. 해안가가 너무나 아름답다. 그리고 역시나 오늘도 그분이 오셨다. 펑크! 시간을 계산해 보니 오늘 호스트와 약속한 시간인 6시 내에는 충분히 이즈미르에 도착할 듯싶다. 그래서 펑크도 즐겁게 때우고 페달도 천천히 밟는다. 두 번째 펑크 발생. 그래도 좋다! 세 번째 펑크 발생. 그래도 좋다! 이유는 모르겠다.

하루 종일 주구장창, 노래를 들으며, 그리고 껌을 질겅질겅 씹으며 자전거를 굴린다. 다행히 비는 오지 않아 쉼 없이 내달려 5시에 이즈미르에 도착한다. 여기서 알아보는 나의 페달링 특성이라면, 나는 웬만하면 쉬질 않는다. 보통 50분 달리고 10분 쉬는 게 정석이라고들 하지만, 정석보다는 자신에게 맞게끔 달리는 게 더 낫다고 생각한다. 정석대로 달린다면, 아마 내 페이스는 완전히 무너질 것이다. 나는 생각보다(?) 지치지 않는 나 자신을 잘 알기에, 서너 시간을 달리고 몰아서 쉰다.

그런데 대도시여서 그런지 차가 너무 많다. 바로 내 옆으로 쌩쌩 지나간다. 특히나 트럭은 정말이지 무섭다. 옆으로 지나가기만 해도 가냘픈 내 몸과 자전거는 일심동체로 휘청거린다. 자전거 인프라가 잘 구축되어 있지 않은 터키에 자전거 도로가 없는 것은 당연한 일.

코낙(이즈미르에서 유명한 광장)에 가려고 길을 헤매다가 우범지대에 들어서고 말았다. 아, '이곳은 아니다'라는 느낌이 왔다. 도로를 달리다 들개에게 쫓겨본 적은 있지만, 사람에게 쫓겨본 적은 이번이 처음이다. 사람들이 나를 향해 좀비처럼 쫓아온다. 아, 진짜 항상! 정신을 바짝 차리고, 객기

(위) 이즈미르 코낙광장   (아래) 코낙광장 근처에서 바라본 해질녘의 에게해

는 부리지 말아야겠다. 인터넷에서만 보던 내용들이 내게도 닥칠 수 있다는 것을 온몸으로 실감한 순간이었다.

우범지대에서 빠져나와, 길을 물어물어 코낙에 도착. 주말이라서 그런지 잔디밭에, 야외 레스토랑에 사람들이 가득하다. 코낙에 도착해서 오늘의 호스트인 규르달에게 연락을 취하는데, 이내 곧 자전거를 타고 달려온다. 우리

는 그렇게 만나 함께 저녁을 먹으러 해안가에 자리한, 사람이 꽤 북적북적한 레스토랑으로 향한다. 그런데 바닷바람을 마주하는 저녁이라 그런지 너무 쌀쌀하다. 저녁은 이즈미르 지방에서 유명한 쿰루(kumru)라는 음식! 작은 빵 안에 갖가지 야채와 고기들을 넣은 음식이다. 여행할 때 무엇에 대해 관심을 갖느냐는 규르달의 질문에, 나는 '음식'과 '사람들'이라고 답한다. 음식은 굉장히 중요하다! 이즈미르에는 '쿰루'라는 음식과 '보요즈'라는 음식이 유명하다고 하는데, '보요즈'는 내일 자유시간에 한번 맛봐야겠다.

집에 도착한 후, 규르달에게 이것저것 집안에서의 룰에 대해서 물어본다. 집에서 맥주를 마실 수 있냐고 물어보니, 자신과 아내는 맥주를 마시지는 않지만 언제든지 가능하단다. 맥주가 조금 땡기던 참이라 맥주를 사러 나가본다. 집 앞 슈퍼에서 맥주와 안주거리를 집어들었는데 슈퍼 아저씨가 돈을 받지 않는다. 뒤에서 규르달이 이야기하기를, "우리는 이웃"이란다. 바로 자기네 층의 옆집에 사는 아저씨라고. 덕분에 나는 럭키가이! 맥주와 과자(5리라 상당)를 공짜로 먹을 수 있게 되었다!

맥주를 한 캔 벌컥벌컥 들이켜니, 곧 졸음이 쏟아진다. 냉장고 안에 있는 맥주 하나 더 마시고 잠을 청해야지. 내일은 엄청난 여유로운 날이 될 것 같다! 왜냐? 규르달과 규르달의 아내인 제흐라가 보통 11시에 일어난다고 한다. 올레! 늦잠 잘 수 있겠구나!

14일차 주행거리 114km / **총 주행거리 723km**
14일차 지출 11.5리라(점심 10, 간식 1.5) / **총 지출 292.95리라**

길치를 위한 여행 필수 어플리케이션!

★ 내 손 안의 지도, 오프라인 맵 어플리케이션 'Maps with me'

여행을 하다 보면 꼭 챙겨야 하는 필수품 중 하나가 바로 지도다! 따로 여행책자나 종이 지도를 챙겨가도 좋지만 스마트한 21세기답게! 어플리케이션을 활용하는 건 어떨까? 길치 of 길치인 나는 국제미아가 되지 않기 위해 나침반까지 챙겨갔지만, 이 어플 하나로 길 잃을 걱정은 끝이 났다. 바로 'Maps with me' 라는 어플!

Maps with me 어플은 유료버전(미화 6달러)이 있고 무료버전이 있는데, 기 둘의 차이는 지도상에서 검색이 되느냐 안 되느냐에 있다. 나는 이왕 쓰는 거 좋은 놈으로 써보자는 마음으로 눈물을 머금고 유료결제를 하고 여행을 떠났다.

일단 'Maps with me' 는 세계 도든 나라 중 사용자가 보고 싶은 나라만을 골라 다운로드 할 수 있어서 사용자의 스마트폰 저장 공간을 활용하기에 좋다. 그리고 지도에 식당, 마트, 바, 환전소, 패스트푸드점 등 여행자들에게 필요한 세부사항들이 표시되어 있어 굉장히 편리하다. 무엇보다 최고의 장점은 데이터나 와이파이를 사용하지 않고 오프라인 맵 상에서 위성 GPS를 통해 현재 내 위치를 확인할 수 있다는 것이다. 그야말로 별 다섯 개!!!

★ ★ ★ ★ ★

※ 해당국가 지도는 와이파이가 될 때 미리 다운로드해야 된다는 점 명심!

배탈 나다

아침 8시. 배가 너무 아파서 잠이 깼다. 탈이 났나 보다. 이른 아침(규르달과 제흐라에겐)부터 화장실을 몇 번 들락거린다. 규르달이 11시쯤 일어날 것 같아 잠을 더 자려고 노력해보지만 배가 아파 도무지 잠이 오질 않는다.

이즈미르의 대표 먹을거리, 보요즈

한 10시가 넘었을까? 규르달이 부엌에서 아침을 준비하는 소리가 들린다. 나도 그제야 씻고 규르달과 아침 인사를 나눈다. 그리고는 아침을 함께한다. 나를 위해 보요즈(이즈미르에서 유명한 빵)를 준비했단다. 맛은 솔직히 그럭저럭이었는데, 나를 위해 준비해준 규르달의 성의를 생각해서 "레젯리(맛있어)~!"를 외치며 모두 해치운다. 이렇게 해서 이즈미르에서 유명한 음식 두 가지를 모두 맛보았다. 쿰루와 보요즈!

오늘은 이즈미르 시내를 둘러보는 날. 관광지도와 인터넷을 뒤져보니 그다지 볼 게 없겠다 싶어 최대한 느지막이 나가려고 한다. 늦게 나가서 밤늦게 들어올 심산이다. 어젯밤에 집으로 오면서 본 이즈미르 해안가의 야경이 너무나도 멋졌기 때문이다. 혼자 카페에 앉아 나만의 시간을 갖고 싶다. 그래서 나갈 채비를 하려는데, 규르달이 자기와 같이 가잔다. 규르달과 같이 가려면 자전거를 타야 될 것이다. 혼자 헤매면서(?) 다닐 생각이었는데 호스트가 같이 하겠다고 하니 거절할 수도 없는 노릇. 얼떨결에 오늘도 페달을 밟게 되는구나.

이즈미르는 뭔가 선진국 느낌이 풍기는 도시다. 주말이어서 그랬을 수도 있을텐데 코낙 시계탑을 중심으로 사람들이 붐볐고, 야외 레스토랑에서 한가로이 시간을 보내는 사람들도 많았다. 이스탄불이나 다른 도시에서 보지 못했던 자전거 매니아들과 스케이트 타는 사람들, 개를 끌고 산책하는 사람들 덕분에 이즈미르가 그렇게 느껴졌는지도 모르겠다.

터키에 와서 처음으로 낮잠을 청해본다. 일어나니 8시. 두세 시간 꿀잠을 잤다. 창밖을 보니 해가 점점 기울어져 간다. 야경을 보러 나갈 채비를 하는데, 규르달의 아내 제흐라가 요리를 하고 있다. 아마도 저녁이다. 오예! 실은 나가서 대충 사먹으려 했는데, 저녁을 해줄 줄이야 +_+ 메뉴는 쾨프테와 필라브(터키식 쌀밥), 그리고 요거트. 윽, 그런데 요거

트를 보니 기분이 별로 좋지 않다. 실은 어제부터(아니, 오늘아침부터였을지도) 배에서 자꾸만 신호가 와서 화장실을 들락거렸는데, 오늘도 서너 번은 들락날락거린 듯하다. 그래서 일어나자마자 지사제를 두 알 챙겨먹었다.

1. 이들 부부에게서 제일 부러웠던 웨딩사진
2. 규르달 & 제흐라 부부와 함께

지사제 챙겨온 건 잘한 듯!

저녁을 배불리 먹고 나서 9시 반쯤 야경을 보러 나간다. 규르달에게는 한 시간 안에 돌아오겠다고 말해둔다. 내가 열쇠를 안 갖고 있고, 혹시 모를 불상사에 대비해서 귀가 시간을 알려주는 것! 그때까지 못 돌아오면 나를 찾아달란 말인 거다! ㅎㅎ 규르달네 집에서 코낙 시계탑까지는 10분 거리. 어제는 몰랐는데 굉장히 가깝다. 일요일 밤이어서 그런지 사람이 한 명도 없다. 대낮에는 그렇게 붐비던 코낙광장의 외로운 야경을 사진에 담고 해안가를 따라 이내 집으로 돌아온다. 군것질을 하려 했으나, 생각보다 일찍 문 닫은 상점들로 인해 곧장 집으로 와야 했다. 낮잠까지 잤는데 눈꺼풀이 무겁다. 규르달이 내일 7시에 출근하니 같이 나가자고 한다. 하긴 집에 오래 있으면 편한 것보다는 제흐라랑 있으면 더 불편할 듯하다.(제흐라가 영어를 못하기 때문에, 그리고 나를 조금은 경계하는 듯싶다) 그냥 빨리 출발해서 셀축을 더 둘러보면 된다. 방금 지사제를 또 먹었다. 뭐 먹기만 하면 배에서 신호가 온다. 이거 장염인데… ㅠㅠ

15일차 주행거리 14km / 총 주행거리 737km
15일차 지출 23.5리라(박물관 입장료 8, 아고라 입장료 5, 맥주&안주 10.5) / 총 지출 316.45리라

요상한 터키 휴대폰 체계

이른 아침, 바람이 쌀쌀하다. 쪼리를 신은 내 발이 찬바람에게 계속 강타 당한다. 그래도 계속 달린다. 멈춰 쉬는 것보다 달리는 게 운동효과가 있어 열을 낼 수 있기 때문이다.

오늘의 목적지인 셀축까지 가는 길은 도로 사정이 좋지 않다. 일반 국도로 가면 아마 사정이 좋았겠지만, 규르달이 추천해준 대로 해안가 쪽으로 우회하여 지방도로를 달린다. 완전 돌밭이다! 규르달 자전거는 산악자전거지만 내 껀 로드자전거다.ㅠㅠ 어쩔 수 없이 40km 가량 돌밭 위를 달린다. 이런 길을 달리는데 펑크가 안 나면 오히려 이상한 일이다. 역시 오늘도 펑크가 두 차례 발생. 이른 아침부터 달렸기에 시간도 넉넉하고 기분 좋게 펑크를 때우고 다시 출발한다.

이런 페이스라면 12시 이전에 셀축에 도달할 기세다. 아침을 너무 일찍이, 적게 먹었는지 배가 고프다. 제흐라가 싸준 건포도를 몇 개 씹는다. 그런데 배에서 신호가 온다. 너무 배가 아파서 도로 갓길에 자전거를 세우고 주저앉았다. 외진 곳이라 쉴 만한 데도 마땅치 않다. 별 방도가 없어 다시 페달을 밟을 뿐이다.

별 볼 것 없었던 Claros

셀축에 거의 다 이르러 'Claros 1km'라는 표지판이 나를 유혹한다. 갈색바탕의 표지판은 대개 유적지를 가리킨다. 보통이라면 별 관심 없었을 텐데 1km만 들어가면 볼 수 있단다. 게다가 오르막길도 아닌 듯싶다. 핸들을 꺾어 들어가본다. 널리 알려지지 않은 곳임이 분명하다. 괜히 왔다는 생각은 들지 않았지만 별 감흥 없는 곳이다.

다시 셀축으로 가는 길. 푸른빛의 에게해를 따라 5km 정도 오르니, 꽁꽁 싸맨 듯 잠들어 있는 고대 에페수스 문명과 마주한다. '에페스'라는 표지판이 셀축에 도착했음을 알려준다. 아직 1시가 채 되지 않았다. 에페스, 쉬린제 마을 등 둘러볼 곳이 꽤 되지만 일단은 점심부터 먹고 생각해보기로 한다. 셀축 시내에서 되네르 가게를 찾아 배를 채운다. 행여나 배에서 요동칠까 노심초사…. 다행히 지사제가 효과를 발휘하나 보다. 그리고 휴대폰을 열어 세상 돌아가는 소식을 접한다. 그런데 갑자기 데이터가 되지 않는다! 전화와 문자도 물론! 어라, 뭐지?! 내가 이스탄불에서 끊은 요금제는 한 달짜리며, 설령 데이터를 다 썼어도 문자나 전화는 할 수 있는 건데. 이렇게 되면 오늘 호스트한테 어떻게 연락을 취하지? 당장 아베아(터키의 휴대폰 통신사) 가게로 찾아가서 자초지종을 설명한다. 점원이 잠시 찾아보더니 진단을 내려준다. 내 휴대폰은 이제 더 이상 터키에서 쓸 수 없단다. 터키 휴대폰이 아닌, 해외에서 가지고 온 휴대폰일 경우(언락 상태인 폰이어도) 1주에서 최대 2주간만 사용이 가능하고, 그 뒤로는 사용이 불가능하단다. 아, 이제 어쩌지.(이 사실을 왜 이제 알았지 ㅠㅠ 이스탄불에서는 알려주지 않은 사실인데!) 터키에서 호스트들과 연락할 때는 문자와 전화를 가장 많이 사용하는데! 이걸 사용할 수 없다면, 굉장히 불편할 것이다. 고민할 필요도 없이 새 휴대폰을 사기로 한다. 별다른 방도가 없다. 휴대폰 가격을 물어보니 제일 싼 게 75리

새로 구입한, 기본기능에 아주 충실한 휴대폰

라. 생각보다 나쁘지 않다. 데이터는 못 쓰지만 가장 필요한 물건이기에 당장 구매한다. 그리고 오늘 호스트에게 전화를 건다. 다행히 지금 집으로 와도 된단다.

현재시각 2시. 혼지인들에게 물어물어 호스트 집을 찾았다! 어라? 그런데 판시온(펜션)이다. 아무튼 오늘 웜샤워 호스트인 아드난이 나를 반겨준다. 그리고 내가 머무를 방으로 안내한다. 2인실이다. 이건 또 뭐지? 돈을 내야 되는 건가? 웜샤워 홈페이지에 호스텔을 올려놓고 이렇게 사람들을 유치하는 건가? 라는 생각을 잠시 해본다. 내가 이에 대해 물어보려던 찰나, 아드난이 공짜로 머물러도 된다고 한다. 휴….

"이틀 머물래? 하루 머물래?"

아드난의 물음에, 나는 그냥 하루만 머문다고 답한다. 원래 메시지를 주고받을 때 이틀 머문다고 얘기했으나, 오늘 일찍 도착한 관계로 오늘 하루에 다 돌아볼 수 있겠다 싶다. 2인실을 나 혼자 쓰게 되다니! 독방이란 점이 너무 좋다. 개별 화장실도 딸려 있고! 참고로 아드난의 펜션은 셀축 시내에서 5분 거리에 위치한 아주 착한(?) 입지를 점하고 있다.

나는 바로 짐을 풀고 시내 구경을 하러 자전거를 끌고 나간다. 나가면서 펜션을 둘러보니 자전거 여행자를 위한 펜션임에 틀림없다! 인테리어 하나하나, 그리고 간판 또한 자전거 모양이 새겨져 있다. 나중에 아드난에게 들

어보니 이쪽 남서부 지역에서는 상당히 유명한 펜션이라고? 자전거 동호회를 포함한 여행자들이 자주 머물고 간단다. 일단 자전거를 씽씽 타고 도착한 곳은 에페스. 입장료는 25리라. 터키 입장료 치고는 꽤 비싼 편! 그나마 다행인 것은 내일이면 가격이 30리라로 오른단다. 실제로 보니 매표소 점원이 30리라가 찍힌 입장권을 정리하는 모습이 보인다. 어쨌거나 나는 럭키가 이인 거네?

  실제로 보는 에페스의 모습은 베르가마의 페르가몬보다 훨씬 규모가 크고 아름다웠다! 입장료가 아깝지 않다. 다 둘러보고 나오려는데 한 독일인 부부가 나를 보며 굉장히 반가워한다. 이즈미르에서 셀축으로 오는 관광버스에서 내가 자전거 타고 가는 걸 봤다고 한다. 나를 보고 엄지를 치켜들며 대단하다고 해준다. 쑥쓰쑥쓰. ㅎㅎ 에게해 지역에 유일하게 남아있는 고대도시 에페스의 자취를 밟은 후, 쉬린제 마을로 향한다. 쉬린제 마을은 셀축 시내에서 8km 떨어진 산골짜기에 있는 동네로, 에페스 지역에 거주하던 그리스인들이 15세기 무렵에 이주해와 형성한 마을이다. 본래 지명은 그리스어로 '못생긴'이라는 뜻의 '체르킨제'였으나, 후에 터키 정부에서 '즐거움'을 의미하는 '쉬린제'로 바꾸었다. 관광객들에게는 '와인마을'로 잘 알려져 있다. 산비탈을 따라 올라가야 하지만 시간이 넉넉하니 오르막길이어도 '자전거로 가면 되겠지'라는 생각으로 쉬린제 마을을 향하여 페달을 밟는데 이건 엄청난 판단착오. 오르막길에 호되게 당했다. 땀으로 온몸을 샤워한 채 낑낑대며 올라가도, 드무지 마을이 안 보인다. 한 시간쯤 올라갔을까, 드디어 쉬린제 마을을 알려주는 표지판이 나를 반긴다. 마을 초입에 자전거를 묶어두고 마을 곳곳을 살펴본다. 여기저기 가는 곳마다 "헤이, 브라더~"라며 나에게 추파를 던진다. 어떤 친구들은 어디서 주워들은 한국말을 섞어가면서 나의 관심을 끈다. 근데 저는 이런 기념품에는 관심이 없어요. ㅠ.ㅠ 적극적으로 다가왔던 몇몇 친구들과는 함께 사진을 찍으며 추억을

(위) 쉬린제 마을. 전통가옥이 잘 남아 있다. (아래 왼쪽) 쉬린제 마을 땅에 박혀 있는 나자르본주(악마의 눈). 터키에서는 이 파란 눈이 모든 액운을 막아준다는 의미가 있다.

남긴다. 이곳 쉬린제 마을은 부르사 근교의 주말르크즉 마을과 느낌이 비슷한데, 전체적으로 주말르크즉 마을보다는 못 미친다는 게 내 개인적인 생각이다. 너무 상업적으로 변모해버렸다는 게 이유랄까?

16일차 주행거리 100km / **총 주행거리 837km**
16일차 지출 111.5리라(휴대폰 75, 에페스 입장료 25, 점심 3, 저녁 2.5, 간식 6) / **총 지출 427.95리라**

안녕, 히치하이커!

간밤에 너무 추워서 몇 번을 깼는지 모르겠다. 그리고 꿈자리가 무척이나 사나웠는데, 꿈 내용은 도구지 기억이 나질 않는다. 개운하지가 않다. 방문 앞에 아침을 준다는 메모가 붙어 있어 테라스에 나가본다. 잠시 후, 아드난 부인이 아침(카흐발트)을 가져다준다. 모닝커피와 함께하는 테라스에서의 아침이라, 참으로 좋다. 무언가 여유롭다. 항상 시간에 쫓겨 빨리빨리 준비하고 서둘렀는데, 오늘 하루만큼은 느릿느릿 아침을 먹는다.

방문 메모에는 체크아웃이 10시 30분이라고 명시되어 있었지만, 나는 호스텔 방문객이 아닌, 그냥 웜샤워 게스트니까 예외겠지 싶어 계속 테라스에서 컴퓨터를 두들기고 있다. 하지만 다른 손님들은 모두 체크아웃을 하여 아드난 부인이 이리저리 청소를 하러 돌아다니니, 여간 불편한 게 아니다. 아드난은 나에게 엄청 잘해주지만, 아드난 부인은 나를 보며 좀처럼 웃질 않는다. 무언가 못마땅하게 여기는 듯싶다. 나라도 그럴 것이다. 돈 받고 하는 서비스업인데, 남편이 공짜로 손님을 받았으니 못마땅할 수도 있겠지.

그래도 나는 최대한 늦게 출발하려고 늑장을 피워본다. 오늘 구간은 50km남짓이다. 12시가 넘어서야 슬슬 짐을 챙겨 숙소를 나온다. 아드난과는 작별 인사를 하고 펜션 앞에서 사진을 함께 찍는다. 펜션 홍보용으로 SNS에 사진을 올리겠단다.

자전거에 오른다. 오늘은 정말!! 기분이 좋다. 이제까지 검은색 기능성 긴팔만 입

었는데, 오늘 처음으로, 노란색 사이클 저지를 세트로 입어보았다. 아니, 이럴 수가! 핏이 장난 아니다. 몸이 좋아서가 아니라 쫀쫀하게 몸에 감기는 맛이 너무 좋다! 왜 이제야 이 옷을 입었지? 반팔 저지를 입었으니 팔 토시도 개시하는데, 이 녀석 또한 쫀쫀하게 달라붙어서 기분을 한층 더 업 시켜준다. 후훗, 오늘은 정말 잘 달릴 수 있을 것만 같다.

출발하기 전, 셀축 시내에서 타북 되네르로 배를 든든히 채운다. 역시 언제 어디서나 타북 되네르는 진리! 오늘의 목적지인 아이든까지 가는 길 초반은 업힐이 계속된다. 저~ 앞에 배낭여행자 두 명이 보인다. 그들을 지나치면서 "Hello" 인사를 건네고 가는데, 아! 동양인이다. 앞으로 쭈욱 달리다가

안녕, 히치하이커!

문득 그들이 궁금해진다. 그래서 핸들을 돌려 그들에게 되돌아간다. 중국에서 왔고, 히치하이커란다. 우와, 말로만 듣던 전문적인 히치하이커! 시간도 남겠다 이렇게 만난 것도 인연이기도 해서 그들과 함께 수다를 떨어본다. 남부에 있는 안탈랴라는 도시까지 히치하이킹하는 중이라는데, 차가 잘 잡혀주지 않는 모양이다. 그들이 히치하이킹을 시도하는 모습을 찍어주겠다고 하니, 그들도 나더러 한번 시도해보란다. 나도 그냥 제스처만을 취해본다. 이렇게 만나는 여행자들이 참 좋다. 홀로 다녀서 그런 것도 있겠지만, 서로 고생하는 입장에서 그들의 고생이 눈에 보이며 이해가 된다. 내가 반가운 만큼 그들도 반가웠을 거라 확신한다. 내가 먼저 살근살근 다가가니 그들도 웃으면서 나를 대해준다. 그래, 항상 먼저 다가가자. 잠시의 기분 좋은 만남도 거기까지, 서로의 안녕을 빌며 헤어진다.

이제는 오르막길도 문제없이 잘 달린다. 몸이 올라왔나 보다. 호호. 오

르막길을 지나니 나머지 구간은 완전 평지다. 정말 씽씽 달린다. 아이든은 4시가 돼서야 입성. 1시쯤 페달을 굴리기 시작했는데 쉬는 시간 포함해서 세 시간도 채 걸리지 않았다. 이제부터 뭘 하지? 이 동네는 관광지가 아니기에 마땅히 둘러볼 데가 없다. 시내 곳곳을 빨빨거리며 돌아다니는데, 모든 사람들이 나단 쳐다본다. 관광객이 끊이지 않는 셀축같은 동네는 한국어로 된 표지판도 간간이 보이고 한국 식당도 있었는데, 이곳어서는 관광객을 보는 것조차 상상하기 힘들다. 어라, 그런데 자전거 타는 사람이 한 명 보인다.(터키에서는 자전거 타는 사람 보기가 쉽지 않다) 오잉? 그런데 나를 향해 오더니 인사를 건넨다. 반가운 김에 이래저래 통성명을 하는데, 딱 봐도 여행자인 나의 여행 이야기를 들어보고 싶단다. 그래서 시간이 있으면 차이 나 한 잔 하면서 이야기를 나누자는데, 나야 좋지! 시간도 많은데!

우리는 함께 자전거를 타고 야외 레스토랑에 자리를 잡고 이야기를 나눈다. 그의 이름은 후세인으로 아라비안이다. 시리아에서 건너온 친구다. 나보다 나이가 많을 줄 알았는데 고작 22살이란다. 훤칠하니 자알~ 생겼다. 이곳 대학에 다니는데 엄청 바쁘단다.(나중에 페이스북 보고 안 사실인데, 수의대생이었다) 자신은 알을 낳는 치킨과 같은 기계가 되기 싫어 대학을 졸업하면 여자 친구가 있는 스위스로 떠나고 싶다고 말한다. 그리고 지금 이렇게 여행하고 있는 내가 투럽단다. 자신은 언젠가 자기만의 회사를 차려

후세인과 함께

와일드라이프(?)를 즐기고 싶단다. 이 친구와 이야기를 하면서 느낀 건데, 다른 터키 친구들과는 마인드가 확연히 다르다는 것을 느낄 수 있었다. 그리고 굉장히 친절하다. 오늘 잘 곳이 있냐고 먼저 물어보고는, 오늘 카우치서핑 컨택이 실패하면 자기가 대신 알아봐주겠다고 한다. 불행히도 자신은 정부에서 운영하는 집(아마도 기숙사겠지?)에 머물고 있어 외부인이 출입할 수 없다고 한다. 너무나도 친절하고 유쾌한 친구다. 어쩌다가 이야기가 서로의 어렸을 적까지 거슬러 올라간다. 그는 오늘의 호스트인 엘뎀과 만나는 순간까지 나와 함께해 주었다. 엘뎀이 나를 데리고 떠나는 것을 확인하고 나서야 후세인도 자기 갈 길을 간다. 내일 시험이라는데, 이렇게 친절할 수가! 인연이 된다면 어디선가 또 만날 수 있겠지!

카우치서핑으로 컨택한 엘뎀은 아이든에서 엔지니어로 일하고 있다. 그는 직장 동료인 에므라와 함께 약속 장소에 나타났는데, 우리는 같이 저녁을 먹으러 간다. 그의 차 뒤꽁무니를 쫄쫄 따라 도착한 곳은 그의 집 근처에 있는 터키 음식을 파는 근사한 레스토랑. 여기에서 나는 부르사에서의 맛이 생각 나 이스켄데르 케밥을 먹고 싶었으나, 아이든은 그래도 양꼬치(쿠주 춥 쉬쉬)가 유명하다는 말에 양꼬치로 택한다. 발리케시르에서 먹었던 것과는 달리 양이 꽤 된다. 호스트 경험이 아주 풍부한 엘뎀은 여러 나라를 누비면서 카우치서핑을 경험했다고 한다. 영어도 굉장히 잘하며, 특히나 목소리와 발음이 너무 마음에 들었다. 그런데 약간 무뚝뚝함이 묻어 나온다. 밥을 먹으면서 침묵의 시간이 길어진다.

그는 찰스라는 친구와 다른 스페인 친구, 이렇게 셋이서 한 집에 산다. 현재는 스페인 친구가 이스탄불에 머물고 있어 둘만 거주하고 있는 상태. 찰스의 친구들과 저녁에 맥주를 마시기로 했으니 같이 가자며, 나더러 먼저 씻으라고 한다. 신속히 샤워를 마치고, 그들을 따라 나선다. 우리는 시내 쇼핑몰에 위치한 갈라타사라이 매장에서 찰스의 친구들을 만나 함께 펍으로

이동했다. 어쩌다 보니 한순간에
다국적 모임이 되어버렸다. 터키
인, 한국인, 그리고 찰스 친구들은
스페인인이다. 그중 한 스페인 친
구와 약혼한 터키인 라비아는 중
학교 선생님으로 일하고 있는데,
자기네 학생들이 한국에 미쳐(?)

왼쪽부터 에므라, 엘뎀, 써니, 찰스

있단다. 그 학생들은 한국 사전을 들고 다니며 한국어 공부에 한창이라고.
아마 나와 함께 찍은 사진을 보내주면 굉장히 좋아할 거라고 나랑 같이 사
진을 찍자고 한다. 사진을 찍으며 여러 문화에 대해 이야기를 나누면서 이
들과 함께 즐거운 시간을 브낸다.

터키는 아침저녁 기온차가 굉장히 심하다. 낮에는 한여름을 방불케 하는
무더위를 보여주며(여름이 오고 있다) 밤에는 긴팔과 바람막이를 입어도 추
위를 이겨낼 수 없을 정도로 춥다. 언제쯤이면 따뜻해질런지. 밤이 깊어지
자 엘뎀이 피곤하다며 집에 가서 쉰다고 한다. 나머지 친구들은 라이브 카
페에서 좀 더 즐기겠다며, 내 의사를 묻는다. 호스트인 엘뎀이 집에 간다고
하는데, 내가 어떻게 더 놀자고 하겠는가. 나는 엘뎀을 따라 나선다.

내일 엘뎀은 7시 40분에 출근 예정. 나도 그를 따라 그때 집을 나서겠다고
하며 잠자리에 든다. 내일은 데니즐리까지 약 130km 구간을 달려야 하기에
아침 일찍 집을 나서는 게 나에게도 나을 듯싶다.

17일차 주행거리 60km / 총 주행거리 897km
17일차 지출 24리라(점심 3, 간식 1, 저녁 12, 맥주 8) / 총 지출 451.95리라

써니, 시골 고등학교에 가다

알람을 7시에 맞췄는데 6시에 눈이 떠진다. 밖을 보니 해가 떠오르고 있는 중이다. 잠을 더 청해보지만 10분 간격으로 잠이 깬다. 7시 알람이 울리고 나서야 일어나 후다닥 세수를 하고 짐을 싼다. 어느덧 7시 40분. 엘뎀이 문 앞에서 기다리고 있다. 방금 침대에서 일어난 얼굴이다. 물어보니 35분에 일어나서 옷만 입고 나왔단다. ㅋㅋ 어제는 씻고 잤나 몰라. 엘뎀이 나를 데니즐리로 가는 메인 로드까지 안내해주고 작별인사를 한다. 페이스북을 통해 나의 행적을 계속 쫓겠단다. 그래, Follow me!

아침을 먹지 않았지만 페이스가 상당히 좋다. 이 페이스를 놓치고 싶지 않아 계속 페달을 굴린다. 10시 정도 됐을까? 40km 넘게 탄 듯하다. 저기 저 앞에 중년으로 보이는 아저씨가 자전거를 타고 있다. 저 아저씨만 따라잡고 나질리(Nazilli)라는 작은 동네에서 허기를 달래볼 생각으로 힘껏 페달을 굴린다. 처음에는 그 아저씨를 신나게 따라잡아 앞질렀는데, 어느새 내 옆에서 나와 페달을 함께 맞추고 있는 것이 아닌가. 민망한 마음에 인사를 나눈다. 아저씨는 나질리 고등학교 체육 선생님이며, 지금 학교 출근하는 길이란다. 10시가 넘었는데 출근이라니… 흠… 그런데 귀가 잘 들리지 않으신단다. 자세히 보니 보청기를 끼고 계신다. 몇 번을 크게 얘기한 후에야 나의 이름을 알아듣는다. 나도 나질리에서 아침으로 타북 되네르를 먹으려 했던 참이었는데, 잘 됐다! 이 분에게 맛집을 여쭤봐야겠다. 아침으로 타북 되네르를 먹으러 나질리에 들를 거라고 하니, 학교로 오라고 한다. 학교 매점에도 타북 되네르를 판다고. 오! 좀 땡긴다. '이 선생님 믿고 따라가도 되겠지?'

여학생들을 바란 건 아니지만 1,400명이나 되는 터키 남학생들과 마주하니, 조금 무섭다. 키는 나보다 훨씬 커가지고 건들건들 장난기가 가득해 보인다. 나를 보더니 뭐라뭐라 말을 건넨다. 알아들을 수는 없지만, 선생님이 화내는 걸 보니 좋은 말은 아닐 거라 생각한다. 선생님의 이름은 하산. 하산이 일하고 있는 고등학교는 100여 명의 교사와 1,400여 명의 남학생이 있는 시골 고등학교. 하산 말로는 좋은 학교는 아니라고 한다. 학생들이 졸업하면 대부분 농부가 되거나 공장에 취직한다고 하는데, 한국의 실업계 고등학교와 비슷한 것 같다. 집안 사정들도 매우 좋지 않아, 학생들이 삶에 대해서 그렇게 깊이 생각하지 않는단다. 오로지 쉽게 살아가려고만 한다고. 수업시간에는 졸거나 떠들기만 하고 공부에는 관심도 없고, 하산은 이 학교가 마음에 들지 않는단다. 하산 선생님과 함께 학교 이곳저곳을 누비는데, 학생들의 태도를 보아하니, 터키 학교의 교권도 무너진 지 오래라는 게 느껴진다. 선생이 지나가도 담배를 물고 있는 학생, 선생에게 건들거리는 학생… 교육을 전공하고 있는 학생으로서 왠지 모르게 쓸쓸하다.

하산은 나를 매점으로 데려간다. 그리고 타북 되네르와 차이, 아이란을 대접해준다. 동서남북 사방에서 나를 뚫어져라 쳐다보고 있으니, 입으로 먹

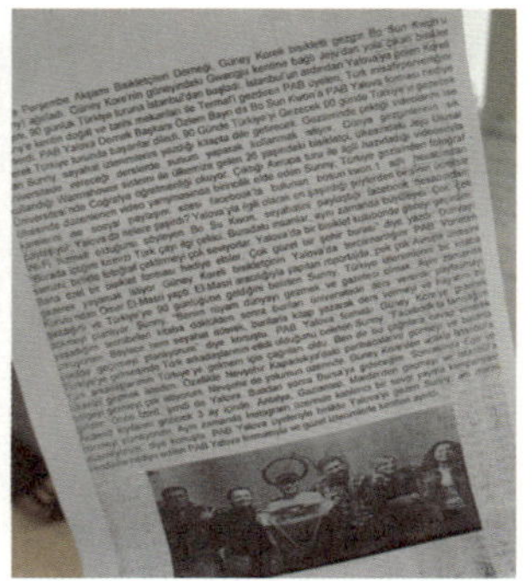

얄로바 잡지에 실린 내 여행 기사♥

는지 코로 먹는지 모르겠다. 그토록 먹고 싶어 했던 타북 되네르를 먹은 후 (써니의 타북 되네르 사랑은 언제까지 계속될런지♥ 질리지가 않는다!) 하산은 학교 구경을 마저 시켜준다. 터키에 와서 고등학교도 구경하게 될 줄은 상상도 못했다. 길에서 만난 아저씨 덕에 이렇게 좋은 경험도 하는구나!

하산이 담당하고 있는 체육과 기계 파트의 사무실도 구경한다. 거기에는 자동차에 관해 배우고 있는 학생들의 수업이 한창이다. 손님인 내가 오니, 모두들 나에게로 시선 집중! 나도 그들에게 나에 대해 무언가 설명을 해줘야 할 것 같아서, 인터넷에 접속해 얄로바 잡지에 실린 내 이야기를 보여준다. 온통 터키어로 되어 있어서 나는 무슨 말인지 모르겠으나, 그들은 글을 하나하나 읽어가며 고개를 끄덕인다. 한 선생님께서 그 페이지를 인쇄하여 내게 준다. 오호! 앞으로 이거 보여주면 대화하는데 많은 도움이 되겠다!

이렇게 한 시간 남짓 하산의 학교에서 보낸 후 다시 자전거에 오른다. 출발하기 전, 짧은 시간이었지만 인연을 맺은 선생님들과, 그리고 학생들과 함께 단체 사진 한 컷! 정말 좋은 경험이다.

이렇게도 연결이 되는구나

오늘의 호스트 오유즈는 나에게 나질리에 도착하면 문자 한 통 보내달라고 했다. 그에게 문자를 보낸 후 바로 출발한다. 오유즈는 웜샤워도, 카우치서핑 호스트도 아니다. 얄로바에서 만난 잔수의 소개로 알게 된 친구다. 데니즐리에서 호스트를 구하지 못해 전전긍긍하다가 '현지 친구들에게 도움을 요청해보고, 안 되면 구걸해보자' 하는 마음으로 잔수를 비롯한 여러 친구들에게 데니즐리에 지인이 있는지를 물었는데, 그때 잔수가 친구 오유즈를 소개시켜준 것. 나중에 안 사실이지만, 잔수와 오유즈는 서로 모르는 사이였다! 잔수가 인터넷에서 발품을 팔아 오유즈와 나를 엮어준 것이다. 후에 오유즈에게서 이 이야기를 듣고는 잔수에게 미안하고 고마운 마음만 더욱 커졌다. ㅠ.ㅠ

이윽고 오유즈에게 답장이 온다. 데니즐리 옆동네인 사라쾨이(Saraköy)까지 와서 나와 함께 자전거를 타겠단다. 헉! 뭐지? 나는 최대한 빨리 도착하려고 페달을 사정없이 밟는다. 몸이 정말 올라왔나? 지치지가 않는다. 어느덧 사라쾨이를 알리는 표지판이 보이고 저 멀리 자전거 한 무리가 보인다. 오유즈가 친구들과 함께 나를 마중 나온 것이다. 바로 메테, 칼즘, 유무트, 그리고 오유즈 이렇게 네 명의 친구가 나를 마중 나온 것. 그들과 함께 데니즐리로 향한다.

오유즈네 집에 도착하여 샤워를 하고 밀린 빨래들을 한다. 오유즈는 대단히! 친절하다! 나는 손님이므로 아무 것도 하지 말란다. 가장 놀랐던 것은 세탁기가 다 돌아갔는데, 내 빨래(세탁기 안에는 오직 내 빨래밖에 없다)를 자기가 널어주겠다는 것이다. 내 빨래니 내가 널겠다고

1. 속도계를 보니 어느덧 1,000km 돌파!
2. 유무트 & 메테

하는데도 자꾸 '너는 게스트니까 가만히 있어야 한다' 는 것이다. 그래도 빨래는 좀 아닌 것 같아 계속 내가 한다고 우기니, 그제야 "오케이" 해준다.

해질녘, 오유즈가 나를 위해 작은 모임을 주최했다. 바로 이 지역의 자전거 매니아들을 한데 모아 라이딩을 하기로 한 것. 얄로바에서처럼 한 시간 남짓 데니즐리 시내를 돌아다닌다. 그런데 이 친구들, 온통 내 안장을 보며 신기해한다. 아마 이런 안장을 처음 접하는 듯하다. 그러다가 유무트는 내게 한국으로 언제 돌아가는지를 묻는다. 대답을 해주고 그 이유를 물으니, 돈을 줄 테니 안장을 사서 터키로 보내달라는 것이다. 그렇게 편하게 보였나? 하긴 이 안장으로 바꾸고 여행 온 건 정말 잘한 일이다! 엉덩이가 굉장히 편하며, 전립선 걱정이 없다.

한참 수다를 떨다가 내 여행 이야기가 나왔다. 오늘 하산네 고등학교에서 뽑은 얄로바 잡지의 기사를 그들에게 보여주었더니, 그들도 오늘 우리의 라이딩과 내 이야기를 지역 신문사에 투고하겠다고 한다. 기사가 나오면 나에게 링크를 보내주겠단다. (하지만 불행히도 기사가 나오질 않았나 보다)

오늘은 터키에 와서 가장 많이 달린 날이다. 무려 154km. 그다지 피곤하지는 않은데, 걱정되는 건 모레 산을 넘어야 한다는 거다. 무을라까지 가는

오유즈가 다니는 파묵칼레대학교

오유즈

제 안장이 좀 특이하긴 하지요

길은 아직까지 눈으로 덮인, 아이든+데니즐리+무을라 주를 통틀어 가장 높은 산(약 2,700m)이 떡하니 버티고 있다. 오유즈네 집에서 봐도 저 멀리 우뚝 솟아 있는 산 정상에는 아직 녹지 않은 눈들이 선명하다. 내 앞길이 보인다는 건 썩 좋지 않은 일이다.

내일은 파묵칼레와 히에라폴리스에 갈 예정이다! 파묵칼레… 정말 기대된다! 내 버킷리스트 중 하나. 터키를 선택한 이유이기도 한 파묵칼레. 곧 간다. 기다려라!

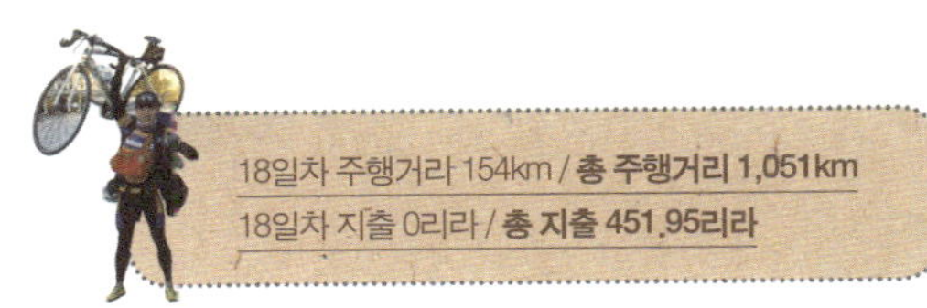

온통 하얀 세상, 목화의 성 파묵칼레

드디어, 드디어… 드디어! 대망의 파묵칼레로 향한다!

"자전거 타고 갈래? 아니면 버스 타고 갈래?"

오유즈의 물음에 조금 망설인다. 그토록 가보고 싶었던 곳을 자전거와 함께할 것인지 아니면 말끔히 버스를 탈지… 어제 150 넘게 달렸고, 내일도 고생길이 보인다. 그럼 오늘은? 답이 나왔다. 쉬어야 한다.

우리는 버스를 타고 파묵칼레로 go go!

파묵칼레에 도착. 사진으로만 보던 광경이 바로 내 눈 앞에 펼쳐지다니! 그 광경은 나를 절대 실망시키지 않았다. 텐 포인트!!! 카메라 셔터를 수도 없이 눌러댄다.

파묵칼레는 터키어로 '목화의 성'이라는 뜻으로, 경사면을 흐르는 온천수가 빚어낸 장관 덕분에 붙은 이름이다. 석회성분을 다량 함유한 이 곳의 온천수가 수백 년 동안 바위 위를 흐르면서 표면을 탄산칼슘 결정체로 뒤덮어 마치 하얀 목화로 만든 성을 연상시킨다.

히에라폴리스는 파묵칼레의 언덕 위에 세워진 고대도시다. 기원전 2세기경 페르가몬 왕국에 의해 처음 세워져 로마 시대를 거치며 오랫동안 번성했다. 기원전 130년에 이곳을 정복한 로마인은 이 도시를 '성스러운 도시(히에라폴리스)' 라고 불렀다.

클레오파트라가 즐겼다는 히에라폴리스의 노천온천. 아, 수영복만 있었다면…

파묵칼레 입구에서 25리라를 내고 맨발로 한참을 걸어 올라가면 고대도시 히에라폴리스가 펼쳐진다. 올라가는 길은 지루할 틈이 없다. 온통 하얀 세상이 펼쳐지기 때문이다. 히에라폴리스 또한 엄청난 규모의 유적지다.

파묵칼레에는 관광객이 참 많다. 현지인과 관광객을 비율로 따지자면, 이스탄불보다 훨씬 더 관광객의 비율이 높다. 며칠 전의 셀축 또한 마찬가지. 한국인들에게도 유명한 관광지인 파묵칼레는 한국어로 안내된 레스토랑들이 즐비해 있다. 신라면도 볼 수 있다! 여행 다니는 동안 한국 음식을 먹지 않기로 결심했는데, 다른 건 다 참겠는데, 라면만큼은 정말 땡긴다. 아! 한국인의 입맛이여. 수많은 '라면' 팻말들이 나를 유혹하지만, 이내 마음을 다잡는다. 참자. 한국가면 원 없이 먹을 것들이다! 마음에 새기고 새긴다.

히치하이킹도 유료인가요

새벽에 잠이 깼다. 간밤에 창문을 열어놓고 잤는데, 아주 그냥 돌풍이 몰아치고 있다. 창문을 닫고 잠을 다시 청한다. 이윽고 6시 반, 알람이 울리고… 창밖을 보니 무슨 태풍이 오는 줄? 오유즈가 문을 두드린다. 지금 비가 너무 내리니까 아침은 이따가 먹기로 하고 더 자란다. 지금 아침을 먹는다고 해도 밖에 나설 수가 없다. 비가 그치고 땅이 말라야 달릴 수 있다.

10시. 비가 그쳤다. 땅이 채 마르지 않았지만 더 이상 지체할 수 없다.

아침을 먹고 11시에 집을 나선다. 아참, 오유즈와 헤어지기 전, 부득이하게 히치하이킹을 해야 될 상황이 올 것 같아 그에게 터키어로 히치하이킹 문구를 써달라고 부탁했다. 원래는 아침 일찍부터 오로지 자전거로 저기 보이는 높디높은 산을 넘으려 했지만, 불행인지 다행인지 비바람이 몰아치는 바람에 해가 중천에 뜬 11시에 자전거 페달을 밟게 되었다.

오늘은 카우치서핑으로 컨택한 무을라 대학 데메크 교수의 제자인 오칸을 만난다. 무을라에서 웜샤워를 찾지 못해 카우치서핑 컨택을 했는데, 무을라 대학의 데메크 교수가 자신의 집이 여의치 않아 학생을 소개시켜주었다.

오유즈가 써준 히치하이킹 문구

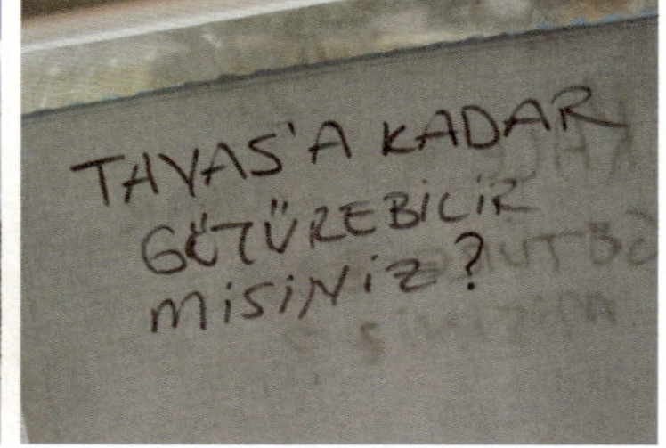

미소 하나 달랑 메고, 써니의 80일간 자전거 터키일주

무을라 주 초입, 큰 산을 눈앞에 두고 히치하이킹을 시도한다. 산 정상까지 히치하이킹으로 이동하고 그 다음부터는 두 바퀴를 굴려보기로 한다. 10분도 채 되지 않아 트럭 운전사가 멈춘다. 지도를 보고 머릿속에 담아두었던 산 정상 동네인 칼레(Kale)까지 가고 싶었지만, 아저씨가 가시

감사합니다. 무스타파 아저씨^^

는 곳은 타바스(Tavas)라는 산 중턱 마을. 어쩔 수 없다. 이것도 어딘가! 그렇게 트럭을 타고 타바스까지 향한다. 아저씨의 이름은 무스타파. 아저씨는 영어가 되질 않고, 나는 터키어가 능숙하지 못한 탓에 많은 대화를 나누지 못하고 서로 배시시 웃기만 한다. 산 정상은 눈으로 가득 덮여 있다. 예상컨대, 타바스만 하더라도 해발 2,000m는 족히 넘을 것이다. 산 정상까지 2,700m정도 된다고 하는데, 달리는 도로가 산 정상과 매우 가깝게 느껴진다. 잠시 창문을 열어 바깥 공기를 쐬려는 순간, 영하를 웃돌 만큼 차디 찬 냉기가 나를 휘감는다. 무스카파 아저씨와 약 33km를 달린 끝에 타바스와 칼레로 나뉘어지는 갈림길에서 나를 내려주신다. 으악! 너무 춥다. 모든 옷을 껴입어도 몸이 으슬으슬. 설상가상으로 하늘엔 먹구름만 가득하다. 일단은 정상부인 칼레까지만 자전거를 타고, 그때 가서 생각해보기로.

바람은 나를 향해 정면으로 불어 닥친다. 타바스에서 칼레까지는 26km 구간. 두 시간 넘게 달려 겨우 칼레에 도착한다. 하아, 고산지대의 역풍은 정말 이겨내기 힘들다. 사실 오르막길보다 역풍이 더 힘들다.

시간이 늦었다. 3시 30분. 허기를 달랠 틈도 없이 다시 페달을 굴린다. 어라어라? 이제부터는 내리막길이 시작된다. 도로사정이 좋지 않아(자갈밭 포장) 급경사의 내리막길도 시속 50km를 넘지 못한다. 조금 손해 보는 느낌이 든다! 내리막도 잠시뿐, 다시 롤러코스터 같은 길이 이어지고… 앞바퀴

가 이상하다. 그렇다. 펑크다. 오랜만에 터질 게 터졌구나. 그래도 며칠 동안 잠잠히 있어줘서 고마웠어. ㅠㅠ 엎친 데 덮친 격으로 하늘에서 비가 한 방울씩 떨어진다. 가늘게 내리던 빗방울은 어느새 굵어지기 시작하고, 나는 주저 없이 히치하이킹 팻말을 빼어들어 지나가는 트럭 기사를 향해 동정어린 눈빛을 보내본다. 4~5대가 그냥 지나치고 나서 소형 트럭 한 대가 멈춰선다. 팻말을 보여주며 "무을라, 무을라!"를 외쳐대자, 자전거를 실으라는 신호를 보낸다. 트럭을 보니 소똥이 한가득. 농부인 듯 보인다. 이런 거 저런 거 신경 쓸 틈 없다. 소똥과 내 자전거가 한 공간에. ^^

이 아저씨도 영어를 하질 못한다. 최대한 내가 아는 터키어를 동원해가며, 아저씨의 환심을 사려 한다. 비에 쫄딱 젖은 나를 태워주셨다. 정말 감사할 따름이다. 아저씨의 이름은 알리, 57세. 마침 무을라로 가시는 길이다. 휴~ 다행이다. 가는 내내 지루하지 않게 최대한 대화를 이끌어내 보려 했지만 의사소통의 한계. 이내 포기하고 만다. 대화가 없으니 침묵의 시간은 길어지고 잠이 솔솔 온다. 사람이란 게 참, 태워주신 것만도 감지덕지 한데 조수석에 앉아 졸음이 오냐! 배가 불렀다 불렀어. 최대한 잠을 쫓아내 본다. 한 시간쯤 달렸으려나? 거리로는 70km를 내달린 듯하다. 드디어 무을라 주를 알리는 이정표가 보이고 시내에 도착한다. 밖에는 아직 비가 추적추적 내리고 있는 상태. 나는 알리 아저씨에게 여기에서 내려 찾아가겠다는 몸짓을 한다. 트럭에서 자전거를 내리고 아저씨에게 연신 "테세퀴르, 촉 테세퀴르"라며 고마움을 표시하는데, 나에게 손을 내밀며 돈을 달라는 시늉을 한다. 응…? 그래, 그럴 수 있지. 고마운 마음에 얼마냐고 물으니, 손가락을 활짝 펴며 '5'를 가리킨다. 아! 5리라~~~ 그 정도면 괜찮지! 가방 뒷주머니에서 1리라짜리 동전 5개를 건넨다. 그런데 인상을 찌푸리더니 5리라가 아니고 50리라를 달라신다. 잉? 고맙긴 하지만, 버스를 타도 10리라가 안 되는 건 저도 알거든요! 도와주신 분에게 차마 화를 낼 수는 없어 불쌍한 표정을 지으

며 동전만을 건네려 하니, 아저씨는 내
게 돈 뜯기(?)를 포기하고 가버린다. 그
냥 보너스로 돈을 뺏어낼 심산이었나 보
다. 이제는 히치하이킹이 무서워진다.
히치하이킹도 유료인가요?

　아직 바퀴에 난 펑크를 때우지 못해
길거리에 짐들을 풀어헤치고 자전거를

힝~ 아저씨, 왜 그러셨어요. ㅠ.ㅠ

분해해서 구멍 난 곳을 찾아본다. 그런데 도무지 바람이 새는 곳을 찾을 수
가 없다. 이런, 오칸과의 약속시간이 점점 다가오는데, 시간을 지체할 수 없
어 그냥 '에라 모르겠다'는 마음으로 바람을 넣고 다시 달리기 시작한다. 실
펑크인 듯하니, 몇 분은 버텨주겠지.

　달리고 바람 넣고, 달리그 바람 넣고를 서너 차례 했을까? 저 멀리서 한
친구가 나를 향해 손을 흔든다. 바로 오늘의 호스트인 오칸. 후! 이제야 마음
한켠에 자리 잡고 있던 체중이 내려가는 듯하다. 오칸은 엔지니어를 전공하
고 있는 20살 대학생. 그는 자신이 바로 무을라 모델이란다. 그러고 보니 키
도 188cm로 우뚝 솟아있고(?) 얼굴도 반반하다. 짜식, 부럽다. 샤워를 마친
후, 집에서 피데(터키 피자)를 먹고 있으니, 오칸의 친구 세브기가 집에 놀러
온다. 그런데 이 둘 썸을 타는 중인 듯하다. 스킨십이 그냥 친구 사이는 절대
아닌데 자신들은 그저 친구일 뿐이라고. 에이~ 뭐, 잘 어울린다! 폴라로이드
카메라로 둘의 모습을 찍어 한 장씩 선물로 나누어주니 너무 좋아한다. 각
자의 지갑에 떡! 하니 넣으면서, 계속 그냥 친구 사이란다. 정말 마음에 드는
듯해 보인다. 나는 그 사진을 오칸의 교수인 데메크에게 꼭 보여달라고 전
한다. 안부도 꼭 전해달라는 말과 함께.

　사진을 찍어서 선물해주니까 그때부터 기분이 올라왔는지(그 전까지는
조금 서먹서먹했다) 나를 펍으로 데려간다. 라이브 음악을 하는 펍. 맥주와

함께 라이브로 터키음악을 들으니, 흥이 저절로 난다! 터키음악, 몰랐는데 은근히 매력 넘친다. 이곳에서 신나는(신난다기보다는 오묘한 매력이 있는) 음악과 함께 맥주 두 병을 해치운다. 오칸이 나를 위해 홍합밥을 사온다. 길 거리 좌판에서만 홍합 위에 밥을 얹어서 파는 것을 보았는데, 드디어 먹어 보는구나. 홍합만 먹는 게 아니라, 홍합 위에 밥이 얹어져 있고, 레몬즙을 뿌려 먹는다. 터키 길거리 대표 음식이기도 한 이것의 이름은 미드예(Midye). 맛은 그럭저럭. 호기심으로 길거리에서 사먹지 않았던 걸 다행으로 여긴다.

자정이 가까워서야 우리는 각자의 집으로 향한다. 혼자 사는 오칸은 침대가 하나 있는 자신의 안방을 내게 내주려고 한다. 나는 카우치서퍼니까 소파에서 자도 괜찮은데, 계속 자기 침대에서 자란다. 한사코 사양하지만 말릴 수 없다. 교수님의 손님이라면서… 나는 정말 땅바닥에서 자도 괜찮은데! 어디에서나 추위만 피할 수 있다면 눈을 붙일 수 있는데!

20일차 주행거리 57km / **총 주행거리 1,114km**
20일차 지출 8리라(점심 8) / **총 지출 484.95리라**

미소 하나 달랑 메고, 써니의 80일간 자전거 터키일주

Q: "Sunny, 왜 하필 터키를 선택했어요?"

A: 여행중 현지인, 관광객 너나 할 것 없이 많이들 물어보신 게 바로 '왜' 터키인지였습니다. 처음부터 '자전거를 타고 터키를 돌아야겠다!' 고 마음먹은 건 아닙니다. 유럽 7개국을 돌고 나서 '다음에는 한 나라만 제대로 돌아야겠다' 고 생각했고, 그 첫 나라가 바로 터키가 되었습니다. 터키로 결심을 굳히게 된 건 이 세 가지 덕분이었습니다.

- 자연이 빚어놓은 절경, 카파도키아
- 하얀 목화의 성, 파묵칼레
- 그리고 산토리니!

인터넷에서 우연히 본, 말도 안 되는 사진들. 이 광경을 두 눈으로 직접 보고 싶었고, 터키로 떠난다면 이곳들을 볼 수 있을 거란 생각에 주저 없이 터키를 택했습니다.

얄로바에서의 약속을 지키다

보드룸으로 향하는 길에 차 한 대가 내 앞에 멈춰 서더니 창문을 내린다. 도움이 필요하지 않냐고 묻는다. 괜찮다고 하는데도 날씨가 춥다며 나에게 타라는 신호를 보낸다. 그래… 나 정말 추워… ㅠㅠ 어떻게 그리 내 마음을 잘 아실까. 고맙다고 하며, 자전거를 싣고 내 몸도 싣는다. 트럭도 아니어서 뒷좌석을 눕혀서 자전거를 겨우 싣는다. 자신은 이즈미르로 가는 길이어서 데려다주지는 못하고, 잠시 몸을 녹이란다.

차에 오르자마자 비가 쏟아진다. 아주 퍼 붓는다. 나를 태워주신 분은 페티예에 살고 있는, 공군을 은퇴한 에르탄이라는 아저씨네 부부다. 에르탄은 은퇴해서 페티예에서 머물고 있으며, 매우 아름다운 곳이라고 꼭 오라고 하신다. 아마도 다음주에 갈 것 같다고 하니, 꼭 연락하라라며 연락처를 달라고 하신다. 이곳저곳 소개시켜 줄 수 있고, 자신도 자전거를 세 대 갖고 있어서 매일 취미삼아 타고 다니신단다. 우와! 진짜 우연이지만 이런 행운이 찾아 오다니!

"I am lucky to meet you. :)"

게다가 카파도키아에 가면 자신의 사촌이 살고 있어서 도움을 줄 수 있다고 하니, 나는 얼마나 행운아인가! 아저씨가 괜히 나 때문에 갈 길을 못 가시는 것 같아 주유소에서 비를 피하겠다고 차에서 내렸다. 그런데 아주머니께서 나에게 오렌지 두 개를 주신다. 흑흑! 사소한 것에 정말 감동 받는다.

지금은 야타안(Yatagan)에 위치한 한 주유소 안. 주유소 직원이 공짜로 제공해준 차이를 마시면서 일기를 쓰고 있다. 불행히도 와이파이는 되지 않는다. 비는 언제쯤 그치려나… 11시에 이곳에 와서 비가 그치기만을 기다리고 있는데 현재시각 12시 18분, 아직도 비는 그칠 기미가 없어 보인다. 보드룸에서 나를 기다리고 있는 다니스에게 문자를 보낸다. 보드룸에도 현재 비가 내

리고 있다고 한다. 두 시간 뒤면 그칠 거라고 하니 그저 기다리는 수밖에. 비 피할 곳이라도 있어서 정말 다행이다. 비가 안 와도 추운데, 비를 맞으면 얼어 죽을 것 같다! 제발, 비야 그쳐라….

오후 1시 반, 드디어 비가 그쳤다! 그러나 땅이 젖어 있는 상태여서 자전거를 타기에는 무리다. 땅이 마르기만을 기다리다가, 자전거를 굴리기 시작한다. 너무 쌀쌀하여 긴바지와 바람막이를 입고 양말까지 신은 채 자전거를 탔더니 금세 다 젖어버린다. 머드가드가 없어서 아직 채 마르지 않은 도로 위의 빗물이 나에게 다 튀어버린 것이다. 서너 시가 넘어가니 먹구름이 물러가고 햇빛이 쨍쨍 비춘다. 터키 날씨 참 변덕스럽네. 그런데 오칸!!보드룸까지 가는 길이 모두 평지라고? 내 앞에 우뚝 솟아 있는 이 산들은 뭐야?? 유럽은 알프스 산맥이 자리한 스위스—오스트리아 라인만 지세가 험한 줄 알지만 내 경험으로 비추어보면 터키도 장난 아니다. 터키일주 하는 사람이 없었기에, 이런 내 마음 아무도 모르겠지. 흑흑흑….

보드룸에서 나를 호스팅하는 다니스에게서 전화와 문자가 자꾸만 온다.

"Where are you, man?"

"Where r u?"

"Where r u~."

나를 재촉하는 건지, 아니면 내가 반가워서 그러는 건지 모르겠다. 이런

독촉(?) 문자 때문에 마음이 자꾸 조급해진다. 비가 와서 지체를 많이 했다. 한두 번 달리는 것도 아닌데, 나는 참 페이스 조절을 못한다. 그거 잠시 쉬었다고 힘이 쪽 빠지고 만다.

그러고 보니 아직 점심을 먹지 않았구나. 4시가 돼서야 밀라스(Milas)라는 작은 동네에 도착하여 피데로 점심을 먹는다. 여유롭게 먹고 싶었으나 다니스가 이미 보드룸에서 거슬러 오고 있단다. 어쩔 수 없이 최대한 빨리 흡입하고 다시 자전거에 오른다. 그렇게 두 시간쯤 더 달렸을까? 보드룸에서 약 30km 떨어진 잔다르마(Jandarma)라는 경찰지구대(?)에서 드디어 다니스와 재회한다!

갈 길 바쁜데, 넌 누구니?

오늘의 호스트 다니스는 얄로바 자전거 동호회에서 처음 만났는데, 사는 곳은 이곳 보드룸이다. 얄로바에 머물 때 그는 내게 보드룸에 오면 100% 대접해주겠다고 약속했었다. 그때는 보드룸이 일정에 없었는데, 지금 나는 이곳에서 다니스와 만났다. 이 넓은 땅 터키가 참 작게 느껴지는 순간이다.

"Welcome to Bodrum! Sunny!"

다니스는 내게 딜이 성사되었다고 즐거워한다. 그리고 여기 친구들이 나를 굉장히 보고 싶어 한단다. 아, 우리가 왜 잔다르마에서 만났냐 하면 여기 군인들이 다니스 친구래서나 뭐라나. 총을 들고 있는 터키 군인들이 나를 맞이해주는 건 또 색다른 경험이다. 다니스 덕분에 얼떨결에 터키 군부대에 살짝 들어가 휴식을 취한다. 총대를 매고 있는 군인 아저씨가 콜라와 아몬드를 대접해주는데, 정말 꿀맛이 따로 없다. 호기심에 가득 찬 터키 군인들에게 스포트라이트를 받은 후, 우리는 보드룸 시내를 향해 자전거 페달

을 밟는다. 군부대에서 시나까지는 약 30km. 휴, 30km만 더 가자. 그럼 오늘 끝이다. 그래도 혼자가 아닌, 누군가와 함께 자전거를 타니 페이스 조절이 훨씬 수월해진다. 30km 거리인데 한 시간이 채 안 걸려 시내에 도착한다. 보드룸에 대한 나의 첫 느낌은 '여기서 좀 오래 머무르고 싶다!' 였다. 언덕 위에 온통 하얀 집들 세상이다. 마치 숨겨진 보물을 발견한 느낌이다. 확실히 휴양도시답다. 정말 엄청난 업힐+다운힐 코스만 아니면 산토리니에 갔다가 다시 이곳으로 돌아오고 싶을 정도다.

다니스의 집은 브드룸 항구에서 1km쯤 떨어진 곳에 위치해 있다. 잼이라는 친구와 함께 살고 있으며, 이집에는 블랙골드(?)라는 고양이가 한 마리 있는데 굉장히 친근하다. 이름을 그냥 막 붙인 것 같다. 어쩔 때는 블랙다이아몬드란다. 다니스는 참으로 유쾌한 형님이시다. 나이는 38 혹은 39? 삶 자체를 있는 그대로 즐기시는 자유로운 영혼 느낌이 물씬 난다. 아, 터키는 유튜브가 막혔는데, 잼이라는 친구(이 친구도 형님, 나이는 35)가 내 넷북에서 유튜브를 뚫어 줬다! 이 형님은 직업이 프로그래머여서 이 정도는 식은 죽 먹기란다. 그런데 내 넷북으로는 느려서 영상들을 못 본다는 슬픈 사실.

öztiryakile

집에 도착해서 먼저 샤워부터 하고, 저녁을 먹는다. 저녁 메뉴는 역시나 타북 되네르! 그런게 항상 먹던 절반 사이즈가 아니고 풀! 사이즈다! 가로로 30cm는 족히 되어 보이는 어마어마한 양이었지만, 그 자리에서 깔끔히 먹어치운다. 여행하면서 위가 커졌나 보다. 살이 점점 빠지고 있다는 건 함정. 있을 때 먹어둬야 된다!

어마어마한 크기의 되네르 에크메크

내가 보드룸에 온 건 다니스와의 약속 때문이기도 했지만 무엇보다 산토리니에 가기 위한 경유지 목적이 더 크다. 내 버킷리스트 중 한 곳인 산토리니에 가기 위해서는 보드룸이나 마르마리스에서 페리를 타야 한다. 마르마리스보다는 보드룸을 통해서 산토리니에 가는 게 더 저렴하다. 그리고 다니스도 있기에! 이곳을 택했다. 터키로 다시 돌아올 때는 마르마리스로 돌아오고 싶다.

다행히도 다니스네 집에서 와이파이가 돼서 오랜만에 세상 돌아가는 소식도 접해본다. 내일은 다니스가 디딤에 자전거 타고 놀러가자는데, 디딤도 좋지만 보드룸 구경도 하고 싶다. 둘 중 택하라면 나는 보드룸 택할래!

지중해를 안주삼아 만끽하는, 잊지 못할 에페스의 맛!

어제 앞바퀴에 실펑크가 난 것 같아 불안했는데, 아침에 확인하니 역시나 앞바퀴에 바람이 빠져 있다. 거실도 넓겠다 싶어 그 자리에서 펑크를 때우려 한다. 그런데 다니스가 옆에서 지켜보더니 도와준단다. 오호라, 잘됐다. 이 참에 타이어를 갈아 끼워보자! 실은 와이어가 없는 여분 타이어 두 개를 한국에서 챙겨왔는데(슈발베 루가노) 와이어리스는 처음이어서 갈아 끼우는 법을 모르겠다. 역시나 다니스는 자전거에 대해서 만물박사다. 끼우는 방법은 똑같은데 내가 괜히 어렵게만 생각했나 보다. 다니스의 도움으로 타이어 갈아 끼우기에 성공! 자전거에 날개를 단 듯 기분이 한결 좋아진다. 이제 펑크 걱정은 끝! 지금부로 한구석에 자리 잡고 있었던 '펑크주의보'가 해제된다.

다니스는 만물박사

타이어를 처리(?)해 배낭도 가벼워진 기쁨과 함께 우리는 시내 구경을 하러 출발한다~! 디딤이라는 옆 동네가 아닌 보드룸 구경을 택한다. 먼저 찾아간 곳은 보드룸 항 티켓 매표소. 내일 아침 그리스 코스섬으로 가는 배편을 구매하기 위해서다. 코스섬은 이곳에서 산토리니섬으로 가기 위한 경유지 격으로 눈으로도 보일 정도로

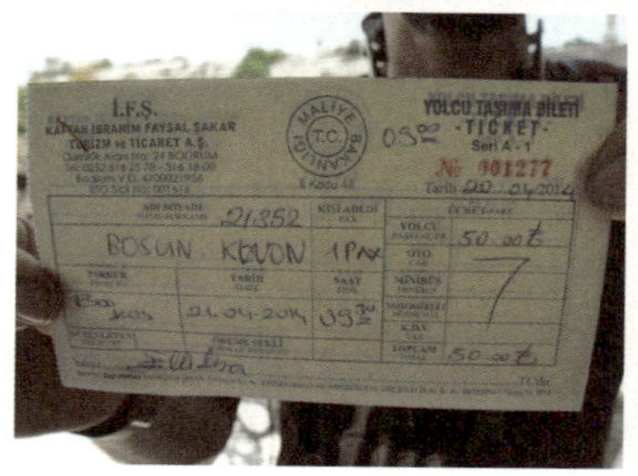

가까운 곳에 위치해 있다. 그러나 엄연히 다른 국가다. 바로 그리스! 티켓 가격은 17유로, 터키 돈으로는 50리라. 매표소 아저씨에게 이것저것 물어보고는 바로 구매한다. 내일 9시까지 늦지 말고 오란다. 참고로 자전거는 무료로

실어준다. 자전거로 그리스 섬들을 여행할 건 아니지만, 자전거를 가져가야 한다. 다시 보드룸으로 돌아오지 않을 예정이기 때문이다. 아마도 루트(그저 내 계획)는 보드룸 → 코스 → 산토리니 → 로도스 → 마르마리스. 보드룸으로 돌아오면 왔던 길을 다시 달려야 하기에 아예 마르마리스로 빠질 생각을 하고 있다. 내 손에 쥐어진 그리스 행 티켓을 보니 실감이 난다. 드디어 내일 그리스 섬으로 떠나는구나!

표를 구매하고 나서 으리는 보드룸 성과 길거리를 돌아다닌다. 한 30분을 이리저리 누볐으려나? 다니스가 말한다. "Empty(끝)."

재차 물으니, 이제 볼게 없단다. 어제는 분명 볼거 많다고 했으면서! 집에서 나온 지 한 시간밖에 안 됐는데, 지금 바로 집에 돌아가기 뭐해서 맥주를 한 캔씩 들고 바닷가에서 홀짝거리기로 한다.

집에 돌아와 휴식을 취하고 있는데, 아까 잠시 나갔던 다니스가 들어온다. 세 시간 동안 한 아주머니에게 자전거 타는 법을 가르쳐주고 50유로를 벌어왔단다. 와~ 참, 돈 쉽게 번다. 그리고는 바로 저녁식사에 들어간다. 다니스가 닭고기를 요리해 준다. 다니스란 사람… 좋아해야 되는 건지, 멀리해야 되는 건지…. 올리브 오일 웅덩이에 그냥 닭을 집어넣고 프라이팬에 튀긴다. 그게 요리 끝. 그래도 맛있으니까 됐다. 아, 그리고 신기하게도 다니스네 집에는 수건이 없다. 응? 세탁기 없는 건 이해하겠지만 그래도 수건이 없는 건 좀 심했다. 이틀 간 거물면서 잼과 다니스가 씻는 것을 한 번도 보지 못했다. 물론 다른 집에서 머물 때도 씻는 걸 자주 목격하지는 못했다. 특히 발! 발 냄새가 아주 대단하다. 캬… 아직도 그 냄새는 잊을 수 없단 말이지. 문화의 차이(?)이겠거니….

산토리니에 대해 조사하다가 호스텔을 3박 예약했다. 내일 당장 머무를 곳이지만 그 동안에는 예약할 필요를 별로 못 느꼈다. 비수기여서 자리가 많이 남을 거라 예상했지만 픽업서비스와 체크인 관련해서 메일을 보내야

보드룸 전경. 집들이 온통 하얗다.

해서 먼저 예약을 하기로 했다. 자정이 넘어 산토리니에 도착하기 때문에 픽업서비스는 필수라고 한다. 24시간도 채 남지 않았는데 문의 메일을 보내자니 좀 웃긴다. 그래도 내일 아침까지만 답변이 왔으면 하는 바람…. 그 뒤부터는 인터넷을 사용하기 힘들 것이다.

드디어 내일이구나! 생각보다 일찍 찾아온 휴가. 잠시 터키 대륙을 벗어나 휴식을 취하고 돌아오겠습니다!

22일차 주행거리 10km / **총 주행거리 1,221km**
22일차 지출 47유로(보드룸 → 코스 뱃삯) 17, 산토리니 호스텔 3일 30) / **총 지출 491.95 리라+47유로**

그저 하얗고 파란 그리스

빵 한 조각과 차이 한 잔으로 간단히 아침을 때우고, 다니스가 나를 항구로 데려다준다. 5분도 되지 않아 도착. 이제 다니스와 작별인사를 할 시간이다. 조금은 철이 없고 막무가내이긴 해도 참 정이 많은 아저씨. 무슨 일이 생기면 언제든지 연락하란다. 다니스 아저씨! 제발 안전운전 하세요!

배로 한 시간도 되지 않는 거리지만 그래도 나름 국경을 넘는 것이기에 출국심사를 하고 페리에 탑승한다. 페리 안에서 무슨 약이라도 먹은 듯 기절해버린다. 얼마 후, 도착을 알리는 뱃고동 소리가 울린다. 드디어 그리스 땅을, 아니 그리스 섬을 밟는다!

첫 느낌은 그저 하얗고 파랗다. 참말이다. 참으로 그리스 사람들은 파란색과 하얀색을 좋아한다. 섬에 발을 내딛자마자 곧바로 산토리니 행 배편을 끊는다. 매표소에서 로도스로 가는 배편도 예약이 가능하다길래 왕복으로 71유로를 주고 끊는다. 그런데 카드는 1.5유로의 수수료가 붙는단다. 아이구, 빨리 현금 인출해야겠다. 그리스에서 쓸 생활비(유로)를 비밀작전 수행하듯이 숨겨놓고 나니, 배에서 밥을 달라 아우성이다. 그리스에 오기 전 인터넷에서 본 '기로스'라는 음식을 찾는다. 기로스는 케밥의 친구? 정도 되는 음식이다. 두 시가 넘어서야 'free wifi'와 '기로스'가 적힌 음식점이 눈에 띈다. 기로스는 가격도 참 착하다. 2.5유로. 터키 물가와 비교할 건 아니지만 그래도 나름 싸게 먹는다는 생각에 신난다. 게다가 와이파이까지! 와이파이를 켜니, 우수수~ 쏟아지는 메시지들과 메일들. 아주 반가운 메일이 와있다. 산토리니에 도착하면 호스텔 측에서 픽업을 와주겠다는 답장 메일! 오예! 모두 다 술술 풀리는 듯한 느낌이 들어 기분이 좋다.

KOS · BODRUM EXPRESS LINES

Check In

Welcome
to Kos
ΚΑΛΩΣΟΡΙΣΑΤΕ
MUNICIPAL KOS PORT AUTHORITY

배를 채운 후, 코스섬을 둘러보는데, 이 섬은 그렇게 크지 않다. 정말 휴양으로 오기 딱 좋은 곳 같다. 화려하지는 않다. 한적하고 무언가 사람들이 여유롭다. 자전거 도로도 잘 갖추어져 있고 매우 평평하여 하루 날 잡고 자전거로 섬을 한 바퀴 돈다면 정말 상쾌할 것 같다.

배 시간이 한참 남아, 몸을 녹이려 카페에 들어간다. 커피를 주문한 후, 얼마 지나지 않아 주인아주머니께서 문 닫을 시간이란다. 엥? 오후 5시밖에 안 됐는데? 오늘은 이스터 데이여서 교회에 가야 한단다. 아… 공휴일이구나! 그래서 대부분의 상점들이 문을 닫았구나… 터키에만 있으니, 이런 크리스천 관련 공휴일을 몸소 느끼지 못했다. 이슬람 문화권인 터키에서는 전혀 이스터 느낌이 나질 않았는데, 오늘은 공휴일이었다. 카페에 들어온 지 30분도 채 안 됐지만, 하는 수 없이 항구로 발길을 돌린다. 대합실에 앉아 기다리는데, 피부에 와닿는 쌀쌀함이 상당하다. 지중해 한가운데 위치한 산토리니도 지금 시기에는 춥겠지? ㅠㅠ 그래도 그토록 가보고 싶었던 곳이니 여유롭게 사진도 많이 찍고 오자!

이제 잠시 동안 "I ♥ Turkey"가 적혀 있는 자전거 깃발을 떼어낼 시간

나는 쇼파에 누워 기절해버렸다. 도착 예정시간인 자정을 훨씬 넘겨 1시가 넘어서야 산토리니 도착을 알리는 방송이 나오고, 모든 이들이 잠에서 깨어 배가 정박하기만을 기다린다. 이윽고 문이 열린다. 1시 30분임에도 불구하고 많은 사람들이 픽업을 위해서, 배에 타려고 나와 있다. 나는 숙소에서 픽업을 나와주기로 했으므로 내 숙소가 써 있는 표지판을 찾아본다. 찾았다. 그런데! 나 혼자다. 설마 8인 도미토리에 나 혼자만 묵게 되는 행운을?

산토리니로 향하는 Blue Star Ferries.

자정이 넘은 시각임에도 붐비는 산토리니 항구

항구에서 작은 미니버스를 타고 피라 마을로 향한다. 다행히 승용차가 아니어서 자전거를 분해하지 않고 실을 수 있다. 픽업 안 나왔으면 큰일났을 뻔! 오르막길이 장난 아니다. 10여 분을 달려 숙소에 도착한다.

새벽 2시, 숙소 주인이 체크인을 도와주며 이것저것 설명을 해준다. 어라? 예약 사이트에서 본 시설이랑 조금 다르다. 일단 와이파이가 되질 않는다. 연휴 기간이어서 고칠 수가 없었단다. 내일 오전에 고친다고 하니 두고 봐야겠다. 안 고쳐지면 진짜 숙소 옮기고 말 테다! 세탁기도 없다. 아직 여기까지밖에 발견 못 했는데, 더 있기만 해봐.ㅠ

8인실 도미토리에는 두 명이 이미 자리를 차지하고 있다. 나 혼자 쓰는 게 아니었구나. 화장실에 우리말로 된 화장품이 놓여 있어서 이들이 한국인임을 짐작해본다. 너무 늦은 시간이어서 자고 있는 이들에게 민폐가 될까봐 조용조용히 샤워를 실시~. 얼마 만에 머리를 감아보는가! 3일만인가? 배에서 꼬르륵 소리도 난다. 어여 자고 내일 빨래랑 모든 걸 해결해야지.

23일차 주행거리 28km / 총 주행거리 1,249km
23일차 지출 86.85유로(뱃삯 72.5, 점심 4, 간식 4.35, 카페 3.5, 저녁 2.5) / 총 지출 491.95리라+133.85유로

Hello! Santorini

산토리니에서의 아침이 밝았다! 간밤에 속옷만 입고 잤는데, 추워서 몇 번이고 잠에서 깼다. 꿈속에서는 '옷 입어야지, 옷 입어야지' 하는 마음만 간절했는데, 꿈은 꿈이고 현실은 현실이었나 보다. 너무너무 추웠다. 아침이 되어도 긴팔 긴바지는 입기 싫었다. 이유는 단순하다. 더러워서다. 9시가 넘어 실눈을 떠보니 같은 방을 쓰는 여자 두 명이 이미 나가고 없다. 그제야 몸을 움직여본다. 실은 오늘 할 게 별로 없는데….

휴가를 온 만큼, 여유를 부리고 싶다. 아, 빨래를 해야 되지. 리셉션으로 내려가 세탁소가 어디 있는지 물어보고 세탁소를 찾아간다. 5분도 안 되는 거리에 세탁소가 있다. 그런데 가격이 13유로…. 덜덜덜. 호스텔이 하루에 10유로인데, 숙박비보다 더 비싼 요금을 주고 빨래를 할 순 없다! 이런 사기꾼들. 집에 와서 손빨래를 하기로 한다. 노동정신을 발휘해서 입고 있는 옷만 빼고 다 빨아버린다. 그리고 내 머리도 빨아버린다. 그때 누군가의 기척 소리가 들린다. 같은 방 쓰는 처자 둘이다. 헉, 나 웃통 벗고 있는데! 눈치를 살펴 욕실에서 쫄러쫄래 나와 재빨리 상의를 입는다. 곧이어 처자들이 들어온다. 타이밍 GOOD~!

"안녕하세요"라고 인사를 건네는데, "Hi!"라는 인사가 돌아온다. 헉! 어느 나라에서 왔냐고 물어보니, 중국이란다. 이런, 내가 실수를 범했다. 화장품에 한글이 적혀 있어 한국인인줄 알았는데, 중국 처

자들이었다. 재빨리 미안하다고 사과한다. 한국 화장품 인기 많네~.

　장을 보기 위해 근처 까르푸로 향한다. 이 작은 섬에 까르푸라는 할인매장이 있다는 게 얼마나 다행스런 일인지. 아침은 시리얼로 때우고 숙소에서 먹을 음료수를 구비해둔다. 맥주도 가격이 참 착하다. 저녁에는 맥주 좀 사와서 먹어야겠다. 돌아와서 빨래들을 점검해보니 우왁! 벌써 빨래들이 말랐다! 한 시간도 안 됐는데, 역시 지중해의 햇살이 뜨겁긴 뜨거운가 보다. 재빨리 옷을 갈아입고, 입고 있던 옷들은 빨기 시작한다.

　까르푸에서 사온 시리얼로 배를 채우고, 드디어 섬 구경에 나선다. 호스텔 주인에게 물어보니 이아 섬까지는 약 15km 떨어져 있단다. 이아 섬은 이온음료 CF 촬영장소로 유명한 곳. 이아 섬까지 가는 버스는 1.6유로. 자전거를 탈까 버스를 타고 갈까 고민을 하다가 자전거를 타고 이아 섬까지 가보기로 한다. '내 애마가 떡 하니 있는데, 왜 버스를 타노?'

　결국 이 결정은 엄청난 후회를 남기고 마는데…. 아무리 구름 낀 날씨라고 해도 지중해의 햇살은 너무 뜨겁다. 게다가 자전거를 타고 절벽을 오르는 것은 미친 일. 땀이 줄줄 흐른다. 하아. 너무 덥다. 물도 까르푸에서 사놓고 냉장고에 넣어둔 채 나와 버렸다. 마음속으로 결심한다. 내일과 모레는 꼭 버스 타고 와야지… 내리쬐는 지중해 햇살에 호되게 당했다.

　기대를 너무 많이 한 탓일까? 날씨가 좋지 못한 탓일까? 인터넷에서 흔히 보던 사진과는 좀 거리가 멀다. 그래도 파란색과 하얀색의 조합이 참 예쁘긴 하다. 산토리니는 산토리니다.

　자전거를 질질 끌고 다니다가 더위에 지쳐 카페로 들어간다. 해가 질 때까지 이아 마을에 있어야 하는 게 오늘 미션! 해질녘을 보고 싶다. 숙소에 빨리 돌아가봤자 할 게 없다. 예상컨대, 주인은 와이파이를 고치지 않았을 것이다. 물론 고쳤다면야 정말 고맙겠지만 어제 주인장의 말투에선 자신감이라곤 찾아볼 수가 없었다. 음, 두고 보세요. 제가 어떻게 평가를 해드릴

지…. 그런데 카페에서 강제로 와이파이를 끊었나 보다. 친구와 영상통화를 하던 중 그만 끊겨버린다. 너무 죽치고 앉아 있어서 그런가? 흑흑 매정한 사람들. 어딜 가나 Sunny의 수난시대구나. 에잇, 자리를 옮겨야겠다. 잘됐다 싶다. 엉덩이가 무거워지기 전에 한 군데라도 더 둘러보자.

7시, 8시. 해는 떨어질 생각이 없다. 빨리 숙소로 돌아가 맥주 한 캔 벌컥벌컥 들이키고 싶은 마음이 간절한데 참, 사람들은 도대체 어디서 사진을 찍는 게야. 다들 값비싼 카메라로 찍어서 그렇게 비현실적으로 예뻐 보였나? 아니면 보정인 건가? 그것도 아니라면 아직 성수기가 아니라서 산토리니 집들이 마음의 준비를 안 한 게야? 셔터를 수백 번 눌렀지만, 오늘은 아무 소득 없이 발길을 돌린다.

숙소로 돌아오는 길은 깜깜하다. 조심, 그리고 또 조심! 장난감 같지만 그래도 라이트라고 빨간 조명을 빤딱거리는 후미등 뿐만 아니라 가방에서 전방 라이트까지 꺼내 장착하고 달린다. 까르푸가 몇 시에 문을 닫는지 몰라 9시까지는 피라 마을에 도착하려고 노력했지만, 9시 10분이 돼서야 도착한다. 이미 까르푸는 문을 닫고 점원들은 신나게 정산중… 윽… 어쩔 수 없이 편의점에서 맥주를 비싸게 사 마셔야 되겠군. 내일은 아침에 장봐서 쟁여놔

야지! 피라 마을 시내에서 치킨 기로스와 맥주를 사서 숙소에 가져간다. 방에 들어가 보니 중국인 처자 두 명은 방금 도착했는지 씻으려고 준비하고 있다. 그리고 역시나 이 호스텔, 와이파이를 고쳐놓지 않았다. 일부러 그랬는지, 아니면 기술상의 문제가 있어 못 고친 건지는 모르겠지만, 이건 좀 아니다! 게다가 중국인 처자들은 화장실에 보물이라도 숨겨놨는지 한참 동안 나오질 않는다. 한 친구가 씻는 동안 다른 친구와 이야기를 나눠본다. 이름은 어려워서 못 외웠지만, 영국에서 학교를 다닌다고 한다. 역시 해외파 중국인들은 돈이 많단 말이야. 미노코스를 거쳐 이곳에 왔고, 모레 영국으로 돌아간단다. 내일은 대만인이 한 명 온다는데, 어떻게 그 친구를 아는지는 모르겠다.

그렇게 서로의 여행 이야기를 나누다가 나도 씻고 오늘 입은 옷들을 빨래

한다. 자기 전까지 할 게 없으니 사진 정리라도 꼬박꼬박 해놔야지. 오늘은 푹 잘 수 있겠다. 왜냐? 긴팔 긴바지를 입었고, 맥주도 마셨겠다, 배도 부르겠다, 뭐 하나 빠지는 게 없걸랑~.

24일차 주행거리 27km / 총 주행거리 1,276km
24일차 지출 15.12유로(까르푸 4.22, 카페 4, 점심 2.5, 엽서 0.3, 저녁 2.4, 맥주 1.7) /
총 지출 491.95리라+148.97유로

4/23
25일차

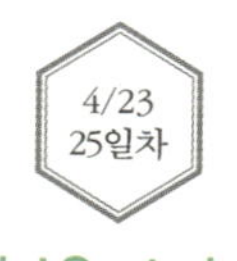

Hello! Santorini(2)

어제보다는 분명 날씨가 좋다. 다시 이아 마을로 향한다. 오늘은 버스를 타고.

그런데 그늘만 벗어나면 너무나도 더워서 미칠 지경이다. 뒷목과 팔뚝에 선크림을 발랐지만, 무용지물이다. 다리는 벌써 경계선이 보인다. 휴…

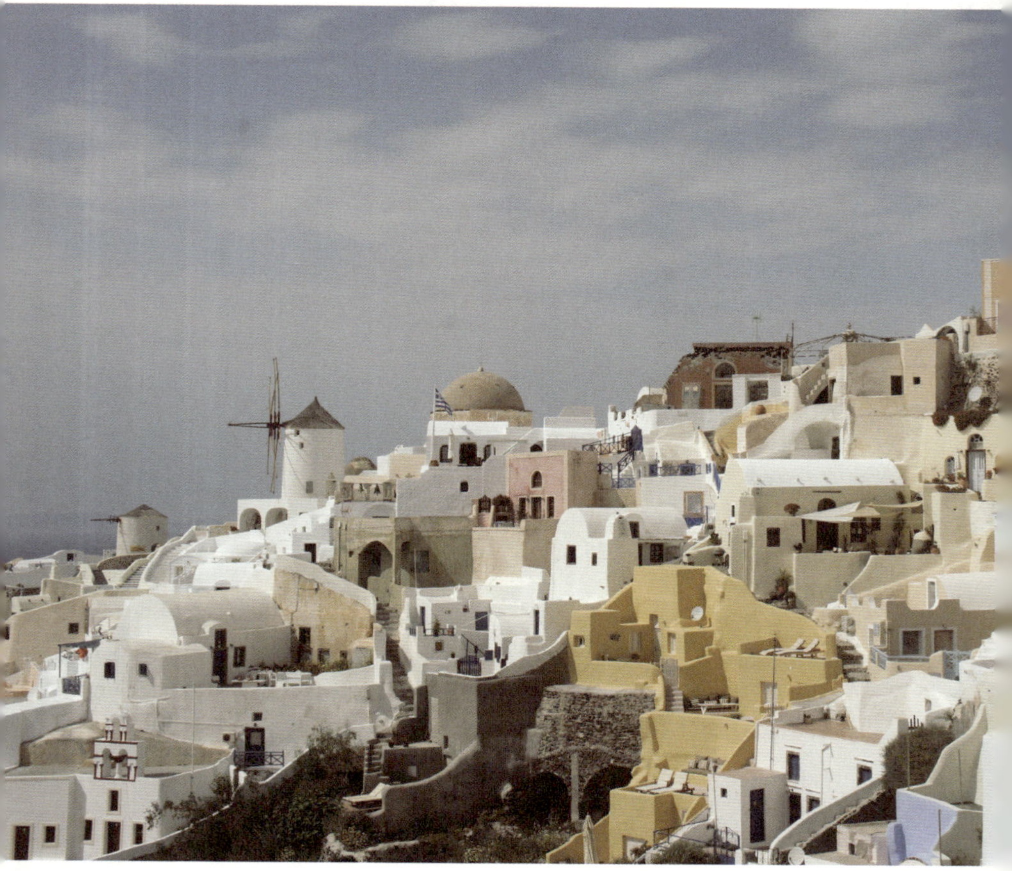

25일차 주행거리 0km / **총 주행거리 1,276km**
25일차 지출 11.71유로(간식 2.01, 점심 2.5, 버스비 3.2, 저녁 4) / **총 지출 491.95리라**
+160.68유로

미소 하나 달랑 메고, 써니의 80일간 자전거 터키일주

급 계획변경, 다시 보드룸으로

산토리니를 떠나는 날. 오늘은 피라 마을을 둘러보기로 한다.

여기저기 아기자기한 기념품 상점들이 많다. 사고 싶은 건 많지만, 지난 여러 번의 여행을 통해 결심한 건 기념품을 절대 사지 말아야겠다는 거였다. 비싼 돈 들여 이것저것 사도 집에 돌아가면 그저 걸리적거리는 물건으로 전락해버린다는 것을 느꼈기 때문. 그런데 이곳, 산토리니에서만큼은 무언가 하나 사고 싶다. 평생에 다시 와보지 못할 것 같고, 여기 올 수 있었다는 것 자체가 나에게 행운이라는 걸 잘 알기 때문에 무언가 남기고 싶다. 물론, 짐이 한정되어 있으니 크고 무거운 것은 가지고 다니기 힘들다. 빨빨거리며 돌아다닌 끝에, 아담하고 예쁘장한 조건을 모두 충족시키는 마그넷을 고른다. 2개 2유로로, 참 알뜰하게 여행하는 나인데, 기념품 절약도 잘 한다.

이렇게 기념품을 거하게(?) 구입하고 와이파이 도둑질(?)을 하기 위해 레스토랑을 찾는다. 배편을 살펴보니, 로도스에서 마르마리스로 가는 배 시간이 정말 애매하다. 산토리니에서 출발한 배가 로도스에 도착하는 시간은 오전 9시. 그런데 로도스에서 터키 대륙인 마르마리스로 향하는 배도 똑같은

● 터키에선 되네르 사랑♥ 그리스에선 기로스 사랑♥

9시에 출발한다. 갑자기 멘붕… 모든 선박회사를 뒤져보지만, 비수기인 지금 운항하는 회사는 오직 한 곳. 게다가 매일 운항하는 것도 아니고 격일제로 운항하는지라 배를 놓치면 이틀을 기다려야 한다. 이제 와서 어찌하리오. 방법이 없어 로도스 섬의 웹샤워와 카우치서핑을 컨택해본다. 늦었지만 지푸라기 잡는 심정으로 쪽지라도 보내보는 것.

로도스에서 하루 보내는 것도 좋기는 한데, 나는 너무 많이 쉬었다. 내가 와보고 싶었던 곳에 왔으니 다른 그리스 섬에 대한 미련은 남지 않는다. 갑작스런 멘붕 상태에서 배를 타기 위해 항구로 나선다. 아직 8시. 해가 지기 전에 미리 가 있기로 한다.

자전거를 타고 항구로 내려가는 길. 우와… 오늘 해질녘 풍경이 장관이다. 멈춰서 삼각대를 설치하고 절벽에서 포즈를 취해본다. 산토리니에서의 그 어떤 광경보다 아름답다. 그리고 항구로 내려가는 수직절벽, 이곳은 진짜 해질녘에 강력 추천하는 곳이다! 내가 본 광경을 사진에 다 담기 어렵지만, 무슨 영화 속 한 장면에 서 있는 듯하다. 사람들은 이곳을 버스나 자가용으로 내려가겠지. 자전거를 타고 내려가는 나는 정말 행운아다.

선착장 휴게실에 도착해보니, 아무도 없다. 쌀쌀한 바깥 날씨와는 달리 안에는 난방 시설이 갖추어져 있어 제법 따뜻하다. 아직 배가 오기까지 세 시간 정도 남아 있다.

'에라 모르겠다. 어떻게든 되겠지.'

잡생각은 잠시 내려놓은 채 의자에 누워 쪽잠에 든다.

자정이 넘어 1시가 다 된 시각, 주변 사람들의 분주한 움직임 소리에 눈이 떠진다. 졸린 눈을 비빈 채, 자전거를 끌고 배에 오르려 한다. 그런데 누가 내게 아는 척을 한다. 어라! 바로 코스섬에서 산토리니까지 오는 배에 같이 탔던 한국인 여자 두 명이었다. 오는 배, 가는 배까지 같은 배라니. 허허. 그녀들은 코스섬으로 가서 다시 보드룸으로 빠져 나갈 것이란다. 나는 로도

산토리니 항구

스인데. 그들에게 배 시간을 물어보니, 코스에서 보드룸으로 가는 아침 배
가 있단다. 잉? 내가 알아본 바로는 오후 5시 배밖에 없는 걸로 아는데… 그
소식을 듣고 나는 솔깃해진다. 자자, 침착하고 가만 생각해보자. 만일 내가
보드룸으로 간다면 자전거를 타고 마르마리스에 도착할 수 있겠지? 그럼 시
간도 아낄 수 있는 거고. 그치? 그치? 이게 최선이겠지? 그래. 단기간의 엄청

난 고뇌 끝에 나는 그 누나(?)들을 따라 코스 → 보드룸으로 루트를 바꾸기로 결심한다. 내가 갑작스레 이런 결정을 내린 이유는 크게 세 가지다. 첫째, 이틀을 아낄 수 있다는 것. 둘째, 보드룸으로 돌아가 다니스네 집에 깜박하고 놓고 와버린 발 토시를 챙겨갈 수 있다는 점. 마지막으로는 코스에서 보드룸으로 가는 배 삯이 로도스에서 마르마리스로 가는 배 삯보다 절반 가량 저렴하다는 것이다. 여러모로 현명한 선택이길 바라며! 나는 로도스까지 가는 표를 끊었지만 중간 정박지인 코스에서 내리기로 한다.

그리고 페리 한켠에 자리를 잡고 깊은 잠에 빠져든다. 이제 다시 터키, 터키 대륙으로!

26일차 주행거리 8km / **총 주행거리 1,284km**
26일차 지출 7.95유로(간식 3.65, 점심 2.3, 기념품 2) / **총 지출 491.95리라+168.63유로**

터키의 '기초정보' 편 All about Turkey

정식국명 : 터키 공화국 Republic of Turkey

수도 : 앙카라 Ankara

언어 : 터키어(쿠르드족이 많이 사는 남동부 지역은 쿠르드어를 사용한다)

면적 : 783,562㎢ (남한의 약 8배)

인구 : 약 81,619,392명(2014년 현재)

종교 : 이슬람교 99%, 기타 1%(이슬람교가 압도적이지만 종교의 자유를 인정하고 있다)

화폐 : 터키 리라(TL)

시차 : EET (UTC+2) Summer: EEST (UTC+3)
한국과는 7시간 차이가 난다. 한국이 오후 10시라면 터키는 오후 3시다. 여름철에는 서머타임으로 6시간 차이가 나며, 서머타임 적용기간은 3월 말~10월 말까지다.

기후 : 전반적으로 온화한 편이지만, 땅덩어리기가 거대하여 지역마다 기후 차이는 큰 편이다. 서쪽 에게해와 남쪽 지중해 지역은 여름에는 무덥고 건조하며, 겨울에는 온난다습하다. 북쪽의 흑해 연안은 온화한 해양성 기후로 일교차가 거의 없으며, 연중 비가 많이 내린다. 중앙 내륙의 아나톨리아 고원 지대는 여름에는 고온건조하고 비가 거의 내리지 않고, 겨울에는 눈이 많이 내린다.

카우치서핑 호스트는 서퍼를 알아본다(?)

새벽 5시 50분. 나를 실은 페리가 코스섬에 도착한다. 예정시간은 5시 30분이지만, 20분이나 늦었다. 로도스를 택했다면 마르마리스로 가는 9시 배를 못 탔을 게 불 보듯 뻔하다. 코스섬에 내려 제일 먼저 터키 대륙인 보드룸으로 가는 배 시간을 확인해본다. 생각보다 많은 선박회사들이 보드룸—코스 간 페리를 운영하고 있었다. 휴, 다행이다. 9시쯤 첫 배가 운행한다. 남은 세 시간을 보낼 곳을 찾다가, 지난번에 코스섬에 잠시 머물 때 먹었던 기로스 레스토랑으로 향한다. 와이파이를 이용하기 위해서다. 아직 7시도 안 된 시각이라 문을 안 열었다. 그런데 야외 테라스의 테이블과 의자들은 그대로다. 와이파이도 잡힌다. 오예! 거기에서 두어 시간 와이파이를 이용하여 세상 돌아가는 소식들을 접하고 나서 항구로 돌아와 표를 끊는다. 가격

은 항구세 포함 18유로. 사실 15유로짜리 티켓도 있었지만, 단지 'Technical problem' 이라는 이유로 우리에게 그 티켓을 팔지 않았다. 뭐 18유로도 나쁘지 않은 가격이다.

9시 30분, 드디어 세관을 통과하여 터키로 돌아가는 배에 오른다. 배에 오르자마자 어떤 할머니께서 아는 척을 하신다. 산토리니에서부터 자전거를 끌고 다니는 모습이 인상적이어서 나를 지켜보고 있었다는데, 그 할머니가 내 건너편에 앉아 물어보신다.

"너 카우치서핑하지?"

카우치서핑 호스트는 서퍼를 한눈에 알아본단 말인가? 신기하다. 내가 카우치서퍼인지 어찌 아셨는지. 할머니의 이름은 루시. 미국 국적이고 올해 75세. 그러나 미국이 싫어서 지금은 태국 치앙마이에서 고양이 두 마리와 살고 계신다. 치앙마이에서 영어교사로 일하고 계시며, 카우치서핑을 하기에 감으로 나를 알

루시 할머니와 나

아보셨단다. 할머니께서 먼저 다가와 이야기를 나누기 시작했는데, 보드룸까지 가는 한 시간이 무척이나 짧게 느껴졌다. 할머니께서는 영어교사여서 나의 영어 문장을 바로 잡아주셨고, 진심이 묻어나오는 눈빛으로 나를 손자같이 예뻐해주셨다. 나는 그것을 느낄 수 있었다. 정말 한 시간이 그렇게 짧게 느껴지기는 처음이었다. 보드룸 항구에 도착하여 할머니와 함께 사진을 남기고 헤어지려 하는데, 눈물을 글썽이시는 루시 할머니.

할머니! 만약 치앙마이에 놀러가게 되면, 꼭 연락할게요! 저를 호스트 해주신다는 그때 그 말씀, 잊으시면 안돼요! 그때까지 건강하게 계셔야 돼요!

세상에서 가장 행복한 사람

터키 땅을 다시 밟자마자 다니스에게 전화를 건다. 갑작스레 보드룸에 도착했다는 소식을 전하면서 나의 발 토시를 찾고 싶어서였다. 뭐 다른 하나의 발 토시가 있지만, 여분이 있는 것과 없는 것의 차이는 확연히 크기 때문에 다니스 집에 두고 온 발 토시를 찾고 싶었다. 연락한 지 5분도 안 돼 다니스가 나를 맞이하러 나온다. 생각지도 못하게 보드룸으로 되돌아온 나를 보고 놀라워하는, 간밤의 숙취로 힘겨워하는 다니스를 보니 반가움이 두 배! 실은 어제 다니스의 생일이었다. 다니스가 그 전에 보드룸 바닷가에 앉아 맥주를 마시면서 내게 귀띔해줬지만, 고새 나는 그걸 까먹고 페이스북을 통해 뒤늦게 알게 되었다. 늦게나마 생일 축하한다는 말을 전하고, 우리는 다니스의 집으로 향한다.

"아야야야야야야~!"

아침까지 광란의 생일 파티를 즐겨서 두통을 호소하는 다니스를 보니 그저 웃음만 나온다. 언제나 유쾌한 다니스! 그의 집에 도착하여 쇼파 밑에 숨어있는 주인 잃은 발 토시를 찾아내고 우리는 아침을 먹으러 나간다. 향한 곳은 버거킹. 다니스가 나를 버거킹으로 데리고 가는데, 패스트푸드는 터키에서 처음이다. 왜냐면 패스트푸드보다 더 저렴하고 맛 좋은 케밥이 있는 곳이 바로 터키이기 때문! 버거킹에서 제일 비싼 햄버거를 사주는데, 조금 눈치 보인다. 가격이 장난 아니게 비싸다. 두 명이서 40리라가 나왔다.

다시 시작된 라이딩. 오랜만이라서 신날 줄 알았는데, 여전히 힘들다. 기분 탓인가? 굉장히 힘들게 느껴진다. '으아아아. 산토리니 때가 좋았지.' 하지만 중간중간에 사람들이 그토록 이야기하던 '8% ＼ 10km' 표지판을 보고 기분이 UP! 정말 내리막길 10km를 시속 60km로 달리는데, 그 기분이란.

하지만 내리막이 있다면, 다시 오르막이 있는
게 이치이거늘. 그래도 기분만은 최고!

오늘의 목적지인 마르마리스에는 6시 30분
쯤 도착 예정이다. 오늘의 호스트 톨가가 운영
하는 'velomaris'라는 자전거 가게로 찾아가기
로 한다. 톨가는 웜샤워로 컨택한 호스트로, 마
르마리스에서 자전거 가게를 운영하고 있다.

보는 것 만으로도 신난다!

도대체 어디서 나온 자신감인지는 모르겠지만, 주소도 모르는 상태에서 단
지 사람들에게 물어물어 그 자전거 가게를 찾아갈 수 있을 것 같다. 생각을
했으니, 곧바로 행동 개시. 큰 도시가 아니니 생각보다 어렵지 않다. 행인 세
명에게 위치를 물어본 끝에 가게를 발견! 그리고 이어지는 톨가와의 만남.
톨가, 톨가? tall guy의 줄임말인가? 진짜 키가 엄청 크다. 한 2m는 되어 보인
다. 짜식. 10cm만 떼서 나 주지. 그는 일하는 중이고, 나는 홀로 가게 구경을
한다. 고프로3까지 있다! 이것저것 두리번거리다가 튜브나 펑크패치를 사
려 했지만, 가격이 너무 비싸다. 우리나라 물가의 두 배 가까이. 이내 포기하
고 만다. 하지만 예쁜 버프가 눈에 들어와 하나 구매! 39.90리라라고 적혀 있
는데 톨가가 세일해서 35리라에 준다. 왠지 모르게 기분 좋다. ^^*

"써니, 너 오늘 어디서 자?"

갑자기 톨가가 오늘 어디서 자냐고 물어본다. 응? 응? 응…?

"웜샤워… 너…희…집…?이겠지?"

톨가가 자신은 숙박제공은 하지 않는다고 한다. 뭐야? 엥? 웜샤워 프로필
에 미리 적어놨다고 하는데, 자세히 살펴보지 않은 내 잘못이다. 웜샤워 멤
버라고 해서 모두가 집에서 재워준다고 생각했던 나의 큰 착각! 이 바부팅
이! 뭐 어쩔 수 없지. 그렇다고 이 늦은 시간에 내일 목적지인 페티예까지 갈
수는 없는 노릇이고. 호스텔은 눈에 들어오지도 않고.

'터키에서 호스텔이란 내 사전에 있을 수 없다!'

에라, 모르겠다. 막 나가보자. 자전거 가게 앞에서 손님들 상대로 공개구걸(?)을 해본다. 언제 이런 걸 해보겠는가. 바로 이스탄불에서 에제가 적어준 구걸문구를 들고 말이다! 그런데 이 방법이 은근히 먹힌다. 침대는 없지만 바닥에서 잘 수 있으니 자기 집으로 오라는 아저씨, 자기 집에서 스타크래프트(게임) 한 판 하자는 친구. 내가 택한 사람은 샬레라는 할아버지. 생각보다 너무 쉽게 구해지는 것 같아 당황스럽다. 영어는 전혀! 못하시지만 톨가 말로는 엄청 재밌는 분이란다. 어렸을 때 자전거도 없고 장난감도 없었는데, 자전거가 생겨 너무 기쁜 나머지 여름 시즌만 되면 바닷가에서 음악을 틀고 춤을 추시는 아주 유쾌하신 분이시라고. 누구든 지금 나에겐 너무나 행복하고 좋다! 여하튼 구걸 성공! :) 샬레 할아버지를 쫄쫄 따라간다.

지금은 샬레 할아버지네 집이다. 톨가가 호스트해주지 않고 이분께 구걸하여 이집에서 머물 수 있게 되었다. 톨가에게 너무 고맙다. 나는 지금 세상에서 가장 행복한 사람을 만났다. 아마 샬레 할아버지는 마르마리스에서 매우 가난한 분 중 한 분이시라 생각된다. 외곽지역의 다락방에서 물통에 물을 받아다 쓰신다. 그건 빗물이라고 짐작해본다. 냉장고는 전기가 나간 지오래다. 그래서 한켠에 있던 냉장고는 서랍으로 이용. 하나하나 설명하기가

힘들다. 아니 설명할 필요도 없다. 중요하지 않기에…. 할아버지께서 다락방 끄트머리에 위치한 발코니 자랑을 내게 하시는데, 너무 행복해 보인다. 너무 행복해 보여 입가에 미소가 저절로 생긴다. 눈물과 함께 말이다. 어떤 기분이라고 말로 표현할 수 없는 이 기분.

행복은 생각하기 나름이라는 걸 오늘 또 배우고 있다. 내가 그동안 얼마나 배불리 살아왔는가, 잠시 돌이켜본다. 그리고 현재 씻을 수 있다는 것에 감사한다. 모든 것에 감사하며 살자!

빗물로 나름대로의 샤워를 하고 있는데, 할아버지께서 문을 열고 손을 내미신다. 아직 트지 않은 새 속옷이다. 오늘 밤, 노트북과 카메라는 잠시 접어두고, 그 행복에 빠져든다.

27일차 주행거리 1C3km / **총 주항거리 1,387km**
27일차 지출 55리타(점심 20, 버프 35)+20유로(뱃삯 18, 간식 2) / **총 지출 546.95리라**
+188.63유로

한국인에게선 무언가 뜨거운 게 느껴져

새벽에 할아버지께서 내 이불을 바로 잡아주시는 게 잠결에 느껴진다. 자고 있으면서도 행복하다. 어젯밤 톨가와 헤어질 때, 마르마리스를 떠나기 전에 자전거 가게에 들르겠다고 한 게 생각나 씻고 나갈 준비를 한다. 샬레 할아버지께서 나를 위해 아침을 준비해주신다. 반찬으로 나온 꿀단지 안에는 개미들이 바글거렸지만, 기분 좋게 아침을 먹는다!

샬레 할아버지! 할아버지 덕분에 정말 많은 걸 느끼고 갑니다! 행복은 돈으로 해결되는 게 아니라는 걸요. 비록 제가 해드린 건 없지만, 빚을 졌다고 생각해요. 할아버지에게 진 빚, 다른 이들에게 꼭 갚아나가겠습니다! 할아버지는 마르마리스에서 가장 행복한 분이세요! 사랑합니다.♥ 건강하세요!

할아버지와 함께 톨가네 가게에 들르니, 톨가가 내 자전거에 마르마리스 자전거 팀 스티커를 붙여준다. 행운이 깃든 스티커라 생각해야지. ^^ 각 도시들을 거칠 때마다 크나큰 선물들을 하나씩 받아간다.

오늘의 목적지인 페티예로 가는 길. 초반 페이스는 무지 좋다. 쉬지 않고

오르막길을 오른다. 점심대가 되어 작은 시골 마을에서 자전거 여행자를 만난다. 그들은 이즈미르에 사는 채틴과 셀축. 43세의 아저씨들로 안탈랴가 최종목적지이며 오늘은 페티예로 가는 길이라고 한다. 아저씨들께서 내게 오렌지주스와 물을 사주신다. ^^ 그런데 이분들 상당히 느리게 이동한다. 저녁에 페티예에서 친

천하태평 채틴과 셀축 아저씨

구가 차로 데리러 오기로 해서 천천히 가도 된단다. 함께 휴식을 취한 뒤 작별 인사를 한다.

　다시 혼자 달리는데, 도로 사정이 너무 좋지 않다. 자갈길이다. 이 길 위에서 얇디얇은 내 자전거 바퀴는 속수무책이다. 앞으로 계속 이런 도로일 텐데, 이런 도로는 진짜 달릴 맛이 안 난다. 내리막길에서도 페달을 굴려줘야 앞으로 나가기 때문이다! 게다가 초반에 따라줬던 바람 운(순풍)과 달리, 이즈미르 아저씨들을 만난 뒤부터는 역풍이 계속된다. 으악! 갑자기 난관에 부딪친다. 바로 앞에 터널이 보인다. 터널 길이 600m. 자전거로 1분이면 갈 수 있는 거리다. 보통 때라면 '조심히 달리자' 마음먹고 터널 속으로 들어가겠지만, 지금 앞을 가로 막고 있는 건 톨게이트. 아마도 요금을 내야 되는 모양이다. 그리고 자전거가 갈 수 없다는 표지판이 덩그러니 꽂혀 있다. 마르마리스에서 톨가에게 들어서 예상은 하고 있었다. 후훗. 그런데 내겐 방법이 있지. 바로 히치하이킹이다. 터널입구에서 히치하이킹하여 터널만 지나면 된다! 톨가에게 요령을 터득했다. 터널을 뚫지 못하면 10km가 넘는 거리를 우회해야 하는, 참으로 우둔한 짓을 해야 한다. 바로 히치하이킹을 시도해보는데, 한 방에 성공한다. 영어는 못하시지만 친절히 나를 태워, 터널을 뚫어(?)주신다. 야호!

　오늘의 목적지인 페티예에는 6시 30분쯤 도착한다. 시내에 도착하여 오

늘의 카우치서핑 호스트인 이브라힘에게 전화를 건다. 5분 만에 그가 도착. 자전거를 그의 차에 싣고 집으로 향한다. 이브라힘은 호텔에서 일하고 있단다. 한국 손님도 몇몇 받아봐서 한국말도 몇 단어 할 줄 아는데, 내게 처음 뱉은 한국말이 "개××"다.

"…."

헉… 도대체 어떤 손님을 받은 게야… ㅠㅠ

그는 나를 바닷가 바로 앞에 자리한 그의 호텔로 데리고 간다. 이름은 '호텔베를린'. 독일과 깊은 인연이 있나 보다. 독일어도 조금 할 줄 알고, 호텔 이름에도 베를린이 붙은 걸 보니. 이브라힘이 내가 머무를 곳을 알려준다며 나를 안내한다. 그런데 헉! 내 손에 호텔 방 열쇠를 쥐어준다. 뭐지? 카우치서핑 아니었나? 내가 이용한 웹사이트는 부킹닷컴이 아니라 카우치서핑이라고! 배정받은 곳은 킹베드와 싱글베드가 나란히 있는 오션뷰 3인실. 침대에 누우면 파도소리가 들리고, 발코니로 나가면 바로 앞에 바다가 보인다. 입이 다물어지지 않는다. 완전히 로또 맞은 기분이다. 어제는 그토록 힘든 상황까지 갔다가 오늘은 무슨 복권당첨인가!

"I feel like miLion bucks today!"

이브라힘이 말한다. "맥주를 마시려거든 레스토랑으로 와."

정신을 차린 후, 짐을 풀고 빨래를 하고 내 몸도 빨아버린다. 그리고 내일 할 패러글라이딩 파일럿에게 전화를 걸어 예약을 한다. 이 파일럿은 보드룸으로 갈 때 나를 잠시 태워줬던 에르탄 아저씨의 친구다. 아저씨가 자신의 친구인 파일럿을 소개시켜준 건데, 내일 오후 1시 욜루데니즈 비치로 나오라고 한다. 처음에는 스페셜 프라이스로 해주겠다고 하더니, 재차 가격을 물어보니 다른 곳과 똑같은 150리라다. 인맥파워로 좀 저렴하게 할 수 있나 기대했는데, 똑같은 가격이다. 대신 아무래도 친분이 있는 분과 함께 뛰어내리니 더 잘 챙겨주지 않을까?

이렇게 내일 있을 패러글라이딩도 예약하고, 야경을 보러 나간다. 그런데 이브라힘이 누가 나를 보고 싶어 한다며, 구경한 후 레스토랑으로 오라고 한다. 레스토랑에서 만난 친구는 제이넬이라는 고등학생. 자전거 타는 것을 좋아하여 늦은 시간인 데도 불구하고 자전거로 여행하고 있는 나를 보러 찾아온 것이다. 나와 제이넬, 그리고 이브라힘은 이미 마감 정리한 레스토랑에 앉아서 맥주와 함께 이야기 꽃을 피운다. 물론 미성년자인 제이넬은 체리 주스로다가. ^^ 얄로바에서의 기사도 보여주고, 여행 동영상도 브여주고, 그리고 그들의 세상사는 이야기도 듣는다. 이브라힘네 가족은 호텔을 운영하는데, 실제 소유자는 형이라고 한다. 이복형이라는데, 가족관계가 조금 복잡한 듯싶다. 형은 마리화나에 찌들어 제대로 된 삶을 살지 못한다고. 그래서 호텔을 형에게 맡길 수 없어 가족 모두가 이 호텔을 운영한다고 한다. 그러고 보니 리셉션 쪽에서 소란스러운 소리가 들린다. 바로 그 형이 약을 너무 많이 해서 소란을 피우고 있는 것. 자신의 아들은 13살인데, 제발 형을 닮지 않았으면 한다고. 맥주를 들이키며 진술한 이야기를 나눈다. 한 병, 두

제이넬 그리고 나

병, 세 병, 네 병… 간단하게 한 병만 마시려고 했는데, 한 병을 다 마시면 자동적으로 새로운 맥주병을 내게 가져다준다. 좋다! 이브라힘과의 이야기 중 가장 기억에 남는 건, 그가 여행할 때나 숙박객이 올 때 중국인이나 다른 아시아인에게는 어떤 감정도 느껴지지 않으나, 한국인을 만날 때면 무언가 뜨거운 게 느껴진다는 것이다. 이 말에 조금 감동했다. 앞으로도 이브라힘이 만나는 한국인들이 모두 좋은 사람들이었으면 좋겠다.

자정이 넘어가도록 얘기꽃을 피우다가, 고등학생인 제이넬의 귀가시간이 다 되어 우리의 수다는 여기서 마치고 각자의 방으로 돌아간다. 내일은 날씨가 좋아야 할텐데, 일기예보를 보니 앞으로 4일 내내 비소식이 기다리고 있다. 패러글라이딩은 할 수 있으려나. 에이 모르겠다. 일단 자고 보자.

28일차 주행거리 88km / **총 주행거리 1,475km**
28일차 지출 18.5리라(점심 15, 간식 3.5) / **총지출 565.45리라+188.63유로**

돈이 죽지 사람이 죽겠나

너무 편한 곳에서 아침을 맞이해서 그런지 좀처럼 일어나기가 싫다. 침대에 누워 바다를 바라보니 먹구름이 가득하다. 느낌이 온다. 오늘, 패러글라이딩은 못하겠구나. 일단 파일럿에게 전화를 해본다. 오늘은 못하고 내일 오전에 다시 예약을 잡아줄 테니 오전 10시 30분에 욜루데니즈 비치로 오라고 한다. 내일 아침식사 후 짐을 챙겨 출발하면 딱 맞을 시간이다. 비가 오면 이곳을 떠나는 것도 문제가 있고 패러글라이딩도 당연히 문제가 있다. 아무튼 비가 오지 않기를 빌어볼 수밖에!

호텔 조식은 무료 제공!

호텔 베를린 건물

원래 일정인 패러글라이딩도 취소되었겠다 오늘은 호텔에서 하루 푹 쉬면서 재정비를 하기로 한다. 밀린 일기도 쓰고, 사진정리도 하고, 웜샤워와 카우치서핑 컨택도 하고, 계획도 다시 세워보고.

간만에 여유를 가지니 생각이 좀 많아진다. 바깥바람도 좀 쐴 겸 필요한 물품들을 사러 밖으로 나선다. 대형 슈퍼마켓에서 샴푸와 치약, 칫솔을 사려고 가격표를 하나하나 따져보다 문득 이런 생각이 든다. 한국에 있을 때는 5천 원짜리 커피도 그렇게 잘 마셨으면서, 이 먼 곳까지 나와서는 500원,

1,000원이 아까워 이것저것 비교를 해가면서 이러고 있구나. 언제 다시 올지 모르는 곳인데. 아니, 다시는 못 올 수도 있는 곳인데 말이야. 나와서 좀 더 쓰고, 들어가서 좀 아끼면 될 것을… 생각을 조금 바꿔보니, 지금 내 모습이 어찌 이리 어리석을꼬. 그 슈퍼마켓에서 가장 비싼 치약과 칫솔을 골라본다. 이는 제대로 닦아보자는 마음으로. 앞으로도 가격에 구애 받지 않고 누릴 것 누리기로 마음먹는다. '돈이 죽지 사람이 죽겠나.'

오후 내내 호텔 방 안에서 인터넷을 뒤적이다가 우연히 한국인 여행객과 연락이 닿아 같이 저녁을 먹기로 한다.

'만날까? 말까?'

같은 지역을 여행중이기에 약속을 잡아보지만 아직까지 확신이 서지 않는다. 타국에서 한국인을 만나는 건 조금 꺼려진다. 꼭 여기까지 와서 한국인들끼리 다녀야 할까 싶은 생각이 들어서다. 메시지를 받고도 한참을 고민했다. 그냥 혼자 혹은 이브라힘과 저녁을 먹고 싶은데, 이미 뱉은 말에 거절하기도 그렇고. 나름대로 신중하게 고민한 끝에 한국인 여행객(?)을 만나러 나간다. 그런데, 한 명이 아니네? 무려 다섯 명이다. 우리는 피쉬 마켓에서 갖가지 생선을 고른 후 레스토랑에서 이야기꽃을 피운다. 페티예는 피쉬 마켓이 유명하다. 맛보고 싶은 생선을 고른 다음 계산을 하면 바로 옆에 위치한 레스토랑에서 요리를 해준다. 요리세(?)와 자릿세(?)는 별도인데 1인당 6리라. 오징어, 새우, 연어 등 비싸디 비싼 물고기 맛을 보며 서로의 여행이야기와 정보를 공유한다. 터키에서 동행이 되어 계속 같이 여행을 다니고 있는 커플 같은 이성 두 분, 안탈랴에서 터키 여자 친구를 사귀고 이곳 페티예로 넘어왔다는 한 남성분, 프리랜서로 일하시며 80일간 여행을 계획하신 큰형님, 그리고 우리들을 끌어모은(?) 주최자 누님. 자리를 옮겨 계속된 우리들의 수다는 자정이 넘도록 이어진다. 나는 신데렐라인가? 오늘 딱히 한 것도 없는데 눈꺼풀이 무거워진다. 집에 가서 쉬고 싶은데, 여기서 집까지의

거리는 7km. 하늘에선 번개가 치고 있고, 내일 오전에 패러글라이딩 예약해 놨는데, 아! 10시 반에 욜루데니즈 해변으로 직접 가기로 했는데… 웬만한 에이전시는 픽업서비스를 해준단다. 그 얘기를 듣고 억울한 마음에 바로 파일럿에게 전화를 건다. 다행히 그들도 픽업서비스를 해주겠단다. 휴, 이분들 덕에 자전거도 산을 넘어 패러글라이딩을 하러 가는 고생은 덜겠구나!

자정이 넘어 호텔로 돌아온다. 늦은 밤, 라이트도 없이 무서운 마음에 정말 씽씽 밟는다. 도착하니 온몸에 땀이 쫙… 오늘 이들을 만나면서 한 가지 결심했다. 한국인들은 최대한 자제하기로. 그들이 싫다는 건 절대! 아니다. 다만 여행방법의 차이일 뿐. 그들은 그들의 루트가 있고, 나는 나만의 루트가 있다. 그들은 유럽여행의 최고 정보통인 인터넷의 한 카페, 여행책자, 그리고 온라인 블로그에서 다루고 있는 유명한 곳만을 방문한다. 설령 그곳이 맛이 없으면서 맛집으로 소문난 곳이더라도. 나는 그런 것을 원치 않을 뿐이다. 내가 생각하는 여행이란, 현지에서 맛보고 사진 찍고 돌아오는 게 다가 아니라 현지 문화를 조금 더 가까이서 느껴보는 것이다. 그것이 진정한 여행이라고 생각한다. 동행과 고국음식, 친구들은 최대한 지양하려고 한다. 오늘 저녁 이들을 만나면서 다시 한번 다짐해본다.

29일차 주행거리 14km / 총 주행거리 1,489km
29일차 지출 40.75리라(점심 4, 장보기 13.75, 저녁 23) / 총 지출 606.20리라+188.63유로

페티예에서의 패러글라이딩

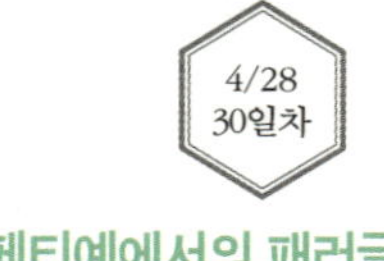

7시 30분 알람소리에 눈을 뜬다. 간밤에 비바람이 몰아쳤지만 아침 날씨가 상당히 좋다. 쾌청까지는 아니지만 먹구름이 사라졌다! 호텔 조식을 먹고 9시가 되기만을 기다린다. 9시에 파일럿이 내게 픽업 관련해서 전화를 주기로 했다. 그런데 9시 30분이 지나도 연락이 오질 않는다. 걱정되는 마음으로 내가 먼저 전화를 해보니, 버스가 부족하여 픽업을 해줄 수 없단다. 아니, 그러면 미리 연락을 해주던가! 연락을 해주기로 해놓고서는 연락도 안 주면 나는 어떻게 하라고요… 그러더니, 나보고 버스 타고 욜루데니즈 해변으로 오란다. 그러면 버스비를 깎아주겠단다. 이 사람, 말하는 게 너무 뻔뻔하고 정이 떨어진다. 그래서 어제 같이 저녁 먹었던 형님에게 바로 연락을 해서 그 형님이 예약한 회사에 예약을 한다.

10시 반, 나와 그 형은 픽업차량에 올라 욜루데니즈 해변으로 향한다. 사무실에서 간단하게 이런저런 서명(아마도 죽어도 책임지지 않는다는?)을 하고 바로 점핑 장소인 바바닥 마운틴 꼭대기로 이동. 버스를 타고 무려 30분 정도 올라간 듯하다. 물어보니 1,700m란다. 나, 반팔 반바지 입고 왔는데, 너무너무너무너무너무…! 춥다. 덜덜덜덜… 너무 추워서 폴짝폴짝 뛰어 댕기니, 내 담당 파일럿이 나를 가엽게 여겼는지 슈트를 챙겨준다. 좀 낫다.

페티예 시내에서는 티 없이 맑았던 하늘이 산 정상부로 올라오니 앞이 보이지 않을 정도로 구름 투성이다. 패러글라이딩은 바람과 상관없이 구름이 끼면 뛰지 않는다. 그래서 구름이 갤 때까지 무한정 대기한다. 해발 1,700m에서… 그런데 비까지 내리네? 점핑 장소에는 내가 예약한 GRAVITY회사뿐만 아니라 여러 회사에서 올라와 점핑 준비를 하고 있었다. 비가 오니, 우리

버스만 빼고 모두 내려가 버린다. 어제도 날씨 때문에 패러글라이딩을 못했는데, 설마 오늘도 포기해야 되나? 오늘 못 뛰면 정말이지 허무한데.

그러나 의지의 우리 회사 파일럿! 그들이 미련이 남았던 건지, 아니면 내 마음을 헤아렸는지 다른 포인트로 이동해서 장소를 물색한다. 그곳도 여의치 않아 다시 제자리로 되돌아온다. 그리고 기다려본다. 2시, 3시, 4시. 생각해보니 점심도 먹질 않았다. 너무 춥고 배고프지만 그래도 구름이 걷혀 뛸 수만 있다면 행복할 것 같다.

파일럿이 내게 슈트를 입혀줬는데, 나에게 참 잘 어울린다. 뛰지도 않았는데, 슈트가 나를 기쁘게 한다. 뛸 수만 있다면 얼마나 좋을꼬?

'저녁까지 기다려도 좋습니다. 오늘 뛰어야 됩니다. 뛰지 못하면 이틀을 허무하게 날린 꼴이 되어 버립니다.' 만약 오늘 실패한다면, 이틀이 아까워서라도 뛸 때까지 페티예를 떠나지 않을 각오를 한다.

원래 오늘 다음 도시인 카쉬로 넘어가야 되지만, 패러글라이딩은 꼭 하고 싶어, 페티예의 호스트인 이브라힘에게 전화를 건다. 정말 미안한데 하루 더 묵어도 되냐고 조심스레 물어보니, 흔쾌히 허락해준다! 올레! 바로 카쉬의 호스트에게도 전화를 걸어 카우치서핑을 하루 연기한다.

그렇게 추위 속에 기다리기를 어언 다섯 시간 째, 드디어 구름이 개기 시

작한다! 내 담당 파일럿은 당장 뛸 준비를 하라는 손짓을 하고, 나는 바로 카메라를 챙겨 들고 파일럿과 한 몸이 된다. 오오 드디어 난다!

실은 패러글라이딩에 대한 기대는 별로 없었다. 그래서 그런지 막 떨리지도 않았고, 막상 뛰어 오르고 나서도 별 감흥이 없었다. 스릴이 전혀 없었다. 그래도 패러글라이딩을 함으로써 익스트림 스포츠 4종목을 모두 하게 되었다는!(스카이다이빙, 스쿠버다이빙, 번지점프, 패러글라이딩) 이제 터키에서의 액티비티는 한 가지가 남았다. 바로 카파도키아 열기구 투어!

하늘을 날며 내 발 아래로 보이는 욜루데니즈 해변은 정말이지 예뻤다. 정말 예뻤다. 입을 다물지 못했다. 그런데 너무 춥고 지루한 감이 없지 않은 패러글라이딩이다. 그래도 도전했고, 뛰어내렸다는 것에 의의를 둔 액티비티. 패러글라이딩을 마친 후 파일럿들은 우리에게 자신들이 찍은 사진과 영상을 보여준다. 그리고는 구매하라며 판촉에 들어간다. 내 카메라로도 비행을 하면서 많은 사진을 찍었지만, 그가 찍은 사진 중 몇 장 마음에 드는 게 있어 거금 50리라를 주고 사진이 담긴 CD를 구매한다. 다시는 뛰지 않을 패러글라이딩이니까 소장해놓는 것도 나쁘지 않을 것 같다.

하루 종일에 걸친 패러글라이딩을 마치고, 우리는 7시 가까이 되어 페티예 시내에 도착한다. 이제야 점심 장소를 찾기 시작. 솔직히 너무나 배고프

다. 아침 9시 이후로 아무것도 먹질 못했으니. 어제 커플같은 동행이 추천해준 곳이 생각난다. 음식 이름은 '파샤 케밥.' 다행히도 그 형이 머무는 숙소 근처에 파샤 케밥 레스트랑이 있었다. 내 자전거가 형의 숙소에 있어서 거기로 돌아가야 했다. 아침에 픽업을 해주는 이곳까지 자전거를 타고 왔기 때문. 같이 패러글라이딩을 했던 형의 말에 따르면, 파샤 케밥은 터키 맛집 어플리케이션에서도 페티예에서 유일하게 등록되어 있는 곳이라고 한다. 오호, 그래서 조금 더 기대된다. 그런데 가격을 보니 21리라. 전혀 싼 게 아니다. 지금까지 No.1 음식이었던 부르사의 이스켄데르 케밥보다 더 비쌀 수도? 그래서 우리는 파샤 케밥 하나와 피데를 주문한다. 그런데 형을 보니 피데는 처음 먹어보는 듯하다. 아니, 피데라는 것 자체를 몰랐던 듯하다. 헉! 드디어 음식이 나오고 우리는 시식에 들어가는데, 도대체 맛집 선정 기준은 어떻게 되는지… 그냥 시골에서 먹은 피데들이 훨씬 맛있고, 파샤 케밥은 어디가 그렇게 맛 좋다는 건지. 그런데 우리의 큰형님, 아주 맛있게 드신다.

정말! 내가 먹어본 곳 다 데려가 드리고 싶다! 그래도 배가 고프니 샐러드까지 몽땅 먹게 된다. 이렇게 점심같은 저녁을 해치우고 나서 우리는 서로의 안녕을 빌며 각자의 숙소로 돌아간다.

오늘 하루, 너무 추웠다. 빨리 침대에서 이불 싸매고 쉬고 싶다. 숙소로 돌아와 샤워를 한 후 이브라힘에게 찾아가 고맙다며 재차 감사의 인사를 전한다. 이브라힘은 걱정 없다며 네가 머물고 싶은 만큼 머물러도 상관없단다. 이 말에 나는 엄청 혹한다. 하아, 참으로 좋은 곳인데, 떠나야 하다니. 이러면 안 되는데 속으로는 내일도 비가 퍼부어 이곳에 머물렀으면 하는 마음이 조금 생기긴 한다.

Turkey No.1 Place, 카푸타쉬!

　8시가 넘어서야 일어나 조식을 먹으러 내려간다. 9시에는 떠날 생각으로 모든 준비를 마쳤지만, 가장 중요한 '이브라힘과의 작별인사'를 하지 못하고 있다. 직원들이 그가 아직 자고 있단다. 일단 문자로 작별인사를 보내고 그 동안의 고마운 마음을 적은 엽서를 남기고 떠나려 했으나, 예의가 아닌 것 같아 이브라힘에게 전화를 걸어본다. 바로 옆방에서 그가 전화를 받으며 나온다. 방금 일어난 듯한 모습이다. 그를 보고 갈 수 있어서 다행이다! 그에게 폴라로이드 필름을 선물하고, 고마운 마음을 재차 전한다. 터키에서 무슨 사고를 당해도 페티예로만 돌아오면 먹고 살 걱정은 없겠다. ^^

　카쉬를 향해 페달을 굴린다. 페티예 시내를 벗어나려는 순간, 빨간 차 한 대가 다가온다. 이브라힘이다. 그의 아들이 작별인사를 하고 싶다고 해서 나를 찾아 달려왔단다. 마지막까지 감동이네, 이 가족. 언젠가, 어디에선가 다시 만나기를! 그리고 그의 가족이 행복하길 진심으로 기원한다.

　페티예에서의 지난 3일간의 행복함이 가시질 않는다. 기분이 굉장히 업되어 지나가는 사람들에게 마구 하이파이브를 청한다. 페티예에서 100% 충전이 되었다! 그런데 도로가 말썽이다. 자갈밭이어서 바퀴의 진동이 고스란히 전달된다. 계속해서 페달을 굴려줘야 하기에 체력소모가 심하다. 무엇보다도 온몸이 흔들거려 속이 뒤틀린다. 히치하이킹으로 이 도로를 건너뛸까 생각해보았지만, 오늘 구간 모

3일간의 꿈만 같았던 시간, 모두 이브라힘 덕분이에요!

이제부터는 안탈랴 주를 따라 달린다.

든 도로가 이런 자갈밭 포장길이다. 좋았던 기분이 급 다운되고 만다.

카쉬로 가는 길에 파타라(Patara)라는 소문으로 듣던 비치로 들어가는 표지판이 보인다. 에게해 연안 사람들에게 가장 아름다운 해안가가 어디냐고 물어보면, 다들 '파타라'라고 한다. 바로 카쉬로 내달리려다가, 3km 떨어져 있다는 이정표를 보고는, 그래도 왔으니 구경이나 하자고 맘을 먹는다. 비치로 들어가는 입구에서 티켓을 팔고 있다. 한 명당 5리라를 지불해야 파타라 비치에 들어갈 수 있단다. 지중해를 따라 달리고 있어서 눈만 돌리면 지중해를 볼 수 있는데, 수영도 안 할 바다를 돈 주고 보는 건 아닌 것 같다.

큰 산을 돌아 넘어가 계속해서 지중해를 따라 쭉 달린다. 저 멀리 관광명소임을 알리는 표지판 하나가 보인다. 어떤 곳이지? 하면서 주위를 둘러보다가, 아래를 내려다본 순간 와~~! 내가 원하는 숨은 명소를 발견했다! '카푸타쉬(Kaputaş)'라는 이름을 가진 비치인데, 에메랄드 빛깔? 푸른빛?을 그대로 간직한 지중해다. 말로는 설명하기 힘든, 그런 섹시한 바다다. 5시가 넘었지만 나는 모래사장으로 내려간다. 가방을 벗어던지고 이 모습 저 모습을 카메라 속에 담아보고 모래사장에 누워 잠시 눈을 감아본다.

오늘의 목적지인 카쉬에는 7시가 넘어서야 도착했다. 카쉬 시내에 도착해서 카우치서핑 호스트인 제이넵에게 전화를 거니, 자신의 집은 카쉬 시내가 아니라 근교에 위치해 있단다. 그녀의 집은 시내에서 3km 가량 떨어진 곳이라는데, 산으로 3km를 올라가야 한다는 건 함정….

개인적으로 터키에서 가장 아름답다고 느꼈던 카푸타쉬 해변

7시가 넘어서도 땀을 한 바가지 흘려버린다. 그렇게 물어물어 제이넵 집에 도착. 제이넵은 남자친구와 함께 살며, 투어 가이드로 일하고 있다. 오늘 이 집에는 나 외에도 독일 친구 두 명이 올 계획이라고 한다. 씻고 나서 컴퓨터를 만지고 있으니, 제이넵의 친구 커플이 찾아오고 바로 독일 여행자 두 명이 들어온다. 이름은 잘 기억나지 않지만, 터키에서 각각 교환학생으로 공부하고 있으며, 히치하이킹 여행을 하고 있는 중이다. 한순간에 일곱 명이 테이블에 둘러앉는다. 저녁메뉴는 핑크 파스타. 파스타 면에 요거트, 그

리고 비트룻(Beetroot)소스를 섞었다고 한다. 음식을 만든 제이넵도 이번이 처음이란다. 맛이 있든 없든 배가 고프기에 한 그릇을 해치우고 한 그릇을 더 먹는다. 독일인 카우치서퍼가 가져온 와인도 한 잔 곁들인다.

12시가 넘도록 이런저런 이야기를 나눈다. 나는 너무 피곤한데, 내가 잘 곳인 거실에서는 아직도 이야기꽃이 한창이다. 히치하이킹 하다가 죽은 이야기도 들려준다. 트럭은 절대 얻어 타지 말란다. 나는 트럭밖에 탈 수 없는데… 앞으로도 히치하이킹 할 날이 많은데. ㅠ

여행 가이드로 일하는 제이넵 커플과 그 친구들에게 많은 조언을 받는다. 그래서 가고 싶은 곳이 더 생겨버리는 바람에 일정을 맞추기가 까다로워졌다. 내일 어디서 잘지도 정해야 되는데!

자정을 훌쩍 넘긴 시각, 담배연기만 남긴 채 호스트들과 독일 친구들은 각자의 방으로 간다. 나는 긴 밤을 담배연기와 함께…. 콜록콜록. ㅠ.ㅠ

31일차 주행거리 128km / **총 주행거리 1,634km**
31일차 지출 5.5리라(점심 3, 간식 2.5) / **총 지출 837.70리라+188.63유로**

목적지 없는 라이딩

오늘의 목적지가 어디가 될지 나도 모르기에, 언제 떠나야 할지 모르겠다. 루트를 대충 잡아본다. 먼저 데므레라는 동네로 가서 미라(흔히 생각하는 썩지 않는 그런… 미라가 아니라 고대 유적지!) 유적지를 구경한 후 '코케바'라는 지역을 둘러보고 돌아오는 코스다. 그리고 다시 안탈랴 방향으로 내달려 쿰루자라는 도시에서 묵을 예정. 그렇게 나름대로 계획을 세우고 페달을 굴리기 시작하는데, 하나의 이정표가 나를 유혹한다.

"Kokeva 18km"

18km를 꺾어 들어가서 코케바를 먼저보고 데므레로 가면 시간을 절약할 수 있을 것 같아 충동적으로 그 길로 진입한다. 오르막, 내리막, 오르막, 내리막, 도로 사정이 어찌나 안 좋은지. 자갈밭 도로는 히치하이킹 하자고 마음먹었는데, 다시 또 이렇게 달리고 있다.

한 시간쯤 달려 드디어 코케바에 도착. 그런데 나 여기 왜 왔지?

제이넵 집에서 보이는 저 건물은 카쉬 교도소. 이른바 교도소 뷰~!

투어 할 것도 아니면서. 코케바는 배를 타고 섬으로 들어가야 볼거리가 있다는 걸 망각하고 이곳으로 와버렸다. 휴… 멍청이… 그냥 가기는 뭐해서 도로에 주저앉아 초콜릿을 먹으며 당을 보충한다. 이윽고 데므레로 향하는 비포장도로를 달린다. 하늘을 올려다보니 왠지 곧 비가 내릴 것만 같다. 이런 도로, 그리고 이런 날씨에는 달리는 맛이 전혀 나질 않는다. 외진 시골길을 홀로 달리다가 뒤에 차가 따라오면 바로 내려 히치하이킹 동작(물론 힘든 척과 함께)을 취한다. 그러기를 몇 차례. 트럭이 한 대 멈춰 선다.

"데므레 가?"

"응."

"오! 나 좀 데므레까지 태워줄래?"

"알았어, 타."

쿨하게 승낙을 받는다! 자전거를 실은 뒷공간에는 과자와 견과류들이 잔뜩 실려 있다. 유통을 하는 분들인 듯하다. 차에 오르자마자 빗방울이 떨어지기 시작한다. 나는 역시 럭키가이! 이렇게 운 좋게도 18km가량 히치하이킹으로 데므레까지 가는데 성공! 그분들께서는(이름을 차마 외우질 못했다) 데므레 초입에서 나를 떨어뜨려주고, 나는 이정표를 따라 미라 유적지로 향한다. 데므레 시내에서 그리 멀지 않은 곳에 있어 쉽게 찾아갈 수 있다.

미라 유적지에 도착해 자전거를 세우려는데, 오렌지 주스를 파는 아저씨가 자기 옆에 세워두란다. 자기가 잘 감시하겠단다. '믿어도 되나?' 일단 자전거를 세운 후 자물쇠를 채운다. 그런데 그 아저씨. 자꾸만 내게 관심을 보인다. 자전거는 얼마니, 어디서부터 탔니, 의심병이 돋은 나는 호객행위의 한 방법이려니 생각하고 영혼 없는 대답만을 남긴 채 그 자리를 훌쩍 떠난다. 미라 유적지 입장료는 15리라. 유적지가 그렇듯이 이곳에도 고대극장이 있고, 고대문구가 적혀진 돌들이 놓여 있다. 그런데 다른 한 가지를 꼽으라면 절벽에 움집처럼 굴이 파여 있다. 다른 곳에서는 보지 못한 장면이다. 오, 여기 오길 잘했다. 그래도 격사에 별로 흥미가 없는 나. 짧게 둘러보고 다시 자전거가 있는 곳으로 되돌아온다.

다시 마주친 오렌지 주스 아저씨가 여전히 내게 관심을 보인다. 이곳을 떠나기 전, 휴식도 취할 겸 대화 좀 나누려고 좀 더 심도 있는 이야기를 나누는데, 그 아저씨는 한국 사람이 좋단다. 자신의 할아버지가 6.25 참전용사셔서 한국인들을 굉장히 좋아한다는 것이다. 그래서 먹을 것을 주고 싶다며 내 손을 잡고 바로 옆에 위치한 자기 집으로 데려간다. 집 앞 나무에 열려 있는 살구들을 따다가 씻어서 내게 준다. 그리고 자신이 판매하는 오렌지 주스도 한 잔 대접해준다. 이븐을 호객행위 하는 사람으로 봤던 내가 쑥스러워진다. 진정으로 한국인을 좋아하시는 분이구나! 두 달 전에는 또 다른 한국인 자전거 여행자가 다녀갔다며, 그의 사진을 보여준다. 나중에 찾아보니 세계여행중인, 나름 유명한 자전거 여행자였다. 자전거로 세상을 돌고 있는 사람들이 참으로 많구나. 나는 새발의 피, 발톱의 때도 안 되는구나.

그렇게 생각지도 못한 호의에 뜻밖의 호사를 누린다. 나도 그분에게 무언가를 해주고 싶어서 폴라로이드 카메라를 꺼내들어 그분과 함께 사진을 찍어서 필름을 드린다. 바로 옆에 아우디 차가 있었는데, 이 아저씨 차다. 오렌지 주스 파는 분이 아우디를 몰고 다닌다. 자기 친척이 이 동네의

프레지던트(?)란다. 시장이라는 말이겠지? 그래서 자리 좋은 이곳도 자신에게 주었다고 자랑을 한다. 미라 유적지의 바로 입구에 위치해 있어 다른 노점보다도 입지가 좋다.

더는 지체하면 안 되겠다 싶어서 작별을 고하고 자전거에 오른다. 그러고 보니 아직 점심을 먹지 않았다. 아저씨가 주신 과일과 주스 덕분에 배는 고프지 않지만, 그래도 제때 챙겨먹어야 한다는 생각에 데므레 시내에서 타북 되네르를 먹으러 케밥 레스토랑을 찾아 들어간다. 잉? 들어가자마자 다시 쏟아지는 비. 오늘 왜 이렇게 운이 따르는 거야? 키키키. 이건 나쁜 것도 아니고, 좋은 것도 아니다. 나는 오늘 50km를 더 달려야 된다. 일단은 되네르를 먹으면서 오늘 목적지의 호스트에게 확인 전화를 걸어본다.

"안녕, 나 오늘 게스트 될 것 같은 사람인데, 오늘 가능하지?"

"아니, 미안. 나 지금 안탈랴에 있어."

웅? 와… 확인 안하고 출발했으면 진짜 큰일 날 뻔 했네. 강제적으로 오늘의 숙소는 지금 이곳, 데므레로 결정된다. 그래서 데므레에서 가능하다고 답장을 해주었던 호스트에게 급히 전화를 건다. 다행히 이 친구는 여전히 가능하다고 해서 그가 알려준 장소로 찾아간다. 버스터미널 앞에 위치한 카페에 들어서니 한 아저씨가 나를 향해 손을 흔든다. 오늘 호스트인 아이데미르다. 인사를 나누고 왜 이 카페에 있냐고 물어보니, 자기가 운영하는 카페란다. 오호라. 그는 나를 집으로 안내해준다. 바로 카페 건물의 2층. 집에는 아무것도 없으니 씻고 나서 카페로 내려오라는 말을 남긴 채, 그는 다시 일하러 내려간다.

오늘은 터키에서 휴대폰을 개통한 지 한 달째 되는 날이다. 내일 12시가 되면 휴대폰을 사용할 수 없기 때문에 내일까지 다시 선불요금을 지불해야 한다. 혼자서는 의사소통에 장애가 많으므로 아이데미르의 도움이 절실히 필요하다. 통역을 좀 해달라고 하니, 따라오란다. 아이데미르는 통신사까지

동행하여 휴대폰 요금 내는 것을 도와준다. 똑같은 전화량과 문자량인데 가격은 21리라. 지난달보다 비싼 건지 싼 건지 모르겠다. 첫 달에는 유심 칩까지 해서 47리라를 냈는데, 아직도 요금제 규정을 모르겠다. @.@ 그리고 이게 한 달짜리 요금이 맞는지를 물어보니, 통신사 직원도 이 시스템이 어떻게 돌아가는지 모르겠다고 한다. 뭐 한 달에 21리라씩 주고 사용하면 저렴한 편이지. 크게 개의치 않는다.

"아이데미르, 너 밥 먹었어?"

"아니, 아직. 너 배고프구나."

"사실, 응. ㅋㅋㅋ."

9시를 넘긴 시각, 배에서는 밥을 달라 아우성인데 이 친구들(카페 직원들)은 아직 저녁 먹을 생각이 없나 보다. 그래서 먼저 말을 꺼냈다. 배고프다는 나의 말에 아이데미르는 주방에 들어가 저녁을 준비해준다. 프렌치프라이와 쾨프테. 나 감자칩 좋아한다고 하니, 프렌치프라이를 한 움큼 더 튀겨다준다. 주는 작작 그렇게 많이 먹었건만, 전혀 포만감이 들지 않는다. 배에 거지가 든 게 확실해.

10시쯤 되었을까? 아이데미르는 나에게 밤바다를 보여준다며 꼬신다. 자전거는 놔둔 채 그의 오토바이 뒤에 앉아 바닷가로 향하는데, 너무 춥다. 터키 남부 지중해에 와도 밤에 추운 건 똑같다. 그냥 밤바다 구경하러 가는 줄 알았는데, 우리가 향한 곳은 다름 아닌 펍. 이 펍은 같은 카페에서 일하는 세르칸이라는 친구가 운영하는 곳인데, 손님들은 온통 영국인들이다. 아이데미르 말로는 모두 근처 호텔에서 일하는 직원들이란다. 이곳은 영국인 관광객이 많이 찾는 지역이며, 바닷가에 자리한 대부분의 호텔들은 영국인들을 위한 호텔이란다. 여기서 아이데미르가 엄청 얼굴을 붉히며 열변을 토한다. 데므레는 원래 거북이가 알을 낳는 곳으로 유명한데, 호텔과 건물을 바닷가 근처에 지음으로써 거북이들이 점점 사라져가고 있다는 게 그의 설명이다.

데므레에서 아이데미르가 내게 말해준다.
"너는 3개 국어를 해~. 한국어, 영어, 그리고 바디랭귀지."

빛이 없어야 거북이들이 산란을 칼 수 있는데, 건물 빛 때문에 거북이들이 알을 낳으러 오지 않는다는 것이다. 우리는 맥주와 함께 이야기를 나눈다. 술 취한 영국인이 한 명 합류하고, 후에 아이데디르의 동업자인 세르칸이 일을 마치고 합류한다. 그들은 모두 담배를 피우는데, 담뱃잎을 돌돌 말아서 돌려 피우는 게 신기해서 물어본다.

"뭔데 그리 돌려 펴?"

"있어. 그런 게. ㅎ ㅎ"

아… 그거. 대충 짐작해본다. 2시가 가까워지도록 우리의 이야기는 끝날 줄 모른다. 시간이 시간인 만큼 피곤한 건 당연지사. 너무 졸려 주체할 수 없는 하품을 연신 해대니, 아이데미르가 눈치를 챘는지 집에 돌아가자고 한다. 새벽 2시에 오토바이를 타고 집에 돌아가기는 너무 추울 것 같다며, 나보고 세르칸의 차에 타란다. 이렇게 우리는 2시가 넘어서야 집에 도착. 집에 도착해서 별 이야기도 나누지 않은 채 바로 쓰러진다.

32일차 주행거리 39km / **총 주행거리 1,673km**
32얼차 지출 42리라(간식 2, 미 라 입장료 15, 점심 4, 휴대폰요금 21) / **총 지출 879.70리라**
+188.63유로

뜻밖의 재회

아뿔싸! 알람을 7시 30분으로 맞춰놨는데, 눈을 떠보니 시계는 8시 40분을 가리키고 있다. 허겁지겁 씻고 짐을 챙기니, 때마침 아이데미르가 가게 문을 열러 내려가려고 준비한다. 카페에서 아침 먹고 출발하라고 해서, 카페로 따라 내려간다. 아이데미르가 카페 문을 열고 직접 아침을 준비하는 동안 나는 카페 바로 옆에 있는 성 니콜라스 센터를 찾아간다. 어제 알게 된 사실인데, 데므레는 원조 산타할아버지의 고향이다. 그런 것도 몰랐던 무지한 나.^^

성 니콜라스 센터에 입장하려면 15리라를 내야 한다. 넣까말까 고민고민. 매표소 앞에서 서성이다가 들어가지 않기로 결심한다. 별로 관심도 없는 곳을 돈까지 지불하며 들어가고 싶지는 않다. 성 니콜라스 센터 주위만 어슬렁거리다 이내 카페로 돌아온다. 아이데미르가 아침으로 콜라와 토스트를 준비해준다. 그런데 토스트가 2인분 분량. 농담 섞인 말로 다 먹기 전까지는 못 간단다. 다 먹으니 배가 터질 지경이다. 도저히 출발할 수가 없다. 아마 달리면서 토할 것 같다. 소화시키기 위해 카페에서 와이파이를 하며 은근히 시간을 흘려보낸다. 10시에는 출발할 생각이었는데, 어느덧 11시…. 아~ 이제 출발해야겠다.

　도로, 날씨, 그리고 풍경이 너무나도 좋다. 그런데 딱 쿰루자(Kumlucar)까지다. 쿰루자부터 구불구불 산길이 시작된다. 애초에 이곳에서부터 케메르(Kemer)까지는 히치하이킹을 할 생각이었다. 어제 구글맵으로 찾아보니 길고 짧은 터널들이 계속 이어지고 있었다. 나는 인복이 많은 것 같다. 한 방에 성공! 나를 태워준 분은 비로와 세이다. 단추 사업(?)을 하시는 분들이다. 케메르까지 가냐고 물어보니, 케메르를 거쳐서 안탈랴까지 간다고 한다. 오예! 내 목적지랑 똑같군. 하지만 케메르부터는 자전거를 타고 싶어 케메르까지만 데려다 달라고 부탁한다. 이분들이 영어가 되질 않아서 깊은 대화는 못 나누고 서로 쳐다보며 배시시 웃기만 한다. 헤헤헤. 참 좋은 사람들을 만나서 편하게 이동한다. 그런데 트럭 안에서 GPS를 검색해보니, 케메르에서 안탈랴까지 터널이 세 군데나 더 있다. 수많은 터널을 지나왔건만… 딱 마지막 터널까지만 데려다 달라고 부탁한다. 흔쾌히 승낙해주시며, 그 다음 보이는 주유소에서 나를 떨어뜨려 주신다.

지중해를 따라 달린다는 건 참으로 행운이다. 그리고 좋은 사람을 만나서 오늘의 목적지인 안탈랴에는 4시도 채 안 되어 도착한다. 5월 1일, 터키도 노동절이다. 그래서 그런지 안탈랴 시내는 시위가 한창이다. 나는 페달을 굴려 이곳저곳을 누빈다. 이곳, 너무나 좋다. 터키의 흔한 도시 같지 않고, 한적하지 않은 시끌벅적한(?) 유럽풍의 휴양지 느낌이 난다. 호스트 집에 가기에는 시간이 너무 이르기에 혼자서 시내 곳곳을 둘러본다. 사진에서만 봤던 낭만적인 분위기가 물씬 느껴지는 우산골목도 둘러보고, 공원과 바닷가

도 달려본다. 언덕이라곤 찾아볼 수 없고 모두 평지다. 자전거 타기에는 터키 내에서 최고의 도시라고 평하고 싶다.

그렇게 시내를 둘러보다 5시쯤 되어서야 오늘의 호스트인 레벤트에게 전화를 걸어본다. 레벤트는 나와 100m도 떨어지지 않은 곳에 있었다. 나는 시내를 둘러보고 있었다 쳐도, 그는 뭐하고 있었던 거지? 여튼 휴대폰으로 통화를 하다가 눈길이 마주쳐 서로를 알아보게 된다. 이거 뭐야, 운명적인 만남인가.(부끄) 그는 혼자 살고 있고, 집이 상당히 넓다. 샤워와 빨래를 마치고 잠시 인터넷을 하다가 저녁을 먹으러 나간다. 아, 오늘은 목요일이어서 8시에 시내 광장에 모여 단체 라이딩이 있다고 한다. 터키 전역에는 매주 목요일 밤에 각 도시에서 단체 라이딩이 펼쳐진다. 우리도 저녁을 먹고 그 라이딩에 참여할 예정.

레벤트는 나를 한 레스토랑으로 데려간다. 안탈랴의 유명한 음식이 뭐냐고 물어보니, 바로 '피야즈(Piyaz)'라는 수프라고 한다. 피야즈가 굉장히 맛있다는 곳으로 안내해준다. 피야즈, 참 맛좋다. 남쪽과 동쪽으로 가면 갈수록 음식들이 맛있어지는

느낌이다. 지금까지 현지인들이 그토록 찬사를 아끼지 않았던, 동남부의 아다나와 하타이, 그리고 가지안테프. 갈수록 기대된다!

저녁을 먹고 시계를 보니 어느새 8시가 넘어버렸다. 서둘러 단체 라이딩이 펼쳐지는 장소로 향했으나, 이미 모두 떠나버리고 없다. 하는 수 없이 구시가지를 돌아다니기로 한다. 자전거로 골목을 누비는데, 갑자기 길 한가운데서 폭죽이 터지며 음악소리가 들린다. 프로포즈 이벤트가 펼쳐진 것! 이야~ 영화에서 보던 장면이 바로 눈앞에서 펼쳐지고 있다! 낭만적이다.*_*

그 모습을 담으려고 카메라 셔터를 누르고 있을 때, 누군가 나를 부른다.

"Sunny!"

어라! 아니 이게 누구야? 페티예에서 만나 피쉬마켓에서 저녁을 함께한 동행이다! 이런 우연이 있을 수 있나! 우리나라 8배 크기의 터키라지만, 참 좁구나. 그 커플같은 동행(한 분은 형님, 한 분은 동생. 그리고 커플은 아니다)은 방금 안탈랴에 도착하여 숙소를 구하고 있던 중이었단다. 이 늦은 시간에?!! 도움이 필요한 것 같아 나는 이 상황을 레벤트에게 설명하고, 숙소를 알아봐줄 수 있냐고 물어보는데, 레벤트가 자기 집에서 자도 된다는 의외의 답변을 한다. 우와! 좋지 좋아! 생각지도 못한 만남과 레벤트의 의외의 대답에 우리는 같이 하루를 보낼 수 있게 되었다. 그렇게 우리는 함께 레벤트의 집으로 향한다. 동행 둘을 데리고 집으로 향하는데, 내가 그들이 머물 곳을 구해줬다는 생각에 어깨에 조금 힘이 들어간다. ㅋㅋㅋ 으하하핫.

집에 도착하여 그들의 짐을 푸는데, 레벤트가 머뭇머뭇거린다. 동행들도 어쩔 줄을 몰라 머뭇머뭇. 이분들의 방을 안내해줘야 할 텐데. 레벤트에게 물어보니 잠시 정리를 하겠단다. 재차 물어보니, 내게 자초지종을 설명한다. 그의 집에는 방이 두 개 있는데, 하나는 그의 방, 그리고 다른 하나는 내게 준 방이다. 실상 이 분들의 방은 따로 없는 상태. 그런데 그들은 실제로

커플이 아닌, 그저 동행이기에 조금 상황이 곤란해졌다. 레벤트와 어떻게 해야 할까. 머리를 싸매다가 결국 내가 머무는 곳을 동생에게 주기로 하고, 나와 레벤트는 같은 방을 쓰기로 한다. 아무래도 동생은 숙녀이기에 내 방을 그녀에게 줘야 할 것 같다. 그리고 다른 형님은 거실의 쇼파에서! 이렇게 그의 고민, 아니 우리의 고민은 해결! 결론은 내 방을 여동생에게 내주었다. ㅠㅠ 에스더 동생! 예뻐서 봐주는 거야!ㅅㅅ

우리 넷은 이렇게 잠자리 문제를 해결하고 거실에서 서먹서먹한 분위기를 연출. 12시가 넘어가고 있는데 아무도 잘 생각을 하지 않는다. 레벤트를 살짝 쳐다보니 쇼파 위에서 졸고 있다. 아마 우리 때문에 졸려도 방에 들어가지 않고 있는 모양이다. 나는 일기를 쓰고 자야 하는데, 내가 안 자면 잠자리를 공유(?)하는 레벤트도 들어가서 자지 않을 것 같아서 나는 하던 것을 멈추고 방에 들어가 잠을 청한다.

33일차 주행거리 81km / 총 주행거리 1,754km
33일차 지출 0.95리라(간식 0.95) / 총 지출 880.65리라+188.63유로

만남과 헤어짐을 맞이하는 내공이 쌓이다

참으로 평화롭고 여유로운 아침, 우리 모두 정원에서 커피와 함께 아침식사를 한다. 동행 두 분은 웜샤워와 카우치서핑 같은, 내가 이용하고 있는 시스템이 처음이다. 그래서 그런지 이러한 호스트의 호의에 입을 다물지 못한다. 헤헤. 이게 웜샤워랍니다. ㅋㅋ 어제까지만 해도 여동생인 에스더 양은 남자 호스트여서 불편하다며 아침에 같이 떠나자고 했었는데, 오늘 아침에는 그냥 여기에 머무르고 싶단다. 레벤트가 참 착하지, 게다가 훈남이기까지! 그래서 나는 오늘 아침에 떠나지만, 나를 통해 머무를 곳을 찾은 그들은 이곳에 하루 더 머무르겠다고 한다. 레벤트는 언제나 OK라며, 그리고 오늘은 시내 가이드를 해주겠단다. 그들은 이에 폭풍 감동을 받고.

나도 물론 그들과 함께 안탈랴에서 하루를 더 보내고 싶지만, 오늘 꼭 떠나야 하기에! 그들과 작별인사를 나눈다. 다음 도착지인 알라냐에서의 호스트가 내일 이스탄불로 떠난다며 오늘밤에 호스팅을 해줄 수 없다는 답변이 왔기에 자전거에 올라야 한다. 이 넓은 터키 땅에서 그들과 다시 재회했는데, 헤어지려니 아쉬운 맘이 크다. 여행하면서 모두가 다 조심해야 하지만, 그들이 부디 안전하게 여행을 마쳤으면 하는 바람이 크다. 여행을 하면 할수록 만남과 헤어짐을 맞이하는 감정에도 내공이 쌓이는 듯하다.

오전 10시, 비로소 자전거에 올라 내 길을 떠난다. 오늘 구간은 약 140km정도. 그런데 도로가 너

무~~ 좋다. 진짜 매일같이 이런 도로만 달리고 싶다. 아마 터키에서 가장 깔끔하고, 자전거 타기 좋은 도로가 아닐까 싶다. 안탈랴 주, 진짜 최고다. 10 point! :)

10시에 출발해서 일곱 시간만에 140km 구간을 도착하는 경이로운 기록을 세운다. 여기엔 물론 점심시간이 포함되어 있다. 도로가 깨끗하여 휴식시간은 전혀 필요치 않았다. 알라냐에 도착해 오늘의 호스트에게 전화를 거니, 5분도 안 돼 나를 맞이하러 나온다. 오늘 웜샤워 호스트의 이름은 무스타파. 53세이시며 자전거를 취미로 즐기시는 분이다. 짐을 풀자마자, 무스타파가 시내 구경을 시켜준단다. 그의 차를 타고 알라냐 시내가 한눈에 보이는 알라냐 성에 올라가 사진을 찍으며 경치를 감상한다. 그리고 카페에서 맥주와 함께 괴즐레메를 맛본다. 마침 오늘은 그의 조카 생일이어서 저녁에 온 가족이 모여 생일파티가 있을 거란다. 나는 제대로 된 터키 음식을 맛볼 수 있게 되었다! 시내 구경을 마친 후, 우리는 그의 친척네 집으로 향한다. 무스타파네는 대가족이다. 스무 명 남짓한 대가족이 한데 모여 조카를 위한 생일 파티를 한다. 처음 만났지만 그래도 생일인데 내가 해줄 수 있는 게 뭐가 있나 곰곰히 생각하다가, 그들에게 폴라로이드 사진을 찍어주기로 한다. 아이들에게 사진을 찍어 필름을 건네주니, 참으로 좋아한다.

그리고 거기서 처음으로 터키 전통 술인 라키를 맛보게 된다. 잔에다가 라키를 조금 따른 후 물을 부으니, 투명했던 라키원액이 불투명하게 변하는 게 아닌가! 신기방기 +_+ 물을 섞어서 그렇게 독하지는 않다.(그래도 40도!) 내 타입은 아니다. 난 그냥 맥주가 좋다.

좋은 소식! 무스타파의 사촌이 아다나에 살고 있어서 그 친척이 나를 호스

나는야 뽀통령?　　　터키 전통주 라키　　　무스타파 부부

트해줄 수 있다는 답변을 받는다. 구두로만 답변을 받고 연락처를 받지는 않았지만, 무스타파에게 말하면 긴급 상황에서 도움을 요청할 수 있을 것이다.

오늘 자전거를 타면서 나를 호스팅해주는 그들에게 어떤 특별한 것을 해줄 수 있을까 골똘히 생각해보았다. 한참을 생각하다 떠오른 건 바로 파전! 밀가루와 파, 계란만 있으면 된다. 한인 식품점이 없어도 충분히 요리할 수 있는 메뉴이며, 무엇보다 무슬림에게도 괜찮은 음식이다. 내일부터 이틀 동안은 한 곳에서 머무를 계획이어서 호스트에게 파전을 해줄 계획이다!

알라냐에서 무스타파가 내게 이런다.
"다른 거 다 필요 없고, 네가 가진 최고 무기는 미소(smiling)다."

34일차 주행거리 140km / **총 주행거리 1,894km**
34일차 지출 3.95리라(점심 2.5, 간식 1.45) / **총 지출 884.60리라+188.63유로**

미소 하나 달랑 메고, 써니의 80일간 자전거 터키일주

쪼리를 신고, 배낭을 메고 달리다!

자전거를 타고 여행하는 나를 처음 보는 사람들은 고개를 갸우뚱거린다. 그렇다! 바로 차림새 때문인데, 보통 자전거 여행자들은 제대로 장비를 갖추고 자전거 앞뒤로 패니어를 달고 달리기 마련이다. 그러나 나는 Flip-flop shoes(흔히 말하는 쪼리)를 신고 배낭을 메고 달린다. 그 이유를 물어보신다면야… "그냥 편해서" 라고 밖에 답을 할 수가 없다. 진짜 편하다! ^^

실제로 자전거 신발이라 일컫는 클릿슈즈는 생전 신어본 적이 없다.(비싼 신발. 내게는 사치야 사치~) 여행기간 동안 주로 신는 신발은 쪼리, 그리고 여분으로 챙기는 신발은 아쿠아슈즈다.

현지인, 다른 자전거 여행자 할 것 없이 모두들 묻는 게 있다.

Q: 패니어를 달지 않고, 배낭을 메고 달리면 어깨에 부담이 많이 갈 텐데요?

A: 아무래도 그렇죠. 어깨가 많이 아파요. 근데 편해서 이렇게 다녀요. ㅎ.ㅎ

Q: 어깨가 아픈데 편하다구요?!

A: 넵! 몸은 조금 고통스럽더라도 전체적으로 따져보면 패니어보다 훨씬 편해요. 예를 들어 한 도시에 들러 자전거를 놔두고 도보로 그곳을 돌아다녀야 한다면, 배낭을 메고 다니는 저는 자전거만 안전한 곳에 맡겨두고 바로바로 움직일 수가 있거든요. 그러나 패니어는 그럴 수가 없거든요. 주구장창 달리기만 하는 여행이 아니기 때문에 만약의 경우를 대비해 기동성 있게 배낭을 메고 달린답니다. ^^

 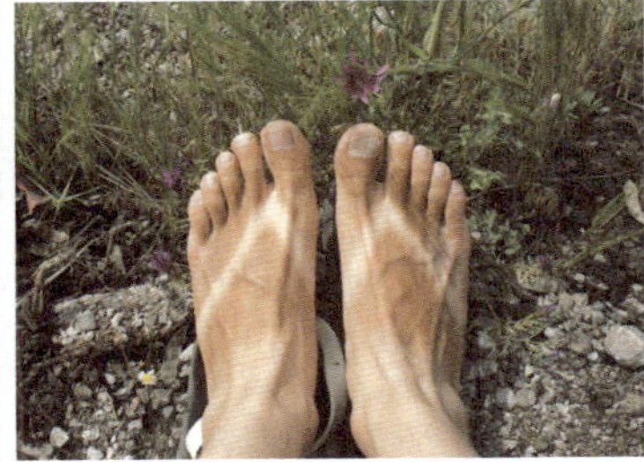

칼을 든 남자

분위기 있는 방에서 편안한 침대에서 하루를 보내니 온몸이 개운하다. 아침으로 무스타파의 아내가 직접 만든 귤빵(?)과 커피를 마시고 집을 나선다. 아, 무스타파에게서 이른바 'Eat map'을 습득한다. 어젯밤 그는 나에게 터키에서의 관심사가 뭐냐 물었고, 나는 '음식과 사람들'이라고 답했다. 무스타파는 이걸 기억하고 있다가 각 지역마다 어떤 음식이 유명한지를 적어주었다. 무스타파가 적어준 음식들을 꼭 맛봐야겠다!

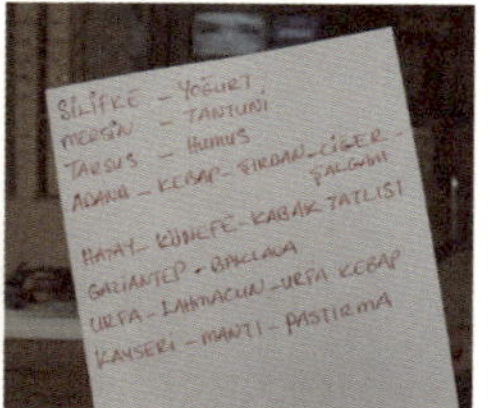

알라냐의 다음 도시인 가집파샤(Gazipaşa)까지는 길이 그리 험하지 않다. 초반 60km 가량은 시속 20km대 페이스로 달리다가 휴식을 취한다. 이제부터가 문제. 어젯밤 구글맵에서 확인해본 바로는 앞으로 up and down, up and down의 연속이다. 죽는 줄 알았다. 한 시간 달리고 30분은 꼬박 쉬어야 몸이 풀리는 듯하다. 오늘은 진짜 히치하이킹 없이 쭈욱 달리고 싶었는데, 몸이 말을 듣지 않는다. 스위스에서는 어떻게 달렸나 몰라.

산골 깊숙한 곳에서 히치하이킹을 시도한다. 차가 별로 다니지 않는다. 게다가 나는 선택의 폭이 너무 좁다. 자전거 때문에 일반 승용차는 탈 수 없는 상황. 30분 정도 지났을까? 나의 손짓에 대형 트럭 한 대가 멈춰 선다. 다

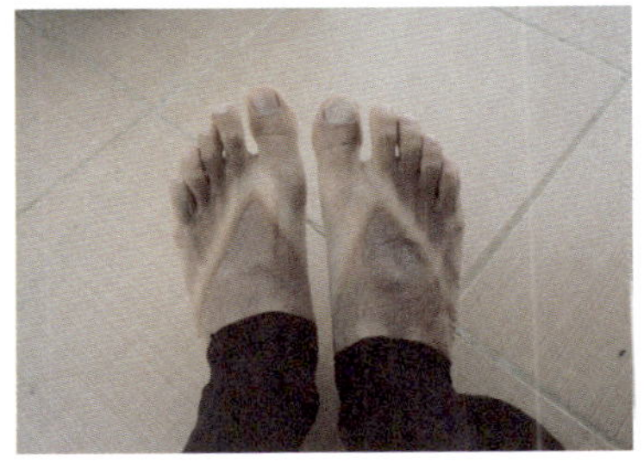

행히 내가 가는 방향인 아나무르(Anamur)로 가신단다! 자전거를 뒤에 싣고, 조수석에 오르는데 아뿔싸! 운전석 옆에 카…칼이 놓여 있지 않은가. 몸이 금세 경직된다. 머릿속에서는 카쉬에서 제이넵이 들려준 히치하이킹 괴담과 함께 오만가지 시나리오가 지나간다.

'아… #@^$#%$@^$#$$^&%'

큰 트럭을 특히 조심하라고 했는데… 조그만 공구도 아니고, 과일 깎는 칼보다 조금 더 크다. 휴우~ 침착해야 한다. 정신일도 하사불성(精神一到 何事不成)! 아나무르로 가는 동안 나는 나름 머리를 굴려 차 안이지만 선글라스를 끼고 오로지 그 칼만을 힐끗힐끗 쳐다본다. 선글라스를 끼면 상대는 내가 어디를 주시하고 있는지 모르겠지, 하는 나름대로의 생각. 그런데 점점 눈꺼풀이 무거워진다. 두 시간 정도 산길을 오르느라 땀을 한 바가지 쏟았더니 너무 지쳤나 보다. 쏟아지는 잠을 이겨내려 운전하고 계신 할아버지께 이런저런 질문을 던져본다. 하지만 그것도 잠시. 나는… 저 멀리… 꿈나라로…. 본의 아니게 트럭 안에서 헤드뱅잉을 한다. Sunny야 안 돼! 정신 차려 Sunny야!! 운동 후 쏟아지는 졸음 앞에서는 장사 없나 보다.

정말, 정말, 정말, 본의 아니게 정신줄을 놓았지만, 그 분은 내가 우려했던, 그런 위험한 분이 아니셨다. 아나무르에 도착하니 친절히 나를 깨워주시고.^^;; 너무 긴장한 나머지 그 할아버지 성함도 묻지 못한 채 내려버렸다. 그런데 왜 그 칼이 거기 놓여 있었는지는 아직도 의문투성이. 할아버지! 감사합니다! 그리고 오해해서 죄송합니다!

카우치서퍼와 웜샤워 게스트의 만남

이렇게 35km 가량 히치하이킹으로 점프했다. 아나무르에서 오늘의 목적지인 보즈야즈까지는 약 10~15km. 한 시간을 달려 보즈야즈에 도착! 굉장히 작은 동네다. 이곳에서 이틀 동안 머무르기로 했으니, 내일 하루는 푹 쉴 예정이다. 시내에 도착하여 오늘의 호스트인 인게보르그에게 전화를 걸어 그녀의 집으로 향한다. 때마침 내 속도계가 2,000km를 가리킨다. 올레! 기분 좋다~! ^^ 그녀의 집 앞에서 도착하여 문이 열리기만을 기다리는데,

"안녕하세요."

나를 마중나온 사람은, 어라? 한국인이다! 알고 보니 그녀는 웜샤워 뿐만 아니라 카우치서핑도 하고 있으며, 그 한국인은 카우치서핑으로 이곳에 머무는 중이라고 한다. 나는 당연히 웜샤워로 컨택! 어쩌다 보니 터키 시골 동네에서 웜샤워와 카우치서핑으로 한국인 여행객을 만나게 되었다. 나보다 두 살 많은 그의 영어이름은 주. 6개월 동안 세계를 여행중이신 분이다! 어쩐지 처음 볼 때부터 뭔가 포스가 느껴지더라. 이런 작은 시골 동네에서 3일 간이나 머무르시다니… 행동이나 말투에서 엄청난 여유가 느껴지는 걸 보니 이런 여행을 좋아하시나 보다. 그나저나 집에 도착하자마자 인게보르그의 딸인 다니엘이 사스(터키 전통악기)를 연주한다. 그래, 잘하네. 그런데 나 좀 씻고 나서 감상하면 안 될까^^;;

샤워를 마친 후 나와 주 형님, 그리고 이들 모녀는 저녁을 먹으러 근처 레스토랑으로 향한다. 우와, 너무 맛있다. 배가 고파서 더 그렇게 느껴졌던 것일까? 생각해보니 점심을 먹지 않았구나. 오늘 참 다이나믹했지. 터키쉬 커피로 디저트까지 말끔히 챙겨 먹은 후 다시 집으로 돌아온다.

집에 돌아오자마자 인게보르그는 바로 잠자리에 들고(현재시각 9시), 우리 둘은 나란히 쇼파에 눕는다. 앞으로 우리가 이틀간 머무를 보금자리. 그

너무 맛있어 ㅠㅠ

런데 터키 여느 지방에서는 볼 수 없었던 모기들이 득실거린다. 짐작컨대 오늘밤, 모기와의 전쟁이 예상된다. 자정이 넘어도 졸리지는 않는다. 하지만 우리에겐 내일도 있기 때문에! 쇼파에 누워 오지 않는 잠을 청해본다. 내일 하루는 푹 쉬어야지. 얼마 만에 갖는 휴식인가!

35일차 주행거리 107km / 총 주행거리 2,001km
35일차 지출 7.65리라(간식 7.65) / 총 지출 892.25리라+188.63유로

대망의 파전을 선보이다! 그러나…

간밤에 모기새끼들 때문에 잠을 제대로 설쳤다. 아, 정말 최악… 새벽 2시에 모기 소리에 잠에서 깨어났는데, 옆에서 자고 있던 주 형님도 마침 잠에서 깼다. 불을 켜고 우리는 모기사냥에 나선다. 눈에 보이는 모기를 잡으니, 아주 그냥 우리의 피를 맛나게 잡수셨는지 피가 팡팡 터진다. 으… 잠이 오질 않는다.

"윙윙~!"

앉아서 가만히 있는데도 모기들이 마치 나를 놀리는 것처럼 귓가를 맴돌며 괴롭힌다. 3시나 되었을까. 이불로 온몸을 감싼 채 다시 잠이 든다.

6시에 다시 한번 깨어난다. 뭐야, 이건! 네 시간도 채 못 잤잖아? 화장실에 갔다가 다시 잠에 들려 했지만, 이른 시각에 기상한 인게가 거실로 나온다. 나와 주 형님은 거실 쇼파에서 생활하기에 더 이상 잘 수가 없다. 이렇게 오늘 하루는 강제로 시작한다. 잠을 많이 못 잤는데도 피곤하지는 않다. 인게가 아침을 준비해준다. 전형적인 터키의 아침식사인 카흐발트, 그리고 발코니에서 맞이하는 커피 한잔의 여유. 캬… 정말 평화로운 일요일 오전이다. 인터넷을 하며 그동안 못했던 숙소 컨택과 지인들에게 생존신고를 한다. 오전과 오후 내내 이렇게 여유로운 시간을 보내고 오후 느지막한 시간에는 잠깐 나가서 장을 본 후 이들에게 파전을 요리해줄 예정이다.

오후 내내 집 안에서 빈둥거리다 다니엘과 주 형님의 대화에서 갑자기 낚시와 수영 얘기가 나온다. 오! 낚시는 땡긴다. 우리 공주님인 다니엘에게 물어보니 수영이 하고 싶으시단다. 그래서 주 형님과 나는 다니엘을 데리고 바로 앞 바닷가로 향한다. 나는 수영을 못하는 데다, 할 생각도 없었기 때문

1. 다니엘의 작품 2. 다니엘! 이 날씨에 수영을 하자고?! 3. 쪼리 모양으로 발이 타버렸다

에 수건도 안 챙겨왔는데 주 형님과 다니엘은 수건도 챙겨오고, 다니엘은 수영복까지 입고 왔다. 하지간 날씨가 너~무 좋지 않다. 이런 날씨에 물속에 들어갔다간 감기에 걸릴 게 분명하다. 다니엘 공주님은 바다에 들어가서 수영을 하자고 아우성이다. 땡강도 이런 땡강이 없다. 네가 감기 걸리면 우리 책임이란다. ㅠ.ㅠ 결국 주 형님과 다니엘의 끈질긴 협상(?) 끝에 딱 5분간만 수영을 하기로 한다. 입수 후 5분 경과. 물속에 들어간 다니엘은 전혀 나올 생각을 하지 않는다. 그래서 재협상 돌입. 제2차 협상 결과, 돈두르마(아이스크림)를 사준다는 조건으로 수영은 끝. 10살 먹은 우리 공주님, 한고집 하시는 대단한 협상가다.^^ 이 공주님을 누가 데려가실지….

집으로 돌아와 나와 주 형님은 오늘 저녁, 이들에게 파전을 해주기 위해 장을 봐온다. 파, 밀가루, 그리고 아이란으로 요리 시작! 파전은 호주에서 자취를 할 때 종종 해먹던 음식이라 두 팔 걷고 자신 있게 요리를 시작한다. 주 형님은 옆에서 나를 코치해주시고. 주 형님은 한국에서 요리를 좋아하셨단다. 역시 손놀림과 그 섬세함이 남다르다. 첫 번째 부침은 뒤집기 실패. 그 뒤부터는 주 형님께서 팔을 걷어붙이신다. 해물이 없어 모양새는 별로지만 그래도 냄새부터 꽤 먹음직스럽다. 큼지막하게 3개를 부치고 나서야 다니엘과 인게를 불러 저녁식사를 시작한다. 어제부터 계속 느끼는 건데, 이 둘은 맨날 싸운다. 누구 잘못인지는 모르지만, 내가 봤을 땐 둘 다에게 잘못이 있다. 손님들 놔두고 어디서 싸움질이야.

대망의 한국음식 시식. 나도 터키에 넘어와서 처음 한국음식을 요리해

보고, 맛본다. 한입 베어무는 순간,
'오~! 한국의 맛. ㅠㅠ'
"아악!!!"
옆에 있던 다니엘이 악을 쓰며 휴지를 달라고 소리친다. 휴지를 주니 입 안에 있던 파전을 뱉어버리며 또 성질을 낸다. 이제는 우리에게!

내가 터키어를 완전히 모르는 건 아니다. 그런데 이 말이 들려온다.

"이스테미요룸!"

한국말로 "싫어!" 아무리 입맛에 안 맞아도 그렇지. 그렇게 화를 내며 뱉어버리는 건 예의가 아니잖아요, 공주님. ㅠㅠ 이 상황에서 주 형님은 미안해서 어쩔 줄 몰라 하시는데, 나는 좀 화가 난다. 자기들이 한국음식 기대한다면서 꼭! 해달라고 했으면서, 이런 식의 반응을 보이는 건 아니지 않은가. 게다가 인게의 뒷말이 내 심장에 비수를 꽂는다.

"너희들, 결혼하면 요리는 잊어버리는 게 좋을 거야."

나는 묵묵히 파전을 모두 해치운다.

'나 이래봬도 요리 좀 하는데.'

계속되는 그녀의 말들이 귀에 거슬리는데, 남자 이야기로까지 번진다. 한

국남자들 성격이 부드럽지만 애인 상대로서는 악을 지르면서 싫단다. 우리도 아줌마… 아니예요. ㅎㅎㅎ

찜찜한 저녁식사가 끝나고 주 형님과 나는 쇼파에 누워 이런저런 이야기를 나눈다. 공통된 의견은 이 집은 절대 편한 집은 아니라는 것. 그녀의 독자적인(?) 행동이 게스트들을 불편하게 한다. 나 또한 그렇게 느끼고 있다. 한 가지 예를 들자면, 우리는 인게가 앞에 있을 때는 한국어 사용을 금지 당했다. 자신이 이해할 수 없어 욕을 하는지 모른다는 게 이유. 나를 반겨주는 호스트들에 대해서 평가하는 것도 예의가 아니긴 한데, 기분이 너무 언짢았기에… 뒷담화를 잠시 해본다.

그나저나 어젯밤에 잠을 제대로 못 자서 너무나 피곤하다. 오늘밤도 모기와의 사투를 벌이겠지. 우리는 꿈나라에 입성하기 전, 모기를 몽땅 잡아버리자며 모기를 찾아 나선다. 한 마리, 두 마리, 세 마리. 더 이상 보이질 않는다. 하지만 새벽이 되면 내 귓가에 녀석들의 소리가 울리겠지. 내일은 7시에 출발할 예정이다. 기상 시간 아니고 출발 시간.

주 형님은 6시 50분 버스를 이미 예약해놓은 상태. 나도 내일은 언덕이 많아 장시간 라이딩을 하게 될 예정이다.

본격적으로 터키어를 배워볼까?

"No!!!!!!!!!!!!!!!!!!!"

날벼락이라도 났나? 소란스런 소리에 잠에서 깬다. 시간을 보니 6시. 인게가 냉장고를 열더니 아침 일찍부터 소리를 꽥 지른다. 무슨 일인고 하니, 계란이 3개밖에 없어서 그렇게 소리를 지른 것 같다. 나더러 어제 네가 요리하면서(파전) 계란을 써가지고 4명인데 계란은 3개밖에 없으니 한 명이 계란을 못 먹게 생겼다는 것이다. 그냥 내가 안 먹으면 되지 그게 뭐 그리 큰일이라고 아침부터 버럭대는지, 먹을 거 가지고 그렇게 욕심 부리면 더 안 돼요~ 그렇게 강제적으로 잠에서 깨어, 주 형님을 따라 나도 덩달아 짐을 싸기 시작한다. 6시 반이 되자 주 형님은 아침도 먹지 않고 인게 집을 떠난다. 떠나기 전, 형님께서 나에게 영양보충을 하라며 인도에서 구매하신 영양제 한 통을 주신다. 감동이다. +_+

주 형님! 이틀간 함께 이곳에 머무르면서 여행 후배로써 형의 여유롭고 아량 넓은 모습 많이 배웠습니다! 그리고 남은 6개월 가량 되는 기간도 아무 탈 없이 마무리했으면 좋겠어요! 우르파에 가서 형이 소개해준 호스트에게 폐가 되지 않도록 할게요. 감사합니다! 어디선가 또 만날 인연이라 굳게 믿어요. 안전여행!

주 형님이 게스트노트(방명록 같은 것)에 글 쓰는 것을 깜박하고 떠나자 인게는 시간이 촉박한 형을 붙잡으며 쓰지 않으면 못 떠난다고 엄포를 놓는다. 그 외중에 주 형님은 좋은 말들만을 남겨준다. 이제는 나의 차례. 무엇이? 인게의 투덜거림을 받아줄 사람이 나밖에 남지 않았다. 으억! 그런데 주형님이 떠나자마자 다니엘과 인게가 또 싸우기 시작한다. 그러다 다니엘은 나와 작별인사도 하지 않은 채 울면서 학교에 가버린다. 좀 어지간히 하지… 인게와 나만 남은 상태. 인게의 한풀이가 시작된다. 그리고는 두통이 온다며 더 자야겠다고 침실로 간다. 잉? 나는? 나 떠나야 되는데. 하는 수 없이 거실에서 휴대폰을 만지작거리며 하염없이 인게가 깨어나기만을 기다린다.

9시가 돼서야 인게가 다시 일어나 거실로 나온다. 서로의 안부 메시지를 남겨주며 그제야 집을 나선다. 이틀간 몸도 마음도 치유되지 못한 이 느낌… 모기와의 사투, 그리고 엄격한 규칙들. 이렇게 터키 시골 동네에서의 이틀이 흘러갔구나.

오늘 달려야 할 구간은 약 120km 구간이다. 그런데 잉게는 160km는 된다며 겁을 준다. 나 구글맵에서 찾아봤거든~ 참 못 말리는 모녀. 하늘을 보니 뿌옇다. 왠지 모를 불안감. 일단 바퀴를 굴려본다. 50km쯤 달리니 빗방울이 떨어지기 시작한다. 빗길을 그냥 달릴까, 아니면 히치하이킹을 할까? 멈춰 서서 5분 정도 망설인다. 결국 히치하이킹을 하기로 결정. 나의 손짓에 트럭 한 대가 그냥 지나가더니 이내 후진하여 내게로 온다.

"타수츄?"라는 나의 질문에, 손짓으로 타라는 시늉을 한다. 오케이! 운전기사 아저씨의 이름은 우무트, 메르신으로 가는 길이란다. '바로 메르신으로 가버릴까?' 하는 생각이 잠시 들었지만, 이내 접는다. 우리는 의사소통의 한계로 많은 대화를 나누지는 못한다. 이렇게 의사소통이 안 돼서 말문이 막힌 게 한두 번이 아니다. 앞으로 터키어를 열심히 배워서 대화를 이끌어 나가도록 해야겠다. 그래서 하루에 한 문장씩 터득하기로 결심!

이동하는 트럭 안에서 대화가 없으니 잠이 솔솔 온다. 조수석에서 졸면 민폐인데, 이렇게 머리는 생각하지만 내 손은 지금 안전벨트를 착용하고 있다. 정신줄 놓은 헤드뱅잉에 대비해서.

30분 동안 기절했다가 눈을 뜨니 마침 타수츄 초입이다. 타이밍 좋다. 우무트 아저씨에게 내려달라 하고, 감사인사와 작별인사를 함께 한다. 잠이 덜 깼다. 눈이 떠지질 않는다. 억지로 눈을 떠 시계를 보니 2시. 뭐하지? 어디 들어가서 좀 쉬어야겠다. 근방에 있는 주유소에 들어간다.

"메르하바~."

유쾌상쾌 일느즈 아저씨

터키에서 좀 생활한 짬밥(?)으로 느낀 건데 현지인에게 자연스럽게 다가가면, 이들은 거부반응을 보이질 않는다. 대화가 통하지 않아도 나의 강력한 무기인 미소(^o^)와 자전거가 있기에 아무런 문제가 되지 않는다. 다짜고짜 주유소 직원들에게 악수를 청하며 내 지도를 펼쳐 보인다. 그리고는 그들의 환심을 사려 내 루트를 설명해주는 친근함을 보인다. 그러자 주유소 직원인 일느즈가 차이를 한 잔 내온다. 손짓발짓 섞어가며 일느즈와 나름 재밌는 시간을 보낸다. 그와의 대화 중 대충 이해한 것은 잘 데가 없으면 자기네 집에서 자라는 것이다. 아! 맞다. 오늘 호스트에게 전화해야지. 나의 호스트가 될 메흐멧에게 연락을 취하니 지금은 일하고 있어서 괜찮으면 사무실에 머무르고 있으란다. 나야 좋지~ 이렇게 컨택에 성공하고 주유소를 떠나려 하는데, 일느즈가 잠시 따라와 보라며 나를 끌고 구석진 곳에 위치한 창고로 데리고 간다. 그가 주섬주섬 무얼 꺼내는가 싶더니, 주유소 곽 휴지를 2개 집어 들어 내게 챙겨준다. 우와, 터키 주유소에서도 휴지를 주는구나! 그런데 나는 챙겨갈 만한 공간이 없는데 어떡하지요? 한 개는 꾸겨서 겨우 가방에 넣었으나, 나머지 하나는 들어갈 공간이 없어 일느즈에게 한 개로도 충분히 고맙다고 전하며 돌려준다. 그러나 그는 나머지 한 개를 내 가슴팍에 꽂으며 그냥 들고 가란다. ㅋㅋㅋ 상남자셔. *_*

　주유소에서 얼마 멀지 않은 곳에서 오늘의 호스트 메흐멧을 만나 그의 사무실로 향한다. 지금은 그의 회사 사무실에 빌붙어 와이파이를 쓰고 있다. 엔지니어인 그는 상당히 바빠 보인다. 동료인 코라이에게 들어보니 현재 지중해 연안 도시 아나무르에서 키프로스 사이를 잇는 해저 파이프 건설 사업을 맡고 있단다. 오! +_+ 뭔가 있어 보인다. 6시에 일이 끝난다고 하니 그때까지는 사무실에서 내 시간을 보낼 수 있다. 밀린 일기도 쓰며, 루트에 대해 다시 생각해보는 시간을 갖는다.

　집에 가기 전에 메흐멧은 나에게 조그만 동네지만 시내 구경을 시켜주고, 여기의 자랑인 키프로스로 가는 티켓도 알아봐준다. 타수츄라는 동네는 작지만 키프로스섬으로 향하는 배가 다니는 곳이기에 나름 중요한 거점도시다. 키프로스로 가는 뱃삯이 그냥 궁금해서 가격만 물어봤을 뿐인데, 직접 사무실로 데려가 배편을 알아봐준다. 편도 가격은 75리라. 하지만 현재는 비수기여서 운행을 자주 하지 않는단다. 아마 여름시즌이 되면 더욱 증편될 거라고 한다. 2주 전까지만 하도 키프로스에 다녀올까 생각했지만, 지금은 완전히 접은 상태. 터키 대륙을 도는 것만으로도 빠듯하여 키프로스는 말끔히 포기한 상태다.

　아무도 없는 고요한 밤, 지중해 바다를 앞에 두고 한적한 벤치에 앉아 돈두르마와 함께 세상사는 이야기를 나눈다. 이 형님은 나의 여행에 관심이 굉장히 많은가 보다. 일정에서브터 어떻게 여행하는지 아주 상세하게 물어본다. 메흐멧은 몇 년 전에 이혼해서 이곳에서 혼자 살고 있다. 아내와 두 아이는 이스탄불에 있으며, 아다나가 고향인데 직업 때문에 이 심심한 동네에서 혼자 살고 계시단다. 혼자 사는 전형적인 아저씨 스타일이지만, 어딘가

모르게 섬세하다. 지갑을 열어 가족사진을 만지작거리시는데, 을씨년스러운 날씨가 아저씨의 현재 마음을 대변해주는 듯하다.

다민족사회

오늘은 메르신으로 가는 날. 밖을 보니 빗방울이 떨어지기 시작한다.

'오늘 구간은 100km지만 대부분이 평지니까 금방 도착할 수 있을 거야.' 오전에 사무실에 눌러앉아 비가 그치기만을 기다린다. 사실 이는 핑계고, 인터넷 하느라 정신 없다. 인터넷을 꼭 해야 하는 이유가 생겼다. 내일 아다나에서 머무를 곳이 마땅치 않기 때문이다. 알라냐에 있을 때 무스타파의 가족이 호스팅해줄 수 있다고 해서 마음 놓고 있었는데, 그에게서 아직까지 연락이 없다. 그래서 혹시 몰라 컨택을 해야 되는 상황. 볼일을 마친 후 떠날까 말까 떠날까 말까 고민되는 상황이 계속 연출된다. 비가 엄청 퍼붓는 것도 아니고, 간지럽게(?) 내리고 있기 때문이다. 조금만 기다리면 그치겠는데 그치지 않는, 이 녀석. 언제까지 나만 따라다닐래? 그만 화해하자 비야···. 날씨가 호전되기만을 기다린 지 어언 네 시간 째. 코라이가 점심을 먹으러 가잔다. 메흐멧은 일이 바쁜지 자리를 비운 지 오래. 코라이와 함께 사내 식당에서 점심을 먹은 후, 이제는 진짜 떠날 채비를 한다. 밖에는 여전히 비가 찔끔찔끔 오고 있다.

코라이와 메흐멧에게 작별인사를 하고 자전거에 오른다. 비는 내리지만 다행히 도로사정은 좋다. 진짜 도로까지 안 좋았으면(자갈밭 포장길 혹은 구불구불 오르막길) 나는 절대 안 달렸을 것이다. 비가 추적추적 내리니 가방에서 카메라를 꺼낼 수가 없다. 코라이가 어제 열심히 둘러볼 곳을 설명해줬건만(코라이는 전직 여행가이드) 모두 패스하고 지나친다. 특히나 키즈 칼레시(KIzkalesi, 처녀의 성)를 보지 못하고 지나치는구나!

과연 이 선택이 옳았을까? 비를 맞으면서까지 라이딩을 해야만 했을까?

답은 "NO." 그러나 오늘은 꼭 달리고 싶었다. 이런 평지를 히치하이킹하면 왠지 손해 보는 느낌이다. 에르데믈리라는 도시에 도착했을 때, 잠시 비가 그친다. 계속된 빗길 라이딩으로 온몸이 젖어 감기가 들 것만 같아 얼른 주유소 화장실로 들어가 옷을 갈아입는다. 그리고는 도로변 노점에서 옥수수를 하나 물고 휴식을 취한다. 다시 라이딩 시작.

터키 옥수수는 소금을 듬뿍 뿌려준다. 짜다 짜!

그런데 5분쯤 달리니 다시 빗방울이 뚝뚝 떨어지기 시작한다! 아… 사이클복도 아니고 그냥 반바지 차림인데, 흙탕물에 젖은 느낌이다. 별수 없다. 그대로 달려야지. 최대한 빨리 도착해서, 다시 옷을 갈아입는 수밖에.

그렇게 빗길을 계속 달려 6시, 오늘의 목적지인 메르신에 도착. 메르신 시

1. 메흐멧과 함께 2. 메흐멧 동료 코라이와 함께   (아래) 선물로 받은 안전조끼와 이들이 하는 사업

내에서 한참을 헤맨 끝에 호스트인 멜리흐와 만나게 된다. 멜리흐는 혼자 살고 있는 38세 남성. 핀란드에서 전기 관련 노하우를 전수해주고 있다는데 자세히는 이해할 수 없었다. 그를 따라 집으로 가니, 혼자 사는 남자의 전형적인 스타일이 펼쳐진다. 내 방에는 에어 침대뿐, 이불과 담요는 없다. 이 지역이 추운 곳이 아니라서 천만다행!

샤워하고 세탁기를 돌린 후 멜리흐는 나에게 저녁을 준비해주겠단다. 그런데 여기는 메르신이다. 바로 탄투니가 유명한 메르신이라구! 나는 멜리흐에게 꼭! 탄투니를 먹어야겠다고 내 의견을 당당히! 말한다. 멜리흐는 알았다며, 탄투니가 맛있는 집으로 나를 데려가 주겠단다. GOOD! 향한 곳은 바로 아래층에 위치한 식당. 그냥 동네 구멍가게인 이곳. 맛있는 곳 맞겠지? 귀찮아서 여기로 데려온 거 아니겠지? 이웃사람이라서 그런지 더 친절히 대해주며 동네 사람들이 하나둘씩 모여든다. 이방인인 내가 신기한가 보다.

멜리흐 말에 따르면, 이 동네에 터키 사람은 딱 두 명밖에 없단다. 자신과 자신의 친구. 모두 시티아인과 쿠르드족, 아라비안이라는 게 그의 설명. 이곳에서 처음으로 쿠르드족을 보았다. 호호, 동양인인 내가 그들을 구별할 수 없는 건 당연한 일. 아마도 서양인이 일본인, 중국인, 그리고 우리나라 사람을 구별하는 것과 똑같겠다. 스포트라이트를 한몸에 받으며 드디어 탄투니 시식! 음… 맛은 솔직하게 말해서 이스탄불에서 뭣 모르고

(위) 탄투니 (아래) 바이올린 켜는 멜리흐

먹었던 탄투니가 더 맛있었다. 기대를 너무 많이 해서일까? 한편으론 '이게 왜 이렇게 이 지역에서 유명하지?' 라는 생각도 든다. 뭐, 맛없는 건 아니니까 괜찮다! EAT MAP에서 메르신 미션 성공!

저녁을 달랑 탄투니 하나만 먹어서 그런지 입이 심심하다. 집에는 와이파이도 되지 않아 시내 구경도 할 겸 느지막히 들어올 생각으로 집을 나선다. 밤 10시가 넘었지만, 메르신 시내는 아직도 한창이다. 한쪽에는 쿠르디쉬(쿠르드족)들이 모여 그들의 전통춤인 하라이를 추고 있고, 한쪽에서는 저마다 야밤의 즐거운 한때를 보내고 있다. 길거리를 지날 때 누군가가 나를 불러 세운다. 호기심에 그들과 이야기를 해본다. 양손에 돈두르마를 쥐고 맛있게 먹고 있는 그들은 시리아인이란다. 다행히 영어는 조금 할 줄 알아 대화는 통한다. 잠시만 기다려 보라고 하더니 나를 위해 돈두르마를 하

미소 하나 달랑 메고, 써니의 80일간 자전거 터키일주

나 사온다. 오! 친절하셔라. +_+ 그들과 함께 식당 밖 의자에 엉덩이를 붙이고 이런저런 이야기를 나눈다. 이번에도 소재는 나의 여행 이야기. 나에 관한 그들의 궁금증을 모두 해결시켜 주고 난 뒤 떠나려던 찰나, 한 무리의 시리아인들이 나를 집으로 초대한다. 같이 네스카페(터키에서는 믹스커피를 네스카페라 부른다) 마시자며. 그들의 호의는 좋은데 왠지 모르게 무섭다. 여기서부터는 정말 조심해야겠다고 생각하며 그들의 호의를 정중히 거절한다. 이내 자리를 뜨고 나는 다시 시내를 둘러보러 움직인다. 맛의 고장이라 그런지 곳곳에 '큐네페' '돈두르마' '탄투니' '바클라바'가 적혀 있는 식당 간판들이 즐비하다. 아랍어도 함께.

　1시간 남짓 거닐었나? 밤늦게 홀로 돌아다니는 건 조금 무리가 있는 것 같다. 혼자가 아니면 가능하겠는데, 나를 보는 눈초리들이 왠지 심상치 않다. 시계바늘은 어느덧 12시를 향해 달려가고 있다. 더 늦기 전에 집으로 돌아가야지. 그러고 보니 배가 좀 출출한데 뭘 먹질 않았다. 그래서 0.75리라 하는 타틀르(스위티)와 나에게 돈두르마를 사주었던 그 탄투니 집에 들어가 탄투니를 하나 먹고 집으로 돌아온다.

케밥의 땅, 아다나!

이불도 없이 잤는데 그다지 춥지 않았다. 다만, 다만, 새우잠을 잔 탓에 영 개운하지가 않다. 그리고 어제 밤늦게 배불리 먹어서인지 뱃속에서 요동을 친다. 아침부터 화장실을 들락날락. 9시가 넘었는데, 아무런 소리가 들리지 않는 걸 보니 아직 멜리흐는 자고 있나 보다. 와이파이도 되지 않아 나는 어제 쓰다만 일기를 마저 쓰고 짐을 꾸린다. 11시… 이제는 떠나야 할 때. 창밖을 보니 어제는 그렇게 비가 내리더니 오늘은 화창하다. 자고 있는 멜리흐 방을 똑똑똑!

"멜리흐, 지금 나 떠날 시간이야."

"오… 그래? 아침은 먹었어?"

"아니, 속이 안 좋아서 안 먹어도 될 것 같아."

"그래, 잘 가."

참 쿨한 작별인사. 메르신 시내를 벗어나 아다나로 곧장 향한다. 아다나까지의 이정표를 보니 그렇게 멀지 않다. 70여km. 사방을 둘러봐도 산은 보이질 않는다. 아싸~! 도로 상태도 매우 좋다. 너무너무 좋다. 두 손 놓고도 타보고, 카메라를 찍으면서도 타보고 신난다. 타르수스를 지나서야 아다나 주를 알리는 표지판이 보인다. 오! 드디어 Land of kebab에 도착했구나! 케밥의 땅 아다나!

아다나는 터키에서 4~5번째 규모의 대도시이며, 무엇보다 케밥

드디어 케밥의 땅, 아다나에 도착!

의 고장으로 유명하다. 현지인들이 귀띔해주기를, 아다나에서 케밥을 먹어보지 않고는 터키에서 케밥을 먹어봤다고 할 수 없단다. 어쩜 타이밍도 이렇게 잘 맞는지 아다나에 진입하자마자 길가에서 맛있는 냄새가 코를 자극한다. 곧장 자전거를 멈춰 세우고 냄새의 근원지를 찾아 두리번거린다. 도로변에서 그릴에 염소를 구워서 팔고 있다. 이 음식의 메뉴는 쿠주 피르졸라(Kuzu pirzola)라고 하는 케밥의 종류. 그렇지 않아도 배가 고파 허기를 달래려던 참이었는데! 아다나에 진입해서 첫 끼니로 아다나 케밥을 먹고 싶었지만, 요 녀석이 나를 자극한다. 가격을 물어보니 15리라. 오홍, 비싸잖아? 괜찮아. 여기는 아다나야. 음식을 주문하고 나오기를 기다리다가 옆에서 먹고 있던 아저씨들과 친해진다. 아저씨들은 자기들이 먹던 음식을 한입 주며 이게 바로 쿠주 피르졸라라며 잘 선택했단다. 그리고 오면서 자전거 타는 너를 봤는데, 어떤 ㅁ친놈인가 했단다. ㅋㅋㅋ 어떤 미친놈을 이곳에서 만나셨군요. 와~ 그런데 맛이, 맛이! 정말 환상이다. 안 먹고 지나쳤으면 후회했을 뻔했다. 부르사에서 먹었던 이스켄데르 케밥보다 더 맛있다. 그렇다면 이 음식이 터키에서 지금까지 맛본 넘버원 음식으로 등극?

금상첨화로 와이파이까지 잡히는 게 아닌가! 대학 후배 민경이가 안부와 응원글을 보내주었다. 이런 메시지들, 사소하지만 너무나 큰 힘이 된다!

약 두 시간의 거한 점심식사를 마친 후, 다시 아다나 시내로 힘차게 페달

아다나의 사반치 중앙 모스크(Sabancı Merkez Camii). 이스탄불 블루모스크와 같이 첨탑이 6개다. 보통 모스크는 첨탑의 개수로 그 규모를 짐작하는데 그만큼 웅장한 규모라는 뜻!

을 굴린다. 한 시간 정도 사뿐히 달리니 아다나 시내다. 오늘의 호스트인 하산에게 전화를 하니 내가 있는 곳으로 15분 이내에 오겠단다. 이렇게 하산과의 만남이 성사! 하산은 제일 먼저 나를 아다나의 유일한 볼거리(?)인 모스크로 데려간다. 하산은 자전거가 없기 때문에 함께 걸어가기로 한다. 날씨가 너무 덥다. 자전거면 몰라도 걷는 건 지친다. 아마 내가 이고 있는 무겁디무거운 배낭 때문에 하중을 견딜 수 없어서일 것이다. 자전거를 탈 때는 무겁단 생각이 전혀 들지 않는데. 그렇게 힘들게 걸어 도착했건만 예배 시간이라서 들어갈 수 없단다. 하는 수 없이 발길을 돌려 우리는 걷고 또 걷는다. 하산은 대학교에서 영어교육을 전공하고 있는 22세 청년. 그를 만나고 안 사실인데, 하산은 학교 기숙사에 살고 있어서 나를 호스트해줄 수 없단다. 대신 고향 친구이자 같은 과 친구인 올누르가 나를 재워주기로 했단다. 지금은 올누르네 집으로 향하는 길. 너무 덥고 짐이 무거워서 걸어서 올누르네 집까지 몇 분 걸리는지를 물어보니 30분 걸린단다. 하하하하하… 이건 아니잖아. ㅠㅠ 나름 머리를 굴려 제안을 하나 한다. 나는 자전거를 타고, 너는 버스를 타고. 대신 만나는 장소만 나에게 알려달라고 한다. 그렇게 해서 나는 다시 자전거에 오르고, 하산은 버스를 타고 약속한 지점으로 각자 출발. 나는 10분 뒤 약속 장소에 도착. 역시 도시 내에서는 자전거가 빠르다. 조금 기다리니 하산이 도착하고, 우리는 주인이 없는 올누르 집으로 향한다. 가는 내내 하산이 내게 별 기대는 하지 마란다. 70년 된 집이라고… 학생이니 그렇게 큰 기대는 안 했던 건 사실이지만, 흑… 70년이라니… 그래도 머물 수 있는 곳이 있는 게 어딘가.

올누르 집은 와이파이가 잡히질 않는다. 생각해보니 4일 연속이다. 내일 머무를 곳도 확실히 정해지지 않았는데, 오늘까지 와이파이를 못하면 곤란한데. 짐을 푼 후 와이파이를 잠시 써야겠다며 밖으로 나가자고 하산을 조른다. 우리는 버스를 타고 하산의 대학교로 향하는데 중간에 운전기사 아저씨가 내리란다. 너무 늦어서 대학교까지 안 간다고. 이건 또 무슨 경우야… 지금 8시도 채 안 됐다. 버스에서 내려 카페를 찾는데, 하산이 말한다.

"오 마이 갓, 나 휴대폰을 두고 왔어. 올누르 집에 다시 돌아가자."

아, 이 친구 좀 허술하네. ㅋㅋㅋ 올누르의 전화를 기다리려면 그의 휴대폰이 필요했지만, 다시 돌아가기가 싫었다. 그래서 머리를 싸매봤는데, 그의 친구나 지인에게 올누르의 전화번호를 물어보면 해결될 것 같다. 하산은 바로 내 휴대폰으로 가족에게 전화를 걸어 올누르의 번호를 확인한다. 다행히도 둘이 고향 친구여서 가족들이 번호를 알고 있었던 모양. 그렇게 우리는 헛걸음하지 않고, 카페에 자리를 잡는다.

"너, 나르길레(물담배) 펴봤어?"

"아니, 나 담배 안 피워."

"그래? 한번 펴봐! 이건 중독성도 없어."

하산

올누르

써니

오우, 이렇게 해서 카페에서 물담배를 처음으로 시도해본다. 그것도 딸기 향과 바나나향이 섞인 달콤한 향으로. 그런데 별 느낌이 없었다는 건 함정. 아마 내가 담배를 피우지 않아서 아직 담배의 맛을 모르는 것일까? 마실 걸로는 '사흘렙'이라는 우유와 견과류를 섞은, 마치 율무차 비슷한 걸 처음으로 도전해본다. 맛은 좋다! 앞으로도 혼자 카페에 온다면 다시 먹어보고 싶은 차. 노트북을 들고 왔기에 인터넷을 연결해 앞으로의 카우치서핑을 컨택하고 있을 때 올누르가 학원을 마치고 합류한다. 이런저런 수다를 떨고 저녁을 먹기 위해 다시 그의 집으로 돌아온다.

10시가 넘었는데, 아직 저녁을 먹지 않았구나. 이곳은 아다나이기에 아다나 케밥을 먹고 싶었지만 하산이 자신의 요리실력을 뽐내고 싶었는지 자꾸만 자기가 요리를 해준다고 한다. 그를 믿어보기로 한다. 올누르는 얼마든지 원하면 자기 집에 머물러도 된다고 하지만, 아마 오늘이 아다나에서의 마지막 밤이 될 것 같다. 내일 컨택한 이스켄데룬의 카우치서핑 호스트에게서 확답을 받지 않은 상태지만, 긍정적인 생각을 가지고 일단은 떠나기로 한다. 아다나에서의 미션인, 아다나 케밥을 내일 오전에 먹고 떠날 수 있을지 모르겠으나, 하루만 머물고 떠나기에는 좀 뭔가 아쉬운 도시임에는 분명하다. 이러한 감정 속에는 그들의 영어실력도 분명 한 몫 했다. 어제의 경우는 예외였지만, 의사소통이 안 돼서 조금 답답했던 적이 여러 번 있었다. 물론 내가 영어를 잘하는 건 아니지만, 내가 만나고 있는 이들은 영어교육고 학생이기에 영어 실력이 참 탁월하고 귀에 쏙쏙 잘 들어온다. 이들도 모국 어가 아닌, 나와 같이 배우고 있는, 동병상련의 입장이어서 그런 것일까?

하산의 요리를 기다리다 밀린 사진들을 정리해본다. 고프로 메모리카드 를 넷북에 삽입하고 확인하니 그동안 찍은 영상들의 용량이 어마어마하다. 몽땅 컴퓨터로 옮기고 메모리카드를 정리한다. 사진을 정리하다 보니 어느 덧 시간은 12시. 그제서야 쉐프 하산이 요리한 음식이 나온다. 필라브와 치 킨이 어우러진 음식. 이름은 모르겠지만 너무나도 배고팠기에 마파람에 게 눈 감추듯 해치운다. 그러그 보니 셋 중에 나 혼자만 한 접시를 해치웠잖 아? 올누르와 하산은 배부르다고 남겨버린다. 밥을 먹으면서 내일 아침에 떠날 거라고 얘기했는데, 친구들의 표정이 좋질 않다. 아쉬워하는 모습이 역력하다. 화기애애한 분위기가 한순간에 우울해진다. 흠… 이별은 언제나 아쉬운 법.

야식같은 저녁을 먹고 하산이 나에게 기타를 쳐주려고 기타 줄을 동여매 고 있지만, 나는 눈꺼풀이 너무 무겁다. 그가 기타 줄을 잡기 시작하면 잠도 못 잘 기세. 그래서 피곤한 시늉을 했더니 눈치 챈 모양이다. 오늘은 너무 피 곤하니 자고, 내일 아침 기타를 쳐주겠단다.

너무 피곤했던지 눕자마자 곧바로 눈이 감긴다.

"이야! Sunny가 하루 더 머문대! 축하해!"

"뚝뚝뚝….'

나를 깨우는 건 창 밖의 빗방울 소리.

아… 이거 어떻게 해야 되지? 한참을 누워 고민한 끝에 결정을 내린다. 바로 이곳 아다나에 하루 더 머물고 내일 몰아서 달리기로! 모레 이스켄데룬을 넘어 바로 안타캬로 넘어가기로 한다. 같은 하타이 주이기 때문에 이스켄데룬에서 머물든 안타캬에서 머물든 똑같다며 자기합리화를 막 한다. 내가 하타이 주에서 원하는 건 오직 큐네페 맛보기. 큐네페의 고장, 하타이에서 이를 맛보기 위해 그간 큐네페는 전혀 입에도 대지 않고 있었다는!!

아다나는 별로 둘러볼 곳은 없지만, 미션이 아직 남아 있다. 바로 아다나 케밥! 아다나 케밥을 맛보지 않고 아다나 주를 떠난다면 정말 후회할 게 틀림없다.

화장실을 들락날락, 밖에 널어놓은 빨래를 걷으러 왔다갔다, 그리고 날씨를 확인하기 위해 창문을 열었다닫았다 하는 바람에 올누르와 하산이 잠에서 깬 모양이다. 어쨌거나 모두 다 일어났으니 아침을 준비한다. 빗소리와 함께 아침을 먹으면서 내 계획에 대해 이야기를 꺼낸다.

"저기, 지금 밖에 비가 내려서 그런데, 나 여기서 하루 더 묵어도 될까?"

"이야! Sunny가 하루 더 머문대, 축하해! 우리야 언제든지 환영이지. 얼마든지 머물러도 돼!"

참 고맙다! 게다가 옆에 있던 하산은 내가 모레 안타캬로 이동할 거라고 하니, 자기 고향이 하타이여서 안타캬에서도 나를 호스트해줄 수 있단다. 올레!

　이렇게 그들은 흔쾌히 나의 요청을 들어주고, 오늘 우리의 계획에 대해 논의한다. 그들은 대학생이고 평일이기에 학교 수업이 있어서 캠퍼스로 가야 한다. 와, 나도 이참에 캠퍼스 투어나 한번 해볼까 하며 따라나서겠다고 하니 하산이 자기 수업에 들어와도 된단다. 영어교육과 학생이어서 수업을 영어로 한다고 하니 더할 나위 없이 좋은 경험이 될지어다! 올누르는 학원에서 수업을 받는다. 그도 영어교육과이고 올해가 마지막 학년이다. 그렇다. 그는 임용시험을 준비하고 있는 고시생 신분. 내가 찾아와서 방해가 되고 있는 것은 아닐런지.

　아침을 먹고 나서 하산을 따라 학교로 향한다. 버스를 타고 학교로 가는데, 터키의 버스제도, 모든 곳이 다 같은지 모르겠지만, 적어도 아다나 주의 버스제도는 정말 좋다. 버스가 캠퍼스 안까지 들어가는 것은 둘째 치고, 학생들의 편의를 위해서 캠퍼스 안에서는

하산, 올누르가 다니는 아다나 Cukurova 대학교

버스를 무료로 타고 내릴 수 있다. 학교 셔틀버스도 아닌 시내버스가! 내가 다니는 학교는 왜 이런 서비스를 제공하지 않는 거냐?

　수업 시작 전까지 한 시간 정도 남아 우리는 학교 도서관으로 향한다. 터키에서 처음으로 도서관이라는 곳에 들어가 본다. 우리나라에서도 도서관이랑은 담을 쌓았던 나인데… ^^; 도서관에 들어서자마자 학생들이 책상도 없이 원형으로 둘러앉아 책을 읽고 있다. 내가 생각했던 호주의 자유로운 분위기도, 우리나라의 정숙한 분위기도 아니다. 어떻게 설명해야 되지? 반반? 도서관 분위기가 사뭇 달라서 카메라에 담고 싶었으나, 도서관이기에…. 나는 인터넷삼매경에 빠진다.

　수업시간이 다가오고, 우리는 수업을 들으러 강의실 앞에서 대기! 일단은

교수님의 허락을 받고 들어가야 될 것 같단다. 오늘은 토론식 수업이어서 더 재미있을 거라는데! 하산과 같이 수업을 듣는 친구들과도 반갑게 인사를 나눈다. 잠시 후 교수님께서 오신다. 그리고 이어진 하산과 교수님의 대화. 둘의 대화는 이해하지 못했지만 분위기가 안 좋다는 걸 짐작할 수 있다. 안 되는구나. 그렇다. 하산이 미안하다며 교수님께서 허락하지 않으셨단다. 그래도 나는 괜찮다. 다시 도서관에 가서 인터넷을 하고 있으면 되니까. ^^ 교수님으로부터 퇴짜(?)를 맞고 도서관으로 되돌아와 하산을 기다리면서 다시 인터넷삼매경에 빠진다. 그런데 옆에서 한 친구가 나를 계속 쳐다보고 있는 게 느껴진다. 이에 질세라 나도 그를 빤히 쳐다보지만 그는 절대 나에게서 눈을 떼지 않는다. 외국인 처음 보나, 아니면 내가 무슨 잘못을 했나? 잠시 후 그가 나에게 터키어로 말을 걸어온다.

"I don't speak Turkish⋯."

내가 영어밖에 쓸 줄 모른다고 했지만, 그는 구글 번역기로 여기는 터키 대학교니까 터키어를 쓰라고 한다. 이게 무슨 말이야 막걸리야. 그리고 자기 삼성 제품 쓰고 있는데 좋다, 농구 좋아하냐, 옆에서 너무나 성가시게 한다. 틈틈이 그의 관심에 반응을 보여주지만(물론 영어로), 영어를 쓰지 말란다. 여기는 터키란다. 뭐 어쩌라는거. 짜증나서 그만 자리를 옮기고 만다.

세 시간 정도 걸릴 거라던 하산이 한 시간 만에 도서관에 있는 나를 찾아온다. 교수님이 화나서 수업을 빨리 끝내버렸단다. 3시가 훌쩍 넘었지만 우리는 아직 점심을 못 먹었다. 드디어 그토록 기다리고 기다렸던 아다나 케밥을 먹기 위해 떠난다! 올누르도 우리와 합류하여, 아다나에서도 유명하기로 손꼽히는 '하산우스타' 레스토랑으로 향한다. 우스타는 '주방장'을 의미하

이게 바로 아다나 케밥!

는 터키어이고, 하산은 말 그대로 주방장의 이름인 듯하다.

라이브 카페로 자리를 옮겨 우리의 수다는 계속 이어졌다. 자정을 넘겨서야 나와 하산이 먼저 올누르 집으로 돌아온다. 올누르는 카페에서 다른 친구들을 만나서 더 놀다 온다고 한다. 하루 종일 놀고 나니 이제야 올누르 집 밖에 세워둔 자전거가 조금 걱정이 된다. 도착하자마자 비에 홀딱 젖은 자전거를 살펴본다. 헉, 내 헬멧 어디 갔어?! 자전거 뒤쪽에 놓아둔 헬멧이 보이질 않는다. 아무리 주변을 둘러봐도 안 보인다. 혼이 쏙 빠진 느낌…. 갑자기 데므레에서 아이데미르가 한 말이 생각한다.

"아다나는 너무 싫어. 너는 하루만 머무는 게 좋을 거야. 왜냐면 도둑들이 너무 많거든."

아! 헬멧이 없어도 갈 수는 있겠지만, 이런 경우는 처음 겪어보는 거라서 너무 힘이 빠진다. 덩달아 하산도 많이 당황한 듯하다. 그래도 자전거 바퀴 안 빼간 게 어디야 라고 위안을 삼으며 집으로 들어온다. 그런데 하산이 "이거 네 헬멧 아냐?"라며 헬멧을 들어올린다. 으잉? 뭐지. 난 분명 밖에다가 헬멧을 놔두었는데, 집 안에 내 헬멧이 덩그러니 놓여 있다. 이제 내가 더 당황한다. 분명히 내가 헬멧을 자전거 뒤에 놓는 걸 올누르가 보고 같이 집을 나왔는데 아마 올누르가 오후에 집에 돌아와 외로이 비 맞고 있던 내 헬멧을 안에 들여놓았나 보다. 다행이다. 그리고 고맙고 미안하다. 혼자서 오만 상상에 빠져, 머릿속에서 아다나를 안 좋게 그려가고 있었다. 휴, 그래도 안심할 수 없어 자전거를 집 안에 들여놓기로 한다. 자전거를 들어서 집 안에 들여놓으려는데, 이건 또 뭐야? 바퀴에 바람이 빠져 있다. 펑크가 난 겐가? 이 밤에 자전거를 고쳐야 하다니. 뭐 어쩔 수 없다. 내일 아침 일찍 출발해야 되니까 지금 고쳐야 한다. 뒷바퀴를 분리해서 어디에 펑크가 났는지 유심히 체크해보는데, 도무질 보이질 않는다. 속으론 다행이다 싶으면서도 불안하다. 설마 내일 아침에 다시 바람이 빠져 있는 건 아니겠지?!

자전거와 한바탕 씨름을 하고 나니, 시간은 어느덧 새벽 1시. 내일 6시에 기상 예정이다. 적어도 7시에는 출발해야 어마어마한 거리(이틀 치)를 달릴 수 있을 거다. 아직 올누르는 카페에서 돌아오지 않았지만, 나와 하산은 너무 피곤한 나머지 곯아떨어지고 만다.

40일차 주행거리 0km / **총 주행거리 2,229km**
40일차 지출 30.5리라(저녁 16, 라이브카페 10, 간식 4.5) / **총 지출 966.70리라+188.63유로**

혼자 다니면 위험하지 않아요?

Q: 혼자 다니면 위험하지 않아요?

A: 위험…할걸요…? (곰곰이 생각) … 네! 위험하고 힘들었던 순간이 한두 번이 아니었어요. 워낙에 체구가 작고 호리호리해서 여자로 오인되어 추행(?)당했던 적, 투어를 하고 싶은데 혼자로는 감당 못할 금액에 동행을 수소문했던 적, 이야기할 상대가 없어 하늘과 안부를 주고받았던 적. ㅋㅋㅋ 생각해보니 많이 있었네요.

Q: 그런데 왜 혼자 다니세요?

A: 아마 누군가와 같이 자전거여행(또는 그냥 배낭여행)을 다닌다면, 오래가지 못할 것 같아요. 워낙 계획을 세우지 않는 성격이라 물 흐르는 대로 다니는 편이걸랑요. 그래서 누군가와 동행한다면 상대에게는 좋지 않을 듯해요. 또 다른 이유는 어느 순간 서로 원하는 게 다를 때가 오겠죠? 그러면 이견이 발생해버리니 여행중에 갈등도 싹이 틀 테고. 저는 그걸 원치 않아요. 여행은 틈을 찾으러 오는 건데, 그 틈 속에서 스트레스를 받는다면 읍… 생각만 해도 스트레스! +_+

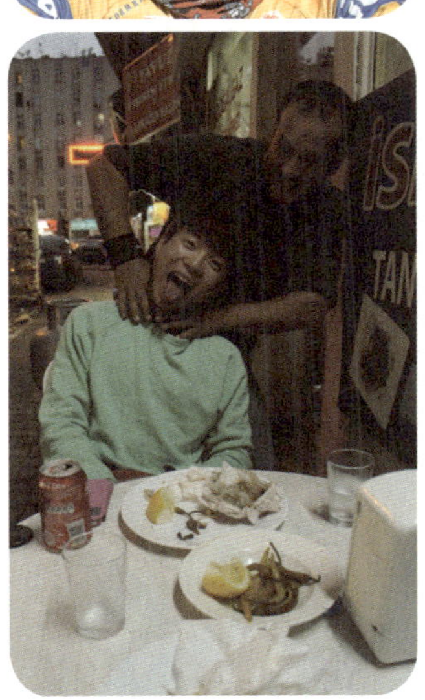

이런저런 이유로 위험하다지만 혼자 다니는 게 좋아요. (힘든 건 사실이지만, 위험하다고 생각해본 적은 없네요. ㅎㅎ)

역대급 라이딩

5시 55분, 눈이 떠진다. 6시에 알람을 맞춰놨는데 5분 일찍 깼다. 5분도 아깝다. 얼른 다시 눈을 붙인다. 잠시 후 울리는 알람 소리. 오늘은 빅 데이다! 바로 이불 개고 세수하고 옷을 갈아입는다. 옆방에서는 하산이 먼저 깨어 있었나 보다. 내가 짐 챙기는 소리를 듣고는 아침을 준비해준다. 하산이 차려준 아침을 간단히 먹은 후 올누르와는 작별인사, 그리고 하산과는 저녁에 보자는 약속을 하고 서둘러 집을 나선다. 그렇다. 오늘 안타캬에 도착하면 하산이 자기네 집으로 초대하겠단다.

하산은 수업이 없는 날이어서 버스를 타고 고향으로 내려갈 예정! 하늘에는 먹구름이 잔뜩 깔려 있다. 마치 기를 모으고 있는 듯. 다행히도 아직 비를 뿌리지는 않고 있다. 오늘 거리는 최소 180km에서 최대 210km가 될 수 있겠다. 어제 하루 놀았기 때문에 거리가 두 배가 되었다. 안타캬까지 가면 하산이 픽업을 해주겠다고 했지만 그래도 최소 180km는 될 듯하다.

7시 15분. 자전거에 오른다. 아다나 시내를 벗어나니 비를 머금고 있던 구름이 그제야 나를 향해 흩뿌린다. 이 정도는 예상했다. 다행히 내리 퍼붓는 게 아니라, 나 땀나지 말라고 온몸을 적셔주는(?) 정도다. 나는 홀로 달리지 않는다. 비와 함께 달린다. ^^ 오랜 기간 이 녀석과 함께 달리니 하루라도 비가 안 내리면 어색할 것 같은 이 기분. 덕분에 흙탕물로 잔뜩 샤워하고 좋다. 쉬면 안 된다. 쉬면 몸에 열이 식어 감기에 걸릴 게 분명하다!

장장 여섯 시간 동안 자전거 안장에서 엉덩이를 떼지 않았다. 1시가 넘은 시각, 배가 고파 잠시 마을에 들러 점심을 먹기로 한다. 속도계를 보니 115km를 달렸다. 반나절 만에 많이도 달렸구나. 나는 나를 잘 안다. 오후에

넌 날 기다리고 있는 거니?

이제부터는 시리아와 접해 있는 하타이 주

는 이만큼 달리지 못한다. 페이스 조절을 진짜 못한다.

파야즈(Payas)라는 작은 동네에 이르러 식당을 찾아 헤맨다. 겨우 찾은 케밥집. 그리고 아다나 케밥 도전. 와~ 이 지방은 뭘 먹어도 맛있구나. 심지어 어젯밤에 근사한 레스토랑에서 먹은 아다나 케밥보다도 더 맛있다. 진짜 싹싹 긁어먹는다. 정말이지 행복하다. ^^

다시 자전거에 올라 쉼 없이 달린다. 아직 갈 길이 멀다! 계속 쏟아지던 비가 잠시 그친다. 내 친구 비군에게 무슨 일이라도 생겼나? 하늘을 보니 아마 더 이상은 비가 오지 않을 듯싶다. 그래서 흙탕물을 제거해보려고 주유소에 있는 세척 기계를 이리저리 만져보지만, 도무지 사용하는 방법을 모르겠다. 이 기계치… ㅎ.ㅎ 이내 포기하고 뒤돌아서 달리려는 순간 "쾅!!" 자빠진다. 으악! 이번 여행에서 처음으로 넘어졌다! 빗길에는 더욱 조심해야 했건만, 핸들을 너무 급히 꺾어버렸다. 내가 조금 다친 건 괜찮은데, 자전거 핸들을 보니 오른쪽 핸들 바가 안쪽으로 굽어들었다. 다행히도 달리는 데는 큰 지장이 없다. 불안한 마음에 자전거를 유심히 점검해보니, 핸들뿐만 아니라 뒷 브레이크도 조금 닳아 있

다. 조만간 교체해야겠다. 여행이
절반이나 남았는데, 자전거가 손
상되다니 가슴 아프다. 아프지 마
렴! 형아도 아프단다.

　아픔과 쪽팔림을 뒤로한 채 나
는 계속 페달을 밟는다. 6시가 넘
어서야 하산이 픽업 나와 주기로 한 안타캬에 도착. 아침 7시부터 내리달려
지금 도착한 것이다! 속도계는 어느새 180km가 넘어가고 있다. 하산에게 전
화하니 자기가 있는 마을로 계속 달려오면 중간에 나를 찾아서 픽업해서 데
려가겠단다. 나는 하산의 동네인 사만닥까지 계속 달린다. 20분 가량 달렸
을까? 승차감이 꽤 불편하다. 자전거 상태를 보니 뒷바퀴에 펑크가 나있다.
찢어지는 가슴을 부여잡으려는 순간, 옆길에서 빵빵거리는 소리가 들린다.
하산이다! 이렇게 반가울 수가! 타이밍도 참 기가 막히다. 럭키~!

　그렇게 펑크 난 자전거를 하산의 차에 싣고 그의 집으로 향한다. 하산의
고향집에는 어머니가 혼자 살고 계신다. 누나는 흑해 부근에서 교사로 일하
고 있고, 아버지는 사우디아라비아에서 일을 하고 계신다. 하산은 홀로 계
신 어머니를 위해 주말마다 아다나에서 이곳 사만닥까지 와서 머물다 간다
고 한다. 불행히도 하산의 어머니 세브기는 나를 그렇게 많이 반겨주시는
것 같지는 않다. ㅠㅠ 불편한 마음을 안고 샤워를 하고 저녁을 먹는다. 저
녁은 내가 제일 좋아하는 치킨! 요리 제목은 모르겠지만, 굉장히 맛있다. 오
늘 하루 운동량이 엄청났기에 굶주렸던 건 당연지사! 정말 그 자리에서 치
킨 한 마리를 뚝딱 해치운다. 저녁을 먹으면서 세브기와 이야기를 조금 나
누는데, 그제야 조금 웃으신다. 아마 내가 터키어를 조금씩 말해서 일까?? 낯
선 이방인으로부터 조금 안심이 되셨나 보다. '하루에 한 문장'의 효과가 조
금씩 나타나고 있는 모양인 듯! 불편해 보이는 어머니가 나도 처음에는 부

하산 만나러 가는 길. 내 눈앞에 펼쳐진 메소포타미아 평원

담스러웠는데, 이윽고 어머니 얼굴에 웃음이 피어나니 마음이 놓인다. 치킨 한 마리를 쓱싹 해치우니, 굉장히 좋아하신다. 너무나 포식했다.

저녁을 먹은 뒤, 하산과 어머니는 하산의 어렸을 적 사진들을 내게 보여 주신다. 옛 사진들을 보며 웃음꽃을 피운다. 오늘은 터키 여행 중 가장 빅데이였지만, 터키의 전형적인 일반 가정을 체험할 수 있어서인지 피곤함이 덜하다. 내일은 자전거를 타지 않고, 하산 차를 타고 다닌다. 오예!

41일차 주행거리 186km / **총 주행거리 2,415km**
41일차 지출 14.9리라(점심 13.5, 간식 1.4) / **총 지출 981.60리라+188.63유로**

아! 잊지 못할 그 맛, 큐네페!

하산이 나를 깨운다. 아침을 먹고 근처 바닷가에 위치한 유적지에 데려다 주겠다며 준비하란다. 이봐 친구, 아니 동생, 아직 9시라구. 어제 말한 세탁기를 먼저 돌리자며, 최대한 늦게 출발하려 꼼수를 부려본다. 입고 있던 옷을 제외한 모든 옷을 세탁기에 넣어 돌리고 나서야 하산을 따라 나선다.

우리가 향한 곳은 바로 옆 바닷가. 이제까지 지중해를 따라 달려서인지 웬만한 바다는 눈에 차지 않는다. 눈앞에 한없이 펼쳐진 바다 왼쪽 끝에는 큰 산이 가로막고 있다. 그 산만 넘으면 시리아다. 현재는 갈 수 없다. 시리아 내전으로 육로가 막힌 상황이다. 국경 근처에서 어슬렁거리다 들어간 유적지의 이름은 '티튜스 튜넬리(Titus tuneli).' 하산을 따라 숲속으로 들어간다. 푹푹 찌는 날씨에 10여 분을 걸어 유적지에 도착. 보통 관광객들이 찾아올 수 없는 곳에 자리한, 은근히 매력적인 곳이다.

이제 큐네페를 먹으러 간다. 하타이 하면 큐네페! 큐네페 하면 하타이! 지금까지 하타이에서 큐네페를 맛보려고 다른 도시에서는 큐네페를 입에도 대지 않았다. 하산이 이 동네에서 가장 맛있는 큐네페 파는 곳으로 데려가

주겠단다. 이 동네에서 가장 맛있는 곳이라면 하타이에서 가장 맛있는 곳이 되겠고, 그렇다면 터키에서 가장 맛있는 곳이 되겠지? 그가 향한 곳은 허름하고 소박한 가게. 이런 곳일수록 맛집일 가능성이 높다. 크고 근사해야만 음식이 맛있다는 법은 없다. 큐네페와 돈두르마(아이스크림)를 함께 먹어야 맛이 더 좋다며 내 것은 아이스크림까지 올려준다. 드디어 첫 시식~!

이건 정말 '신세계'다. 와… 이게 큐네페구나. 다른 사람들은 다른 도시에서 어떤 큐네페를 맛보는지 모르겠다. 내가 맛본 이 큐네페는 황홀하다. 그리고 행복하다. 소름까지 돋는다. 너무 맛있다. 달달함 속에 치즈의 짭짤한 맛, 그리고 돈두르마의 시원함과 쫄깃함이 함께 어우러져 입 속에서 춤을 춘다. 큐네페 하나 믿고 이곳 하타이 주까지 위험을 무릅쓰고 왔는데, 절대 후회되지 않는다. 그렇게 한 그릇을 뚝딱. 이제 다른 도시에서도 먹어보고 비교해봐야겠다. 계산을 하려는데 주인은 내게 터키어를 모르는 사람에게는 돈을 받지 않겠단다. 무언가 새롭다. 참신한 친절함이다!

"하산~! 시내에 뭐 특별한 거 없어? 우리 시내구경 가자."

이렇게 우리는 안타캬 시내로 나가 거리를 거닌다. 마치 다른 나라에 온 것만 같다. 터키 속의 아라비아 타운? 아랍어로 된 간판들이 즐비하고, 여기저기서 다른 언어들이 들려온다. 하산은 시리아인이 싫단다. 너무 위험하다는 게 그 이유. 지금 시리아 내전 때문에 시리아인들이 계속 몰려오고 있는

상황이라고 한다. 터키 정부가 이러한 시리아인들을 모두 받아줘서 더 문제란다. 예전에는 안타캬가 관광명소였으나, 현재는 시리아 국경과 너무 가깝기 때문에 관광객들이 몰리지 않는다고도 설명해준다. 또한 예전에는 사우디아라비아까지 오가는 버스도 있었지만, 지금은 육로가 막혀 비행기로밖에 갈 수 없는 상황이란다. 하산 아버지가 사우디아라비아에서 일하고 계셔서 알게 된 이야기다. 7시가 넘어서야 우리는 집으로 되돌아온다. 집에 도착하자마자 나는 자전거 수리부터 시작한다. 내일 6시에 일어나 떠날 준비를 해야 하기 때문에 펑크 난 곳을 미리 때워야 한다. 자전거를 수리하고 샤워를 마치자 어느새 저녁이 준비된다. 저녁메뉴는 Tepsi kebab. 일명 항아리 혹은 쟁반 케밥. 이 또한 맛 좋아서 다 먹어 치우려 했으나, 양이 너무 많아서 도무지 무리였다. 저녁을 먹으면서 하산이 말한다.

"토마토는 터키 식사에서 빠질 수 없는 재료야. 너희 나라는 어때?"

한국에서는 토마토를 디저트로 과일처럼 먹는다고 말해주니 하산과 하산의 어머니는 놀라서 눈이 동그래진다. 식문화의 차이랄까. 한국은 쌀이 주식이기 때문에 밥을 뜨면서 토마토를 곁들인다는 건 상상하기 어렵다. 그러나 이곳은 빵을 주로 먹기에 빵과 토마토는 잘 어울리는 조합.

저녁을 배불리 먹은 후 하산은 나의 태극기에 응원 메시지를 적어주고, 나는 그들의 반쪽짜리 가족사진(부녀가 부재중)을 폴라로이드에 담아준다. 하산의 엄마가 좋아하는 모습을 보니 나도 덩달아 행복해진다. ^^

내일도 빅데이가 될 터 지만, 그곳에서 또 좋은 추억을 갖게 될 거라는 확신이 있기에! 이번 헤어짐도 마냥 슬프지만은 않다!

42일차 주행거리 0km / **총 주행거리 2,415km**
42일차 지출 10리라(티튜스 튜넬리 입장료 10) / 총 지출 991.60리라+188.63유로

내가 개보다 못한 거야?

　이틀간 호사를 누렸다. 하산과 함께한 4일. 전형적인 터키 사람의 친절함을 느껴볼 수 있었던, 잊지 못할 기억이 될 것이다. 아마 터키에서 가장 오래 함께한 친구가 될 듯? 하산의 집을 떠나기 전, 맛있는 음식을 제공해주신 세브기와 이별하는 게 아쉬워 함께 사진을 찍고 연신 감사의 인사를 전한다.

　오늘은 안타캬에서 시리아 국경을 따라 킬리스를 거쳐 가지안테프로 가는 여정. 150km 이상이지만 가지안테프에서의 호스트인 나믹이 근처에 오면 픽업을 해줄 수 있다고 하니 구간이 상당히 줄어들 것으로 예상된다. 그런데 시리아 근처, 길가에 총을 든 군인들이 곳곳에 배치되어 있고 도로 사정도 좋지 않다. 심지어 자갈밭 포장도 안 되어 있는 곳이 많다. 예상은 하고 있었다. 이런 도로를 달리며 펑크가 안 나면 말이 안 되지. 뒷바퀴 펑크를 때우면서 타이어 상태를 점검해보니, 바퀴 곳곳에 상처가 나 있다. 완주하기 전에 바퀴를 한 번 더 갈아야 될 것 같다. 덕분에 페이스를 잃고 만다. 점심때까지 달린 구간은 75km. 배가 고파 하싸(Hassa)라는 작은 동네에서 점심을 때운다. 타북 되네르만 먹으려고 했으나, 아직 하타이이므로 디저트로 큐네폐도 주문한다. 사만닥에서 맛본 돈두르마를 얹은 큐네페를 잊지 못해 메뉴에 있지도 않은 돈두르마를 얹어달라고 요청. 역시 맛있다! 가격은 배보다 배꼽이 더 크게 되어 버렸으나(타북 되네르 2.5리라, 큐네페 8리라) 아이란 두 잔까지 정말 배불리 먹는다.

시리아 접경지대는 도로 사정이 매우 좋지 않다.

"써니~~~~!"

다시 자전거에 올라 페달을 굴리는데 낯선 차 한 대가 멈추더니 내 이름을 외치는 게 아닌가! 오늘의 호스트인 나믹이다! 잉? 아직 절반밖에 오지 않았는데, 나를 찾아 여기까지 온 건가? 아니면 벌써 픽업을? 그러나 대화가 잘 안 된다. 전화 통화에서도 느꼈지만, 실제 만나니 상당한 언어장벽이 느껴진다. 얼마 전 터키어 공부를 시작하긴 했지만 아직까지 유창한 대화까지는 무리다. 그나마 나믹의 딸이 영어를 조금 해서 간단한 의사소통은 가능하다. 자전거 실을 공간이 없어 바로 픽업해줄 수는 없고 약속한 지점에 오면 전화를 하라고 한다. 알겠다고 하고 다시 페달을 밟는다. 도착하기도 전에 호스트를 만나게 되어 심적으로 굉장히 여유로와진다. 그는 매우 친절해 보였으며, 이곳까지 마중나와 준 걸 보면 따뜻한 가족임에 틀림없다.

다시 시작된 산길. 오늘은 물을 안 샀다. 중간중간에 음료수를 사 마실 생각이었는데, 도통 마을이 보이질 않는다. 보이는 거라곤 군인 초소뿐. 마침 잔다르마(경찰지구대) 앞에 야외 레스토랑이 보인다. 군인들과 아저씨 무리가 차이와 케밥을 먹고 있다. 물을 얻어 마실 생각으로 그곳에 다가가는데 한 아저씨가 쉬었다 가라는 손짓을 내게 하신다. 다행히 나를 반겨주시는 눈치. 주인인 듯한 아저씨께서 시원한 물 한 통을 주시고는 이곳에 대해 설명해주신다. 자기는 터키인이지만 주방장을 비롯해 일하는 꼬마들은 시리아인이며, 다른 친구들은 쿠르드쉬란다. 배가 고프면 주저 없이 말하란다. 돈 걱정은 하지 말라고. 배가 고팠다면야 바로 먹을 걸 구걸해보겠지만, 아직도 배가 부른 상태. 그래서 차이와 물로 목을 축인다. 사막의 오아시스와도 같은 곳에서 천금과도 같은 은혜를 입고 다시 자전거에 오른다.

5시가 조금 넘어 나믹과 약속한 곳에 도착한다. 잠시 후 나믹과 그의 친구들이 도착. 나믹의 차로는 나를 픽업해 줄 수 없어서 봉고차를 가지고 있는 친구를 데리고 왔다. 자전거를 싣고 우리는 나믹의 친구네로 향한다. 오늘 저녁을 그곳에서 먹을 거라는데, 도착한 곳은 실제 그 친구 집이 아니라 별장이란다. 나믹네 가족, 친구네 가족과 함께 저녁으로 수제 케밥을 맛본다! 총 아홉 명이나 되는 사람들의 이름을 다 외우기에는 무리였다. 그들은 나에 대해 궁금한 것들을 그나마 영어가 가능한 나믹의 딸 엘리프체를 통해서 물어보고 나는 다시 엘리프체를 통해서 대답해준다. 엘리프체가 바로 우리의 통역사! 그나저나 수제 케밥, 참 맛있다. 이놈의 쿠주 쉬쉬(염소 꼬치)와 아다나 케밥, 배가 불러도 계속 들어간다. 역시 가지안테프도 맛의 고장 인정! 무척 맛있게 먹는 나를 보며 나믹이 내일 밤에는 자기가 집에서 케밥을 만들어준단다. 저녁을 배불리 먹고, 나믹의 집으로 향하는 길, 나믹이 차창 밖을 가리키며 "저기는 내 별장이야"라고 말한다. 이 고장에서 이들의 지위가 예상된다. 나믹은 가지안테프에 있는 병원 의사이며, 부인은 교사, 그리고 아들과 딸은 모두 의대생이다. 게다가 별장도 있다.

그의 집, 아니 입구에 도착했는데, 경비원이 문을 열어준다. 뜨악! 드디어 오늘부터 이틀간 머물 나믹의 집에 도착! 집 안에 가방을 벗어둔 채 나믹은 정원구경을 시켜주겠단다. 그를 따라 정원으로 가니 분수대가 있고, 야외 레스토랑(개인 소유!)이 따로 있다. 그는 직접 키우는 딸기를 따서 나에게 먹여주고, 자신이 가지고 있는 것들을 자랑하기 시작한다. 와… 이분 상위 1%구나. 놀란 입이 다물어지지 않는다. 그런데 그것도 잠시뿐… 그의 가족들은 모두 정원에 있는 개랑 놀아주러 다시 나갔다. 나는… 나는…? 그라도 나 손님인데… 내가 머물 장소라든지 먼저 씻을 수 있게는 해줘야 할 거 아닌가. 여긴 어디, 나는 누구?

나는 그렇게 덩그러니 거실에 남겨졌다. 자존심까지 상한다. 내가 개보다 못한 취급을 받다니. 흐흐흑! 홀로 남겨진 나는 옷도 갈아입지 못한 채 그냥 멍하니 거실 쇼파에 앉아 있다. 손님에게 이럴 수 있을까? 유쾌한 아저씨인건 인정하지만, 다시금 느껴본다. 모든 걸 가져도 사람이 되지 않으면 필요 없다는 걸. 나믹은 있을 만큼 있다 가라고 했지만, 나는 이미 결정했다. 내일까지만 머무르고 떠나기로. 그와 함께 한 반나절 동안 이런 감정을 갖기도 쉽지 않은데, 한 시간이나 흘렀을까. 나믹의 부인이 쌀로 만든 디저트를 건넨다. 그리고 위로 올라가서 씻으려면 씻으란다. 씻고 나서 다시 거실로 오니 그제서야 나믹이 개랑 놀아주고 들어온다. 아저씨, 좀 실망이야!

가지안테프 나들이

거실에서 잔 터라 아침 일찍 가족들의 출근준비에 잠깐 눈이 떠진다. 잠을 더 청하고 일어나 보니 오전 11시. 나믹과 가족들은 모두 직장으로, 학교로 떠났나 보다. 나홀로 집에 남겨졌다. 거실에 놓여 있는 아침을 간단히 먹은 후 미뤄뒀던 빨래를 한다. 오늘은 가지안테프 시내를 둘러볼 예정.

어제 좋디??

가지안테프에는 엘리프라는 페이스북 친구가 있다. 터키에 오기 전부터 페이스북 메시지로 그녀와 연락을 주고받았었다. 그녀에게 맛집도 소개시켜달라고 할 겸 점심때 보기로 약속한다. 엘리프는 가지안테프에서 산업을 전공하고 있는 대학생. 약속시간에 맞춰 자전거를 타고 시내로 출발~! 나믹의 집에서 시내까지는 약 15km로, 가까운 거리는 아니지만 도로가 괜찮아 한 시간이 안 걸린다.

금방 오겠다던 그녀는 30분이 넘도록 나타나지 않는다. 나 배고프단 말이야. ㅠㅠ 매일 운동량이 엄청나서 매 끼니마다 엄청 몰아서 먹다 보니 위가 늘어났나 보다. 한 번에 먹는 양이 굉장히 늘었다. 그리고 금방 배가 고파진다. 흑흑흑. 너무 배고픈 나머지 그냥 가버릴까도 했지만, 조금 더 참기로 하고 문자를 보내본다. "띵동~" 바로 온 답장. 5분 이내에 도착한단다. 다행히 잠수 탄 건 아니구나. 잠시 후 그녀가 나타난다. 친구를 데리고 왔는데, 그 친구는 영어를 전혀 하지 못한다. 알고 보니 엘리프도 영어 회화가 되질 않는다. 이상하게도 온라인상에서는 금방금방 유창하게 답장을 주더니만, 직접 대면하니 꿀 먹은 벙어리 마냥 쩔쩔맨다. 여튼 언어가 중요한 건 아니다. 우리는 점심을 먹기 위해 이동! 나는 가지안테프에서 유명한 '이췩리 쉬수'를 먹고팠는데, 이 친구가 엄청 맛있는 곳을 안다며 다른 걸 먹으러 가잔다. 우리가 간 곳은 라흐마준 전문점. 라흐마준은 터키 피자인 피데의 동생 격이라 할 수 있다. 맛의 고장 가지안테프에서 라흐마준을 먹다니… 흑!

나는 병풍이 된다. 그들은 영어가 되지 않고, 자기들끼리만 터키어로 이야기하며 좋은 시간을 보내신다. 그녀들 뒤를 쫄쫄 따라다니지만, 병풍이 된 나는 시내 구경에 흥미를 잃고 만다. 어디에 뭐가 있는지 모르지만, 역시나 혼자 다니면서 부딪치며 찾는 게 맘 편하고 좋다. 돈두르마도 1리라에 팔던데! 내일은 꼭 사먹어 봐야지. 이때부터 하루 더 있을까 하는 생각을 조금씩 가져본다. 실은 제우그마 박물관이 오늘 휴관인데, 내일 짐을 챙겨 박물관에 들러 우르파로 넘어가기엔 무리가 있는 거리다. 그래서 여유있게 하루 더 머물면서 이곳을 둘러볼까 생각중이다.

여하튼 가지안테프 현지인 2인과 병풍 1인은 바자르(전통시장)를 쭉 따라 가지안테프 성으로 향한다. 산 중턱이나 언덕에 위치해 있을 줄 알았는데, 그냥 도심 한구석에 덩그러니 자리 잡고 있다. 공사중이어서 안으로 들어가 보지는 못하고 그냥 외관만 구경하고 되돌아온다. 그런데 이 친구들 저녁까지 나와 같이 다닐 생각인가 보다. 당최 영어가 통하지 않으니, 손짓 발짓을 동원해 5시에는 집에 가 봐야 한다고 말하자, 그제야 알았다는 듯이 바클라바를 마지막으로 맛본 후 작별인사를 한다. 음, 바클라바의 고장 가지안테프에서 맛본 바클라바는 그냥 so so. 다음부터 돈 주고 먹으라고 하면 안 먹을 듯하

바클라바

다. 5시쯤 되어 자전거를 묶어둔 곳으로 돌아온 우리는 작별인사를 한다. 그런데 엘리프가 바자르에서 산 찻잔세트를 내게 건네준다.

"자, 선물."

헉! 이때 조금 울컥했다. 실은 이들과 시내를 둘러보는 내내 내가 병풍이 되어 조금 소외감이 들었지만, 나를 이곳저곳 구경시켜주면서 설명해주려는 마음이 느껴졌기 때문이다. 그리고 자신을 위해 산 줄 알았더니 나를 위한 거였다. 감동이다. 다만 찻잔세트가 너무 커 여행 내내 들고 다니지는 못할 것 같다. 하지만 이들의 마음만은 여행 내내 간직하고 다닐 것임은 틀림없다! 엘리프! 고마워. 그리고 미안해! 너희들 잊지 않을게!

총을 든 남자

찻잔세트를 한 손으로 조심스럽게 들고 다른 손으로 자전거 핸들을 잡으며 집으로 돌아오는 길. 비가 갑작스레 퍼 붓는다. 많은 양은 아니지만 비 때문에 땅이 젖는 게 문제다. 머드가드가 없는 나는 등도 젖고 이내 신발도 젖어버린다. 아하하하핫. 5km만 가면 집인데 괴성을 지르며 땅에 고인 물을 피해 요리조리 달린다. 비 맞은 생쥐가 다 되어 나믹의 집이 위치한 빌라 단지에 도착. 그런데 나믹 집이 어디? 광활한 대지에 똑같은 빌라들이 수십 채 있으니 못 찾겠다. 10여 분을 배회한 끝에 나믹이 나를 향해 손을 흔드는 게 보인다.

"Sunny! 전화도 받질 않아서 걱정 돼서 혼났잖아!"

이제는 아들마냥 반겨주시는 나믹 아저씨. 내가 오기 전까지 나믹은 집에

서 요리를 하고 있었다. 그리고 어
제 같이 저녁을 먹었던 나믹의 친
구 두 분이 방문한단다. 나는 젖
은 옷을 갈아입고 요리가 되기만
을 기다린다! 어젯밤 말했던 것처
럼 오늘의 요리는 케밥인줄 알았

는데, 염소잖아? 호호호. 고기라면 다 좋지. 자전거 말고 요리도 나믹의 취
미다. 아마추어 정도가 아니라 전문가급으로 보인다. 직접 운영하는 온라
인 사이트도 있어 그가 요리한 음식들을 올리고 있었다. 참 다재다능한 분
이셔. 아참, 미안하지만 엘리프가 준 선물인 찻잔세트는 나믹의 아내 아이
세에게 전한다. 나는 엘리프의 마음만 받기로 했다. 여행 내내 이 무겁고 큰
선물을 들고 다닐 수는 없다. 미안 엘리프! 네가 주는 선물을 못 받겠다고 할
수는 없었어. 최선의 선택은 이 찻잔들을 나믹네에게 기증하는 것. 나를 시
크하게 대하던 나믹의 아내가 그제야 환하게 웃으며 "테세퀴르"라며 고마
움을 표현한다. 속으로 나도 엘리프에게 '테세퀴르'를 전한다. 아마 아이세
가 처음으로 나를 보고 미소를 지은 것 같다. 나를 경계하는 듯한 아이세 덕
분에 여간 불편한 게 아니었는데, 이제야 마음속 체증이 내려간다.

　나믹이 직접 요리한 음식들로 우리는 발코니에서 즐거운 시간을 보낸다!
오늘은 비가 오니 코피(어젯밤 나보다 지위가 높았던 개)와 놀아주지 않고
나와 놀아주네. ㅎㅎㅎ 비도 잔잔히 내리고 음식들도 맛있고, 참 행복한 밤
이로다. 아, 가지안테프에서는 제우그마 박물관을 꼭! 방문할 생각이어서
이곳에서 내일 하루 더 머물기로 결정한다. 그 여유로움까지 더해져서 비록
비는 맞았지만 마음은 가볍다!

　맛있게 염소고기를 먹고 있는데, 내 옆에 앉아 있는 나믹의 친구가 가슴
팍에서 무얼 꺼낸다. 허 헉! 뭐야! 이 아저씨. 바로 초… 총…이다. 라이터 총

같은 거겠지? 했는데 안에 실탄까지 들어 있다! 실탄이 들어있는 것까지 내게 확인시켜 주는데, 등줄기에서 식은땀이 줄줄. 이때 나믹이 허리춤에서 다른 총을 꺼내어 보인다. 뭐야 이 사람들! 이 총 또한 실탄이 장착되어 있는 상태. 정말 왜 이러세요 ㅠㅠ 설마 나를 향한 건 아니겠지. 이 사람들이 허허 웃는 걸 보니 그냥 자랑하려는 듯 보인다.

"써니!! 안테프나 우르파, 마르딘에서 무슨 일이 생기면 연락해. 우리가 총 들고 달려갈게!"

빵야빵야 하는 시늉을 보이는 45세, 무섭고도 정 많은, 그리고 장난꾸러기 아저씨. 휴… 놀랬잖아요. 총 소지가 불법인지 합법인지 물어보니, 당연히 불법이란다. 자랑하려고 보여주는 거라니 다행이지, 휴… 앞으로 히치하이킹 할 때도 긴장 엄청 해야겠다.

터키 내 쿠르드족에 관한 고찰

'중동의 집시' 라 불리는 쿠르드족. 3,000만 명 이상으로 추산되고 있으며, 터키 동남부 아나톨리아 고원 지대를 중심으로 시리아 · 이란 · 이라크 등에서 살고 있다. 이들이 사는 고원과 산악지대는 쿠르드족의 영토라는 뜻으로 '쿠르디스탄' 이라 불린다. 그러나 말 그대로 '쿠르드인이 사는 땅' 일 뿐 지금까지 한 번도 단일국가로서 주권을 행사해본 적이 없다. 강대국의 이해가 엇갈려 국가 없이 유랑하는 그야말로 비운의 민족이다.

역사적으로 쿠르드족은 자신의 거주 국가에 동화되지 않고 독립국가를 꿈꿔 왔다. 첫 기회는 제1차 세계대전 직후 찾아왔다. 터키와 연합국이 맺은 '세브로 조약' 에서 윌슨 미국 대통령의 민족자결 원칙에 따라 터키 쿠르드족에 자치를 허용하기로 합의했다. 하지만 1923년 무스타파 케말의 터키 정부가 연합국과 '로잔 조약' 을 새로 맺고 이전의 세브로 조약을 거부하면서 독립국가의 꿈이 무산됐다. 이후 쿠르드족은 자신들이 거주하는 국가 내에서 혼란이 발생할 때마다 분리 독립 운동을 요구하였고, 이는 무력분쟁으로까지 퍼져나갔다.

1970년대 들어서 터키의 쿠르드 노동자당(PKK, 쿠르드 독립무장단체)이 무장투쟁을 벌이게 되면서 한층 더 격렬해져갔으나, 1999년, PKK 반군 지도자 오칼란이 체포되어 터키로 압송되면서 새로운 국면에 접어들었다. 현재 자신들만의 독립국가를 꿈꾸는 쿠르드인의 고단한 운명은 진행형이다.

터키 동남부지역을 여행하면서 나는 정말로 수많은 쿠르디쉬를 만났다. 그들이 자신을 '쿠르디쉬' 라고 자신 있게 말하며 PKK의 활동에 대하여 열변을 토할 때, 문득 우리나라의 과거를 떠올려 보았다. 대한제국이 망해 일제강점기에 나라 없는 설움을 겪었던 우리나라. 그럼에도 전혀 굴하지 않고 다시 일어섰던 우리 민족과 그들 사이에서 동질감을 느꼈다고 해야 할까? 위험한 발언일 수도 있겠지만, 쿠르드족은 우리 민족의 과거이자 거울이다. 우리가 너무나도 당연하게 누리고 있는 국가라는 조직의 소중함은 우리가 흔히들 알고 있는 사고의 수준을 넘어선다는 사실을 깨달았다.

안테프는 제우그마 하나로 충분하다

눈을 떠보니 시계바늘이 5시를 가리키고 있다. 그런데 상의가 축축하다. 식은땀이다. 으잉? 뭐지? 악몽을 꾼 것도 아닌데. 상의를 벗고 다시 눈을 붙인다. 눈을 떠보니 9시. 푹 잤구나. 오늘도 여유로운 하루다! 10시가 넘어서야 어슬렁어슬렁 이불을 개고 아침을 먹으려 하니, 아니 고마운 아이세! 나를 위해 카흐발트를 식탁에 차려놓았다. 어젯밤 내가 선물을 전해준 이후로 나에 대한 경계심(?)을 푼 모양이다.

오늘은 어제보다 더 늦게 집에서 나가려고 오전에 인터넷을 하며 필요한 정보를 찾고 어제 젖어버린 빨래도 하고 한량한 시간을 보낸다. 점심시간이 되자 나믹의 아들 오우쿤과 딸 엘리프체가 학교에서 돌아온다. 학교수업이 벌써 끝났나 보다. 집에 먼저 들어온 오우쿤은 아직 내가 집에 있으니 살짝 놀라는 눈치다. 시내에 나가서 점심을 먹을 생각으로 1시쯤이 돼서야 자전거를 끌고 집을 나선다. 그런데 자전거 핸들부분을 보니, 추노꾼의 머리마냥 풀어헤쳐져 있던 바 테이프가 가지런히 고정되어 있다. '아, 오우쿤이 해 놓았구나.' 고마운 마음에 오우쿤에게 미소를 가

정갈해진 바테이프. 내 자전거, 많이 힘들어 보이나?

득 담은 '테세퀴르'를 전한 후 집을 나선다.

날씨 좋고~ 기분 좋고~ 도로 좋고~ 어깨는 가볍고~ 룰루랄라 신나게 달려 가지안테프 시내에 도착. 점심 먹을 곳을 찾아 어슬렁거린다. 먹을거리가 풍부한 곳이니만큼 신중히, 또 신중히 레스토랑을 고른다. 눈을 재빨리

돌려가며 요리조리 스캔중, 저 멀리 맛 좋아 보이는 케밥집이 눈에 들어온다. 그곳으로 자전거를 타고 씽씽. 어어! 그런데 바로 눈앞에 하수구가…! 아니, 안 돼, 안 돼!!!

"콰당탕!"

앞바퀴가 그만 하수구 틈새에 빠지고 말았다. 교차로 한복판에서 일어난 일이다. 아픔도 잊은 채 엄청나게 밀려오는 쪽팔림에 자전거를 이내 세우고 재빨리 케밥집으로 달려간다. 그런데 앞바퀴의 바람이 슝… 자전거를 들고 달린다. 펑크는 확실한데 타이어가 찢어지지 않았는지 모르겠다. 에잇 몰라. 일단 밥부터 먹고 생각하자.

케밥 종류를 고르는데 두얼 먹을지 행복한 고민에 빠진다. 다 맛있어 보인다. 내가 제일 좋아하는 닭고기 케밥을 선택. 잠시 후 요리가 나온다. 우와, 비주얼이 최강이다! 맛 또한 굿굿! 살라타(샐러드)

까지 쟁반 모두를 쓱싹했지만, 무언가 부족한 느낌이다. 케밥을 하나 더 시킬까 했으나, 군것질로 배를 채우기로 하고 계산을 마친다. 휴… 이제 자전거를 고쳐야 되는구나. 앞바퀴를 떼어내 상태를 확인해보니 다행히 타이어가 찢어지지는 않았다. 튜브에 펑크가 났을 뿐. 이 정도는 이제 식은 죽 먹기다. 10분 가량 펑크를 때운 후 자전거 바퀴 바람을 빵빵하게 채우려고 주유소에 간다. 얼마 전, 자전거 바퀴를 빵빵하게 채우는 법을 터득했다. 바로 주유소에 있는 차량 공기주입기다! 이거 하나면 휴대용 펌프로 힘들게 바람을 넣을 필요가 없다.

비록 펑크가 났지만, 기분 좋은 마음으로 집시 모자이크를 보러 제우그마 박물관을 찾아 떠난다. 사람들에게 물어물어 겨우 도착한 제우그마 박물관.

입장료는 인터넷에서 8리라로 보았지만, 그새 가격이 올라 10리라다. 티케팅 후 입장. 제우그마는 그렇게 유명한 박물관은 아니다. 단지 집시 모자이크 하나 보려고 나는 이곳에 왔다. 인터넷으로 보면서 뭔가 모르게 끌려서 하루를 더 머무르며 바로 오늘! 보러 온 것이다!

제우그마 박물관을 둘러보며 터키 사람들, 참 유적지를 보호할 줄 모른다는 걸 느끼게 된다. 어떻게 50km 떨어진 유적지를 그대로 떼어다가 이곳에 옮겨놓을 수가 있지? 정말 어떤 이의 말대로 유럽의 중국이라 할 만하다. 절묘하게 옮겨놓았다는 게 신기할 따름이다. 집시 모자이크는 다른 모자이크와는 다르게 특별한 공간에 소장되어 있다. 그곳으로 가는 길도 좀 특별하게 마련되어 있다. 어디에선가 흘러나오는 몽환적인 음악과 함께. 집시 모자이크를 대면하면서 왠지 모를, 말로는 설명하기 힘든 감정이 솟아난다.

안테프는 피스타치오의 고장. 어딜 가나 피스타치오를 판매하는 상점을 흔히 볼 수 있다.

 내일은 이 집을 떠나야 하는 날. 처음에는 굉장히 불편했고 자존심 상했지만, 어느덧 정이 들고 편안해졌다. 3일간 정말 고마웠어요! 나믹 패밀리!
 나믹 가족들은 잠자리에 들러 모두 올라가고, 나는 맥주를 꺼내 들고 가지안테프에서의 마지막 밤을 준비한다.

45일차 주행거리 53km / **총 주행거리 2,635km**
45일차 지출 23.2리라(점심 8.5, 제우그마 입장료 10, 간식 4.7) / **총 지출 1,026.30리라**
+188.63유로

미소 하나 달랑 메고, 써니의 80일간 자전거 터키일주

자전거가 아파요

생각보다 늦게, 8시에 나믹 집을 나선다. 출근하는 나믹 부부와 함께 집을 나와 작별인사를 하고 각자의 방향으로 바퀴를 굴린다. 나는 두 바퀴, 나믹네는 네 바퀴. 아, 그런데 역풍이 너무 심하다. 나름 고원지대여서 바람이 더 심한 건가. 이곳 가지안테프는 해발 600m정도 된다고 듣긴 했지만, 가면 갈수록 해발고도가 높아진다는 게 함정. 네브세히르가 1,100m던데. 에르주룸은 1,800m라지? 앙카라도 800m… 흠, 여튼 오늘의 목적지는 샨르우르파이니 오늘의 일에 충실하자!

아무리 역풍이 심해도 며칠간 좋은 곳에서 맛있는 거 먹고 푹 쉬어서 그런지 페이스는 좋다. 장장 네 시간을 쉬지 않고 달린다. 점심때가 되었다. 배는 고프지 않지만, 안 먹으면 서운하다. 간식으로 먹으라고 아이세가 챙겨준 바클라바를 먹기로 한다. 화장실도 갈 겸 길가에 자리한 주유소에 들어가 콜라를 하나 사고 자리를 잡는다. 잉, 그런데 직원들을 포함하여 사람들이 한 명씩 나에게로 모여든다. 바클라바를 권하니, 괜찮단다. 바클라바를 먹으려고 온 사람들은 아니고, 나란 놈이 궁금해서 모여드는 것이다. 자

아랍어가 자주 목격된다.

전거를 타는 이방인이 신기한가 보다. 그들 중 영어를 조금 할 줄 아는 사람을 통해서 내게 마구마구 질문들을 던진다. 자기들은 수리안이며, 쿠르드쉬라고. 덕분에 휴식시간이 지루하지 않고 흥미롭게 지나간다.

다시 자전거를 신나게 굴려 비레치크(Birecik)라는 동네에 접어든다. 터키 동부지역, 특히 오래된 집에서 사람이 살고 있다는 마르딘을 사진으로만 봐 왔는데, 마르딘까지는 아니지만(현지 위치는 마르딘에서 약 300km 떨어져 있다) 그 광경이 지금 눈앞에 펼쳐져 있다. 정말 회색빛깔의 집들. 그게 다가 아니다. 맑고 투명한 강이 흐르는데, 왠지 보석 같은 곳을 발견했다는 기쁨을 감출 수가 없다. 잠시 자전거를 세우고 사진으로 담아보려 하지만, 사진으로 담기에 너무 역부족이다. 지금부터 이런 광경이 시작되면, 과연 마르딘은 어떤 도시란 말인가? 그런데 그것도 잠시, 장난기 많은 꼬맹이들 때문에 골치가 조금 아파진다. 한국도 그렇고, 아마 모든 청소년들이 그런 것 같다. 한 명만 있으면 얌전할 녀석들이 두세 명 무리가 형성되니 무서운 게 없어진다. 그 조롱을 피해야 하는 건 바로 나다. 동부지역으로 가면 갈수록 심해지는 아이들 장난은 이제부터 견뎌야 될 과제 중 하나다.

날씨가 너무 덥다. 터키에서 가장 더운 곳이 바로 우르파라는데, 벌써부터 얼마나 더운지. 하아, 헬멧을 쓰고 달리는데 머리에서 열이 나 조금 어지럽다. 때마침 저 멀리서 주유소 직원이 나에게 오라는 손짓을 한다. 재빨리 주유소 안으로 들어간다. 오자마자 무얼 마시라며 냉장고 안에 있는 것들 중 고르란다. 나는 살구 주스를 하나 꺼내 쭈욱 들이킨다. 휴, 이제야 좀 살 것 같네. 이렇게 또 주유소 직원들과의 이야기가 시작된다. 터키에서 주유소는 정말이지, 자전거 여행자들에게 오아시스와도 같은 곳이다. 펑크가 나도 주유소, 쉬고 싶어도 주유소. 판매하는 살구 주스를 그냥 얻어 마신 게 즈금 미안해서 물을 한 통 구매한다. 1.5리터에 2리라. 그런데 그때 실수를 저지르고 만다. 절실한 무슬림 신자들은 시간이 되면 메카를 향해 기도를 올리는데 내가 그만 그 앞을 지나가버린 것이다. 기도를 올리는 동안에는 그 앞으로 다니면 안 된다고 직원이 설명해준다. 무슬림 문화에 대해 내가 너무 무지했다. 갑자기 싸늘해진 주유소. 불행인지 다행인지, 기도하던 분이 주유소 직원의 아버지였다. 다행히 나의 실수는 무사히 넘어갈 수 있었고, 나는 자전거에 물을 한 통 장착하고 다시 길 떠날 준비를 한다. 주유소를 떠나기 전, 하늘의 구름이 너무 예뻐 카메라를 빼내어 사진을 담아본다. 그런데 그때 직원들이 또 나에게 오라는 손짓을 한다. 카메라 셔터 누르는 시늉을 하면서 자기도 사진을 찍어달란다. 그래서 그들에게 사진을 찍어준다. 어차피 사진 찍어도 그 분들에게는 줄 수도 없는데. 그때 한 직원이 묻는다.

"너 밥 먹었어?"

"아니."

"일루와. 라흐마준 있는데 그거 먹어."

"오, 촉 테세퀴르!"

오늘 점심은 이렇게 해결! ^^ 정 많은 터키의 시골 사람들 덕분에 라흐마준과 아이란으로 점심을 때운다.

　　계속되는 오르막 내리막, 그리고 양 옆에는 허허벌판이 펼쳐져 있다. 그런 길을 두 시간쯤 달렸을까? 이정표는 오늘의 목적지인 우르파에 거의 도

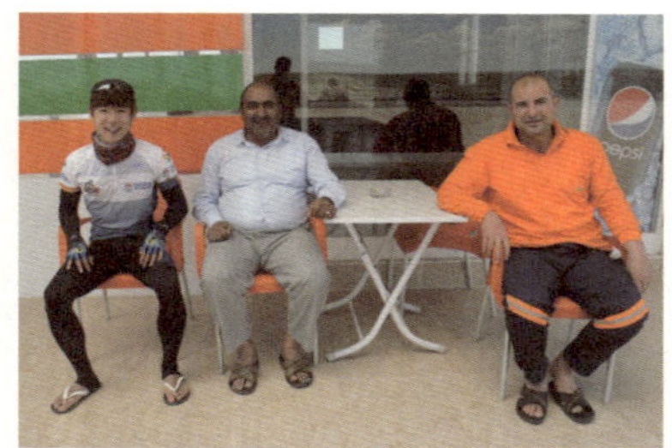

달했음을 알려주고, 마지막이라 짐작되는 오르막길을 낑낑대며 오른다. 기어 단수를 점점 낮춰가며 오르는데, 1단이 되는 순간, "타타타타타타 딱!" 하는 소리와 함께 자전거가 멈춰버린다. 사실, 자전거가 멈춰버린 게 아니라, 내가 깜짝 놀라 브레이크를 잡은 것이다. 소리가 날 때 딱 감이 왔다. 어딘가 잘못 되었구나….

자전거에서 내려 이리저리 살펴보니, 이게 뭐야! 뒷드레일러가 바퀴 살 안쪽으로 파고 들어가 버린 게 아닌가. 그리고 뒷드레일러는 파손. 멘붕… 아… 아… 아… 그 자리에 털썩 주저 앉는다. 다른 부분도 아니고 그나마 내 자전거에서 제일 좋은 곳이 박살나다니. 내 자전거는 다른 곳은 모두 소라 구동계인데, 뒷드레일러만 티아그라(소라 구동계보다 한 단계 좋은 버전)를 달고 나온 모델이다. 제일 걱정되는 건 이 동네에서 티아그라 드레일러를 구할 수 있을지다. 이제까지 터키에서 몇몇 로드 자전거를 보긴 했는데, 소라급 이상을 보질 못했다. 그리고 가격 또한 터무니없이 비쌌다. 도시에 거의 다 와서 그나마 다행이다. 시골 한복판에서 그랬으면 어휴, 생각만 해도 끔찍하다. 해결책은 단 하나. 오늘의 호스트, 멘데레스에게 전화를 건다. 잠시 후 멘데레스가 나를 데리러 온다.

멘데레스는 카우치서핑을 통해 컨택했지만, 실은 보즈야즈에서 만난 주 형님이 소개해준 호스트다. 쿠르드쉬이며 정~말 친절하다고 하여 우르파에 가면 꼭 컨택하라고 알려주신 분. 그런데 그때 당시 주 형님께서 말씀하시기를 멘데레스 집이 아니고 그가 일하는 사무실에서 머무르게 될 거라고 했는데, 지금 멘데레스는 나를 집으로 데리고 간다. 이사한 지 이틀 된, 둘째 가라면 서러울 새집이다! 새집 냄새가 킁킁~ 좋다. 지금은 이삿짐센터 인부들이 드나들면서 가구를 세팅해주고 있다. 멘데레스도 어제부터 이곳에서 자기 시작하여 오늘이 이틀째란다. 그리고 내가 첫 손님이라면서 좋아한다. 나는 더 좋다! 헤헤헤헤헤. 나는야 럭키가이! 이삿짐센터 인부들이 가구를 모두 세팅해주고 간 후, 나는 그제야 샤워를 하고 쇼파 한 자리를 차지하게 된다. 내가 바로 이집에서 처음 씻은 사람이고 쇼파에 처음 앉아본 사람이다! 자전거 고장 난 것도 잠시 잊은 채 신이 난다.

간단히 짐정리를 하고, 우리는 저녁을 먹으러 나간다. 그가 나를 데리고 간 곳은 케밥 레스토랑! 우르파 또한 맛있는 지역으로 참 유명하다. 뭘 먹어볼까 메뉴판을 뚫어지게 들여다보다가 우르파 하면 우르파 케밥이라는 누군가의 말에 우르파 케밥으로 선택! 아, 진짜 이쪽 지역은 뭘 덕어도 맛있다. 주 형님의 안부 인사부터 시작하여 쿠르드족에 관한 이야기, 자신의 카우치서핑 경력 등 저녁을 먹으며 멘데레스와 이런저런 이야기를 나눈다. 멘데레스는 쿠르드쉬다. 그래서 쿠르드족에 관한 여러 이야기들을 들려주는데, 지금 자기 민족의 리더는 옥살이중이란다. 그리고 PKK라는 무장단체를 중심으로 분리운동이 한창이란다. 고등학교 때 배웠던 기억이 난다. 정식 국가로 인정받지 못하더, 터키 내에서도 얼마 전까지 엄청난 핍박을 받았던 민족이 바로 쿠르드존이다. 예전 같았으면 터키에서 쿠르드어를 쓰지도 못하게 했지만, 지금은 대학교에 쿠르드어과가 개설되었다고 한다. 자신들의 모국어를 대학교에 진학해야 배울 수 있다는 이런 아이러니한 상황이 씁쓸하다. 멘데레스 형님은 카우치서퍼를 100명 넘게 받아봤다는 베테랑. 사람들 만나는 게 너무 좋단다.

저녁을 먹고 난 뒤, 우리는 멘데레스의 사촌을 만나기 위해 카페로 간다.

멘데레스가 엄청 좋아하는 카페이며, 주 형님도 이 곳에 데리고 온 적이 있단다. 멘데레스의 사촌들은 모두 쿠르드쉬이며 서로의 궁금한 것에 대해 물어보는 시간을 갖는다. 이제부터 쿠르드어도 배워야 할 것 같다. 내가 딱 하나 아는 문장인 "수파스?(How are you?)"를 말하니 무지 좋아한다. 수다가 10시가 넘어가니 나도 피곤하고, 멘데레스(이제부터 멘디 아비라고 부르겠다. 터키어로 아비는 '형'이라는 뜻)는 하품을 연신 하고 있다. 우리는 먼저 자리에서 일어난다. 돌아오는 차 안에서 아비가 오늘 이사 때문에 너무나 고된 하루였다며, 그래서 친근하게 못 대해도 이해하란다. 이런 배려 너무 좋아. :) 집으로 돌아와서 아비는 내 잠자리를 펴주고 곧장 방으로 들어간다. 내일은 꼭 자전거 수리를 알아보러 돌아다녀야겠다. ㅠㅠ 수리비용은 어느 정도 감안하고 있다. 얼마가 들어도 상관없으니 제발 부품이 있어 바로 수리가 가능하기를 빌어본다. 내 보물 1호란 말이다!

많이 달린 하루였지만 애마 때문에 이리저리 마음이 아픈 하루다.

46일차 주행거리 158km / **총 주행거리 2,793km**
46일차 지출 5리라(간식 5) / **총 지출 1,031.30리라+188.63유로**

성스러운 도시, 샨르우르파

알람도 없이 7시에 기상한다. 저쪽 방에서 소리가 들리는 걸 보니 아비도 일어난 것 같다. 잠시 후 아비가 나갈 준비가 되었냐고 물어본다. 잉? 아직 8시도 안 되었는티? 컴퓨터를 하러 사무실에 가자는 뜻이다. 나는 5분만 기다리라고 한 후 급히 세수를 하고 카메라만 챙겨 아비를 따라 나선다.

아비의 차를 타고 5분 만에 사무실에 도착. 아비는 나를 위해 컴퓨터 한 대를 내 준다. 와이파이는 안 되지만(아비의 집도 와이파이가 되지 않는다) 컴퓨터 인터넷은 가능하다. 잠시 후, 아비와 함께 일하는 마흐무트와 아흐멧이 출근한다. 이들 모두 쿠르드쉬다. 대단히 친절하다. 어제부터, 아니 길에서 만난 쿠르드쉬에게서도 느낀 거지만 이들은 대단히! 친절하다.

아흐멧이 아침으로 먹을 빵을 사러 나간다길래 따라 나선다. 멀지 않은 거리에 위치한 빵집에서 갓 구운 빵을 기다리는데 이곳, 맛집인가 보다. 사람들이 줄을 서서 기다리고 있다. 갓 구운 빵을 들고 사무실로 돌아와 함께 아침을 먹는다. 그런데 조금 특이하다. 피데 빵에 구운 가지와 고추, 토마토, 치즈를 얹어 돌돌 말아 먹는다. 아비 말로는 우르파에서만 볼 수 있는 아침 풍경이란다. 아비가 나를 위해 하나 싸서 주는데, 오! 맛이 괜찮다. 특히 치즈, 요거 괜찮다.

"Are you ready?"

아침을 든든히 먹고 나서 아비가 묻는다. 바로 시내 구경을 시켜주겠단다. 우르파는 아브라함이 태어난 도시로, 이슬람 문화권에서는 성지로 추앙받는 곳이다. 아브라함의 아들 이스마일은 이슬람의 시조가 되는 인물로 받들어지는데, 이는 우르파가 이슬람의 시조가 태동한 곳이라는 의미도 된다.

현재 터키 내 최대의 이슬람 성지이며, 순례자들의 발길이 끊이지 않는 도시다. 우리가 먼저 찾아간 곳은 물고기 연못. 성서에 따르면, 아시리아의 왕 넴루트가 아브라함을 화형시키기 위해 장작을 쌓고 불을 질렀으나 기적이 일어나 불은 물로 변하고 장작은 물고기로 바뀌었다는 전설을 지닌 곳이다. 종교와 성서에 조예가 없어(ㅆ) 크게 흥미가 없기는 했으나, 눈에 보이는 많은 관광객들이 이곳이 예사로운 곳이 아니라는 걸 짐작케 해준다.

우르파 성채에 올라본다. 계단을 조금 올라가야 하는 곳인데, 아비는 피곤하다며 아래서 친구를 만나고 기다리겠단다. 나 혼자 우르파 성을 오른다. 성 입장료는 5리라. 5분쯤 걸어 올라가면 우르파 시내 전경이 한눈에 내려다 보이는 성에 도달한다. 그런데 너무 덥다. 체감온도가 40도를 훌쩍 넘기는 듯싶다. 더위도 잊은 채 나는 사진을 담아내는 데에 한창. 성 아래로 보이는 옛스런 건물들이 멋있긴 멋있다.

하산하여 아비를 만나 이동한다. 아비가 다음으로 나를 데리고 간 곳은 바자르(전통시장). 바자르는 현지 물가를 확인하기에 가장 좋은 곳이기도

하다. 그곳에서 나는 충격적인 우르파의 물가를 확인하고 마는데…. 내가 즐겨 먹던 타북 되네르가 0.75리라라니…! 풀사이즈는 1.5리라. 충격에서 벗어나질 못한다. 흐억… 동부가 확실히 물가가 싸긴 싸구나. 바자르를 빠져나와 아브라함 탄생지로 여겨지는 동굴을 둘러보다 여고생 무리를 만난다. 이방인이 반가운 것인지, 아니면 한국을 좋아하는 것인지, 나를 보자마자 사진을 찍자고 달려든다. 여고생 10여 명에게 둘러싸인 기분이란… 나쁘진 않다. 그런데 아비의 표정이 좋질 않다. 일도 제쳐두고 나를 가이드해주고 있는데, 시간이 지체되어 너무 미안해진다. 사진만 몇 장 찍고 바로 아비를 따라간다.

사무실로 돌아와 나는 휴식을 취하고, 아비는 밀린 업무(?)를 처리한다. 그러다 갑자기 생각난 내 보돌. 아 맞다! 자전거 수리! 자전거 고치는 걸 깜빡하고 있었다. 아비에게 바쁘지 않으면, 자전거 가게에 같이 가줄 수 있냐고 물어본다. 바로 집에서 자전거를 실은 후 자전거 가게를 찾아간다. 우리가 찾은 가게는 허름한 곳. 아니, 이곳에선 대형 자전거 가게를 발견할 수 없을 것이다. 자전거 타는 사람이 거의 없기 때문이다. 터키에서 가장 더운 곳인데, 누가 자전거를 타고 다니겠는가. 가게 주인은 내 자전거 상태를 보더니, 이내 부품 하나를 가져온다. 그런데 그가 가지고 온 것은 내 것보다 3단계나 낮은 최하위 단계의 부품. 뭐 어쩔 수 없다. 그래도 부품이 있는 게 어딘가. 혹시나 하는 마음에 전 단계, 전전 단계의 부품이 있는지 물어보는데, 역시나 없단다. 가격을 물어보는데 가격이 계속 바뀐다. 50리라였다가 25리라, 다시 30리라. 뭐야… 어쨌거나 나는 200리라 정도는 지출할 것을 감안하고 왔는데, 생각보다 엄청 싸네? 아마도 부품 등급이 등급인지라.

처음부터 끝까지 수리하는 과정을 쭉 지켜보고 자전거 수리가 끝난 후 값을 지불하려 사장에게 돈을 건네니, 아비가 이미 지불했단다.

"아비! 이건 내 자전거잖아. 자 여기~ 자전거 수리비."

"브라더, 괜찮아. 넣어둬."

"안 돼! 이건 내 자전거란 말이야."

"넌 내 브라더야."

…………♥ 나는 그저 "테세퀴르, 촉 테세퀴르"만을 전한다. 자기가 한국에 가면 그때 대접해달란다. 이런 고마운 형님… 고맙고 미안한 마음이 교차한다.

자전거를 고친 후 우리가 향한 곳은 대형 쇼핑몰. 아비의 새집에는 물건이 하나도 없다. 심지어 휴지 쪼가리 하나도. 그래서 우리는 대형마트에 가서 장을 보기 시작한다. 담요, 그릇, 세제, 옷걸이, 칼… 아비는 눈에 보이는 물건은 몽땅 카트에 담는 것처럼 보인다. 흠, 그런데 조금 이상하다. 이사했으면, 예전 집에서 쓰던 물건이 있었을 텐데, 모두 버렸을까? 새집에서도 아

erpiliç
ESNAF DÖNER
TAM DÖNER 1.50 t
YARIM DÖNER 0,75

비의 물건이라곤 여행할 때 쓰는 캐리어 달랑 하나다. '이 형님, 로또에라도 당첨되셨나?'라는 생각도 해본다. 카트에 생필품들을 한가득 담고 계산대로 가는데, 갑자기 아비가 돈을 뽑아오겠다며 인출기를 찾아 떠난다. 10분이 지나도, 20분이 지나도 감감 무소식. 한참이 지나서 돌아온 아비. 인출기를 찾을 수 없었다며, 혹시 나에게 현금이나 카드가 있는지를 물어본다. 있지. 있지. 암, 지금 내 주머니에 있는 건 현금 35리라와 체크카드. 아비가 내게 카드를 빌려주면 나가서 바로 현금을 뽑아 주겠단다. 현금이 왔다갔다 하는 거래가 조금 마음에 걸렸지만 그래도 고마운 아빈데! 하며 카드를 건넨다. 335리라 결제. 다시 받는 건데 왜 이리 가슴이 아프지? 다리는 왜 이렇게 후들거리는 것이고? 흑흑. 이렇게 장을 본 후 그곳 쇼핑몰 푸드 코트에서 저녁을 해결. 그리고 집으로 돌아오는 길에 현금인출기에서 아비가 돈을 뽑아온다. 그리고 나에게 돈을 건네는데, 금액은 340리라.

"아, 뭐야 아비! 여기 5리라 거슬러줄게."

"됐어. 그냥 받어!"

아, 진짜 이 형… 돈에 별로 신경 안 쓴다. 지갑도 없이 돈뭉치를 주머니에 넣고 다니는 것부터 시작해서… 조금 로또의 냄새가 난단 말이지. 그래도 너무 미안하잖아. 아까 쇼핑몰에서 아비가 신발을 사는데, 내가 멋지다고 한마디 해줬더니, "너도 필요하면 내가 사줄게"라고 한다. 흠… 아비! 돈은 소중하단 말이야. ㅠ.ㅠ 로또가 아니라면 아껴 써!

뙤약볕에 시내를 돌아다니고, 자전거 수리 때문에 은근히 신경도 많이 쓰고, 쇼핑하면서 짐꾼 역할을 하느라 집에 돌아오니 녹초가 되었다. 아비도 피곤해 보이는 건 마찬가지. 우리는 씻고 나서 멜론 한 통을 사이좋게 나눠 먹은 후 각자 잠자리로 향한다. 혼자 발코니 의자에 앉아 생각에 잠겨본다. 아무리 생각해도 나는 인복이 많은 놈이다. 많아도 과분하게 많은 놈. 정말 미안하고 고마워요, 아비. 그리고 사랑해요(부끄부끄). 한국 꼭 와요!

내일은 자전거타고 하란에 가볼까 생각중이다. 그러면 우르파 일정도 끝!
이겠지. 마르딘은 포기하기로 결정. 이런 날씨에 마르딘까지 150km를 자전
거로 달린다는 게 무리이거니와 예기치 못한 자전거 고장으로 하루를 더 낭
비해버렸다. 물론, 이게 나쁜 건 전혀 아니다. 좋은 사람들과 더 오랜 시간
있을 수 있어 너무나도 행복하다. 그리고 마르딘을 가지 않고 루트를 변경
해 바로 아드야만으로 향한다고 하더라도 그곳에는 또 다른 즐거움이 나를
기다리고 있을 것이다!

47일차 주행거리 0km / **총 주행거리 2,793km**
47일차 지출 8리라(우르파 성 입장료 5, 간식 3) / **총 지출 1039.30리라+188.63유로**

하란으로 가는 길

　나는 오늘 하란(Harran)에 갈 예정. 물론 자전거를 타고! 자전거 복장으로 멘디 아비의 사무실로 출근한다. 자전거로 하란에 간다고 하니, 다들 더워 죽을 거란다. 오토뷔스(버스) 타고 가라고 하는데, 나는 자전거 여행자이기에 고개를 젓는다.

　하란까지는 왕복 100km. 아침부터 뙤약볕이다. 도로 사정도 좋지 않다. 그나마 하란까지 계속 평지라는 사실이 위로가 된다. 달리고 또 달려 3시간 만에 하란 도착. 하란은 꼭 와보고 싶었다. 사진에서처럼 흙집들만 덩그러니 있다는 건 많은 이들에게 들어 익히 알고 있었지만, 이 흙집이 나를 하란으로 끌어당겼다.

　하란은 터키 남동부 우르파 주에 있는 작은 마을로, 지구에서 가장 오랜 주거 역사를 자랑하는 지역이다. 또한 아브라함과 그의 가족들이 정착한 곳으로도 유명한데, 하란의 흙집을 본 것만으로도 오늘

하란으로 가는 길. 쭉 직진하면 시리아가 나온다.

은 만족! 흙집 구조를 살펴보면 선조의 지혜가 돋보인다. 내부 중앙에 천장이 뚫려 있고, 벽에도 창문처럼 구멍이 나있다. 바깥은 쪄 죽을 것 같지만, 내부로 들어가는 순간 선선한 기운이 나를 감싸고 돈다.

1. 하란에서의 첫 여행은 할렙 문어서부터 시작된다.
2. BC 2000년 전부터 사람들이 살기 시작해 고도의 문명을 자랑했던 유서깊은 도시 하란

한 시간 정도 둘러본 후 다시 돌아오는 길. 하아… 너무 덥다. 머리가 지끈지끈하다. 이런 날에는 장시간 라이딩을 절대! 할 수 없다. 50분 달리고 10분 쉬기를 반복하는 수밖에. 중간중간 음료수를 자꾸자꾸 마셔준다. 현재 온도는 33도를 가리키고 있다.

주유소에 들어와서 음료를 사 마시는 도중 직원(분명 10대)이 나에게 말을 건다. 처음에는 친절하게 받아주지만, 이 아이의 태도나 반응이 버릇없어 이내 무시하고 만다. 그래도 그 친구는 끈질기게 터키어로 질문을 던진다. 휴대폰을 가만히 만지작거리며 그 친구가 하는 말을 잠자코 듣고 있으니 "섹스"란 단어가 들린다. 그를 째려보니, 방으로 들어가자는 시늉을 한다. 와, 갑자기 열 받는다. 너 남자 좋아하냐? 난 아니다. 이건 아니잖아 동생아. 이 자식이 보자보자 하니까… 내가 남자였기에 망정이지, 여자가 이런 경우에 처했다면 어쩔 뻔했어. 우리말로 욕을 한바탕 해주고 주유소를 나와 버린다.

원뿔모양으로 쌓아올린 흙집 지붕은 이 지역에서만 볼 수 있는 건물양식으로, 지붕 끝에 구멍을 만들어 빛이 직선으로 들어오게 하는데, 이는 천장에 넓은 공간을 둠으로써 무더운 태양열을 감소시키기 위한 것이다.

이뿐만이 아니다. 우르파로 되돌아오는 길, 오토바이를 탄 10대들이 많이 지나간다. 비단 오늘뿐 아니라 시골길을 달리다 보면 종종 있는 일인데 유난히도 오늘은 한 구리가 나를 계속 쫓아온다. 옆에서 같이 달리면서 계속 무슨 말을 던지는데, 무섭다기보다는 대꾸해주기가 귀찮다. 다행히도 그들이 내게 바짝 붙어서 달리니 쌩쌩 달리던 차들 중 한 대가 천천히 우리 뒤를 따라와 오토바이를 쫓아내 준다. 하지만 그 차가 떠나니 숨어있던 오토바이들이 다시 내게로 들러붙는다. 상대는 8명. 오토바이 4대에 2명씩 나눠 타서 나를 에워싸며 달린다. 그들이 저~쪽으로 가서 차이를 마시자는 시늉을 하지만, 나는 외면한다. 쬐금, 무섭다. 하아, 이 상황을 어떻게 헤쳐나가야 하며, 이놈들을 어떻게 떨어뜨리지? 그때 저 멀리 주유소를 가리키는 표지판이 보인다.

'옳지! 저기로 도망치자!'

오토바이족에게 휩싸여 달리다가 재빨리 주유소 안으로 도망친다. 10대 무리들은 차마 들어오지 못하고 밖에서 서성거린다. 그들이 사라지기 전까지 주유소 안에서 몸을 숨긴다. 문득 이런 생각이 든다. 내가 몸이 야리야리해서 고글에 마스크까지 쓰고 있으니까 여자로 보였나? 하긴, 얼굴까지 다 가렸으니. 오늘의 경험으로 미루어보아 동부 쪽으로 더 나아가기는 무리라는 판단을 해본다.

집에 도착하여, 아비에게 내일 아드야만으로 갈 거라 하니, 언제든지 다시 와도 되고, 뭐 필요한 게 있느냐고 물어본다.

"너 뭐 필요한 거 있어? 돈은 충분해? 없으면 내가 줄 수 있어."

"아니~! 괜찮아."

"브라더, 혹시나 터키 안에서 무슨 일 생기면 바로 연락해. 바로 찾아갈 테니까. 꼭 터키여야 해. 그래야 돈 보내기도 쉽거든.(^^;)"

내 집이라며 새집 자랑중인 멘디 아비

“으흑, 촉 테세퀴르 아비!(정말 고마워, 형!)”

“아냐, 나는 네 아비(형)니까.”

멋있다, 이 형. 지금 이 순간뿐만 아니라 처음 만날 때부터 느꼈다. 길거리에 흩어져 있는 쓰레기를 주워 담을 때, 꼬마들이 구걸하면 친절하게 다 받아주고 동전을 쥐어주는 모습까지. 정말 최고의 아비다. 한 사람으로 인해 그 도시의 인상이 정해질 수 있다는 걸 실감한 우르파에서의 3일이다.

만남과 헤어짐의 연속이라지만 참, 이곳 떠나기 싫다. 아비 때문에….

48일차 주행거리 98km / 총 주행거리 2,891km
48일차 지출 20.75리라(점심 2.5, 간식 6.75, 장보기 11.5) / 총 지출 1,060.05리라+188.63유로

이슬람 문화권 터키, 그러나 터카에서의 이슬람의 위치

"인샬라 İnşallah!"
"마샬라 maşallah!"
"알라~ 알라 Allah~ allah~!"

여행을 하다 보면 종종 들을 수 있는 외침이다. 차례대로 "신의 뜻대로" "맙소사(?)", 그리고 '알라 신' 을 의미하는 이 단어들은 긍정의 메시지이자 의지의 표현이며, 모두 이슬람과 관련된 문장들이다. 터키 국민 대부분은 이슬람교도이며, 어느 지역을 가나 뾰족한 첨탑을 지닌 모스크를 볼 수 있다. 약 8,000만 터키 국민의 99%가 이슬람 신자다. 그러나 이들 99% 모두가 진정 이슬람 신자일까? 한 가지 흥미로운 점은 터키국민의 신분증에는 종교란이 있어 종교를 믿건 안 믿건 간에 이를 꼭 기입해야 한다. 통계가 나타내주니 1%를 제외한 모든 국민은 다 이슬람교로 기재되어 있을 것이다. 만약 이슬람이 아닌 다른 종교를 기입한다? 이는 곧 자기가 속해 있는 공동체로부터 분리된다는 으미이기에 참으로 용기가 필요한 행동이리라 생각된다. 터키에서 이슬람교가 차지하는 비중은 절대적이지만 지리적인 이유에서건, 사회적 분위기 때문이건 간에 터키의 종교문화는 여느 이슬람 국가와는 다르게 비교적 자유분방한 분위기다. 내가 만난 많은 터키인들 중 몇몇이 한 말이 기억에 남는다.
"나 실은 이슬람 신자가 아니라 OO교야. 그런데 비밀이야!"

Sunny의 생각

'이슬람의 상징인 모스크의 첨탑과 성당의 십자가가 한눈에 들어오는 곳이 터키입니다. 므슬림의 상징인 히잡을 두른 여성과 배꼽티를 입은 여성이 손잡고 거리를 누비는 곳이 터키입니다. 청바지를 입고 모스크에서 머리를 땅에 대고 기도를 올리는 곳이 바로 터키입니다. 이슬람 국가이면서도 가장 이슬람 국가답지 않은 모습을 지닌 나라가 바로 터키입니다.'

Ben bay!(나 남자야!)

오늘은 3일간 머물렀던 우르파를 떠나 다른 도시로 이동하는 날. 6시 30분에 일어나 짐을 꾸린다. 사무실에 출근하여 직원들과 작별인사를 나누고, 아비와도 서로의 안녕을 빈다. 여행중에 언제나 있는 일인데, 나는 정말 이런 이별에 아무렇지도 않은데, 아비만큼은 헤어지는 게 너무 아쉬워 꼬옥

껴안고 어디선가 다시 만나기를 약속한다. 아비! 정말 3일 동안 고마웠어요. 아비 덕분에 3일 동안의 우르파 생활, 정말 최고였어요. 절대 잊지 못할 거예요. 아비! 이내 눈물을 보이고 만다.

날이 정말 너무 덥다. 해도 해도 너무 덥다. 뙤약볕을 피해 쉴 겸 해서 주유소로 들어가 자전거를 세운다. 화장실에 들어가려는 순간, 입구에서 손을 씻고 계시던 할아버지가 나를 제지한다.

"여자 화장실은 저기야. 절루 가."

"Ben bay~(나 남자야~)."

"오지 마! 저리로 가라고!"

할아버지의 고함소리에 사람들이 하나둘씩 모여든다. 그리고는 한순간에 주목을 받게 된다. 아, 급해죽겠는데 ㅠ.ㅠ 이 할아버지는 왜 그러시지. 너무 더워서 쓰고 있던, 땀에 흠뻑 젖은 버프와 고글을 벗는다. 그제야 사람들이 재잘재잘. 웅성웅성. 아이고, 나를 여자로 착각했던 모양이다. 거울을 들여

다본다. 하긴 야리야리한 놈이 얼굴을 버프로 다 가린 채 다니니, 마치 여자가 히잡을 두른 것 같은 착각을 불러일으킨다. 그래서 이제까지 도로 위의 차들이 내 앞에 멈춰 서서 타라는 시늉을 한 것일까. 그래도 시골길에서 남정네들이 한 뭉탱이로 오토바이를 타고 나를 계속 쫓아오는 건 무섭다. 너희들 때문에 터키에 대한 인식이 안 좋아진 건 변함없어!

이런 웃지 못할 해프닝을 격고 화장실에서 나오니 주유소 직원들과 동네 주민들 모두 웃으면서 내게 점심을 먹고 가라고 손짓한다. 마다할 이유가 없다. ^^

점심 메뉴는 아비네 사무실에서 먹었던 이 지역 특유의 음식(우르파식 카흐발트?). 물론 아이란(요거트와 물을 섞은 터키 음료)과 함께! 이곳의 아이란은 얼음까

할아버지, 절 외면하지 마세요!

지 동동 띄워서 주는데, 이제까지 마셔본 아이란 중 제일이다. 따봉! 5~6잔을 연거푸 마신다. 이제야 느끼는 건데 아이란, 진짜 물건이다. 왜 이렇게 맛있는 거야? 아이란을 처음 맛본 건 4월 초 알로바에 있을 때다. 그때는 호기심으로 한 통 구매한 걸 절반도 못 마시고 버렸었는데 이제는 아이란 빠돌이(?)가 되었다. ㅎㅎㅎ 한 통이 문제랴. 차이와 함께 주는 대로 넙죽넙죽 받아 마신다. 이야, 어떻게 이런 음료수가 있을 수 있지? 분명 신이 내린 음료수임에 틀림없어.

시골동네에서 잊지 못할 추억을 또 하나 쌓은 후 다시 자전거에 오른다. 30분 정도 탔으려나? 차 한 대가 내 앞에 멈춰 선다. 날씨가 더우니 타라는 손짓을 한다. 나는 한 치의 망설임도 없이 자전거를 싣는다. 정말 더워… 암, 내 몸이 먼저지. 나를 태워주신 분은 압둘라. 다행히도 아드야만으로 가신단다. 그런데 아드야만으로 바로 데려다주는 게 아니라 가이드까지 해주는 게 아닌가?! 가는 길에는 아타튀르크 댐이라고 관광객들이 많이 찾는 곳이 있다. 그냥 한국에서 보던 그저 그런 댐인데(아, 물이 굉장히 깨끗하고 맑다) 유럽에서 제일 큰 댐(러시아를 제외한)이라고 한다. 게다가 사진 기사까지 자처한다. 내가 먼저 시도한 히치하이킹은 아니지만, 이 차를 타기 참 잘했다는 생각이 든다. 중간에 물을 산다며 슈퍼마켓에 잠깐 차를 멈춰 세우는데 나도 목이 마르고 압둘라에게 아이스크림을 사주고 싶어 따라 내린다. 내 아이스크림

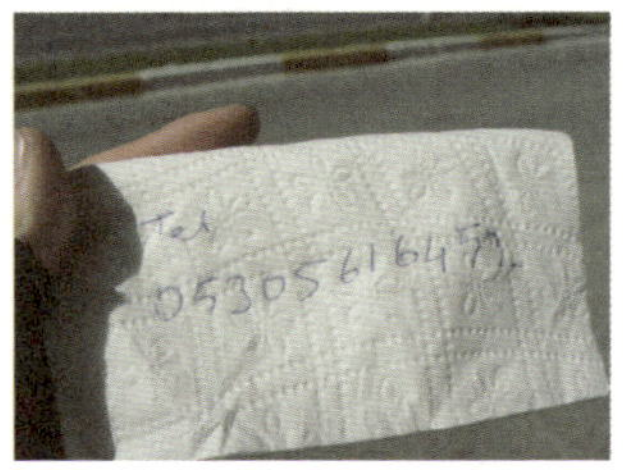

무슨 일이 생기면 연락하라는 압둘라 아저씨

을 고르고 압둘라에게 사주겠다고 고르라고 했더니, 내 것을 빼앗고는 자기가 계산해버리는 압둘라. 내가 계산하려 하니 넣어두란다.

아타튀르크 댐

3시가 넘어서야 아드야만에 도착. 압둘라는 나를 아드야만 시내에 떨어뜨려 주고, 나는 오늘의 호스트인 무라트에게 전화를 건다. 아드야만 대학교 앞으로 와서 다시 연락하란다. 무라트는 아드야만 대학교 영어 교수다. 대박인 건 그의 나이가 불과 25세란 점. 그래도 나보다 한 살 더 많으니까(이때 내 나이 만 24세) '아비'가 성립된다. 우르파에서 '아비(형)'라는 단어를 배우고 난 뒤부터는 재미가 붙었다. 아비~ 아비~~.

무라트네 집에 짐을 푼 후 우리는 곧장 시내로 향한다. 넴루트 투어에 대해 알아보기 위해서다. 내가 이 동네에 온 이유는 오직 넴루트 때문! 넴루트 유적은 아드야만 주에 위치한, 세계문화유산으로 지정된 거대 무덤유적이다. 그것도 해발 2,150m에 위치하고 있어서, 터키인들은 이를 세계 7대 불가사의에 이은 세계 8대 불가사의라고 여긴다는데! 일단은 터미널에 가서 셔틀버스가 있는지부터 확인해본다. 그런데 성수기가 아니어서 버스는 없다고 한다. 정 그렇게 투어를 하그 싶으면 그룹을 만들어서 컨택을 하면 차량 운행이 가능하단다. 하지만 나는 혼자. ㅠ.ㅠ 터미널에서 어떻게 하면 좋을지 생각하고 있을 때 한 아저씨가 내게 접근해온다. 자기 차로 250리라에 넴루트 뿐만 아니라 주변 유적지까지 데리고 가겠단다. 가격이 사악하다. 4명 정도였으면 1/N해서 내면 되는데, 혼자여서 타격이 크다. 달리 방도가 없어 그냥 집으로 돌아가 인터넷으로 호텔과 호스텔 리셉션에 물어보기로 하고, 아쉬움을 뒤로한 채 집으로 향하는 버스에 오른다.

저녁에는 아드야만의 대표음식 치 쾨프테를 맛보러 나갔다. 집에서 그리 멀지 않은 곳에 위치한 치 쾨프테 레스토랑. 한입 베어무니 터키 특유의 냄새(?)가 강

아직 5월인데 36도라니…

드디어 타블라 세계에 입문!

하게 입 안으로 퍼진다. 아…!!! 이거 내가 얄로바에서 맛보았던 음식이구나! 그래도 그때만큼 심하지는 않다. 여전히 내 스타일은 아니지만, 맛없다고 남기기 좀 그래서 꾸역꾸역 먹어치운다. 입에선 강한 향신료 냄새가 풀풀…. '나~ 치 쿄프테 먹었어요~' 자랑하듯 동네방네 냄새를 풍기고 다닌다. 이렇게 오늘도 지역 대표음식을 맛보는 데 성공하고, 무라트는 내게 터키 전통게임인 타블라를 가르쳐주겠다며 카페로 데리고 간다. 오오. 타블라! 카페에 있을 때 현지인들이 타블라를 두는 모습을 수없이 봐왔었는데, 하는 방법을 몰라 그저 지켜만 보고 있었다. 드디어! 오늘! 타블라를 배워보는구나! 무라트가 굉장히 쉽다며 알려주겠단다. 카페에서 차이 한 잔과 함께 타블라 수업 시작! 이 게임은… 운 빨이 대부분, 그리고 머리를 잘 써야 이기는 게임이다. 첫 판은 하는 방법을 터득하느라 무라트에게 졌다. 그리고 이어진 두 번째 판, 무라트를 이겨버렸다…?! 으음… 아마 무라트가 봐 준거겠지? 타블라 삼매경에 빠져있을 때 누군가에게서 연락이 온다. 넴루트 투어 관련 전화. 두구두구두구두구두구~.

아까부터 계속 넴루트 가는 버스와 투어 프로그램을 찾고 컨택하느라 고생했는데, 갈 수 있게 된 것이다! 걸려온 전화는 캬흐타라는 동네엘 오면 110리라에 택시 한 대를 빌려 넴루트를 구경시켜 줄 수 있다는 내용이다. 그런데 110리라도 비싼 가격이다. 옆에서 지켜보던 무라트가 말한다.

"나랑 같이 가자. 그럼 반반씩만 내면 되는 거잖아?"

"괜찮겠어? 넌 이미 한 번 갔다 왔잖아."

"괜찮아. 나는 상관없어."

고맙네, 이 형. *_*

아, 잠깐만. 잠깐만. 110리타에 택시 대절에 성공했지. 그렇다면 그 택시에는 4명까지 탈 수 있는 거잖아? 우리가 현재 2명이어서 55리라씩 부담해야 되는 상황이고, 만약에 2명을 더 구해 4명이 되면 30리라도 채 안 되는 가격에 넴루트를 다녀올 수 있다는 거네? 이런 머리는 참 잘 돌아간다. ㅋㅋ 곧바로 나와 무라트는 동행 구하기에 나선다. 무라트는 아는 인맥을 총 동원해 현재 이 지역을 여행중인 관광객을 찾아 나서고, 나는 각종 웹사이트에 동행 구하기에 나선다. 그러던 도중 카우치서핑 사이트에서 발견한 폴란드 여행객 2명! 그들에게 쪽지를 보내 넴루트 관련 의사를 물어보는데, 때마침 그들도 넴루트에 가고 싶어 아드야만에 오고 있다. 너무나 쉽게 동행을 구한 것이다! 이렇게 여행객 2명을 섭외(?)해서 여행 단가를 55리라에서 27리라로 절반으로 낮추게 되었다. 장사꾼 기질이 막 드러난다. 새벽 3시가 넘었지만, 즐거운 마음으로 내일 도착할 그녀들을 기다려본다.

'안 되는 건 없구나!'

49일차 · 주행거리 56km / **총 주행거리 2,947km**
49일차 지출 25.25리라(저녁 15.5, 버스비 1.25, 간식 5.5 야식 3) /
총 지출 1,085.30리라+188.63유로

넴루트 원정대

　자고 있는 나와 무라트를 깨운 건, 바로 어제 넴루트 유적지를 동행하기로 했던 폴란드의 그녀들. 그녀들이 방문한다는 전화에 우리는 서둘러 아침을 챙겨 먹고 도시락을 준비한다. 그러나 금방 온다던 그녀들은 오후 2시가 돼서야, 무라트네 집에 도착. 어쨌거나 늦지는 않았으니 간단히 인사만 나눈 채 캬흐타로 향하는 버스에 오른다. 폴란드 여인 2명은 아나와 다그마라. 이스탄불에 교환학생으로 와 있다가 잠깐 틈을 내 여행중이란다. 이들과 만나고 알게 된 사실인데 무라트는 본인의 직업인 영어뿐만 아니라 폴란드어도 구사할 줄 아는 능력자였다!

　넴루트 투어는 대개 일출 또는 일몰 시간대에 맞춰서 올라간다. 넴루트 유적지는 산 정상에 위치해 있기 때문에 해발 2,150m의 넴루트다이(넴루트산)에 올라야 한다. 물론 걸어서 올라갈 수도 있지만, 정상까지 길이 곧게 나 있어 그런 고생은 하지 않기로 한다. 우리는 새벽에 가면 추워 죽을 거라는 택시기사의 의견을 반영, 일몰을 보기로 하고 오후에 출발한 것이다.

　아드야만에서 캬흐타까지는 버스로 약 45분 걸린다. 돌무쉬(미니버스)를 타고 아드야만 오토가르(버스터미널)에 가서 다시 캬흐타로 향하는 돌무쉬로 갈아탄다. 참 버스는 적응이 안 된단 말이지. 자리에 엉덩이만 붙였다 하면 기절해버린다. 무라트가 나를 깨워 캬흐타에 도착했음을 알려준다. 그

넴루트 유적 보러 가는 길

NEMRUT

NEMRUT

리고 곧바로 택시로 환승하여 넴루트다이로 출발~! 역시나 택시에서도 기절…ㅎ.

얼마나, 어떻게 갔는지도 모르겠다. 눈을 떠보니 매표소다. 입장료는 원래 11리라인데, 국제학생증을 제시하여 학생 할인을 받으면 5.5리라에 끊을 수 있다. 하지만 나는 국제학생증이 없지. 하하하. 터키에 오기 하루 전날 지갑을 통째로 잃어버리고 와 주셨다. 다른 애들은 다 5.5리라에 끊는데, 나만 11리라에 끊는다. 심지어 교수인 무라트조차 할인을 받았는데! 흑흑 피 같은 내 돈…ㅠ.ㅠ

해발 2,150m에 올라와 석상들을 마주하고 광활한 대지를 둘러보고 있자니 호연지기가 느껴진다. 사진으로만 보던, 얼굴만 덩그러니 있는 고대 넴루트왕조의 석상들을 마주하니 감회가 남다르구나. 그런데 해발 2,000m 이상 되는 곳에서의 두 시간이란. 가진 옷을 모두 껴입었는데도 많이 춥다. 덜덜덜덜. 춥고 배고프고, 불쌍함 그 자체다. 나뿐만 아니라 일몰을 구경하기 위해 수많은 사람들이 추위에 떨면서 기다리고 있다. 7시가 넘어 해는 점점 저물어가고… 해가 모두 넘어간 순간, 우리는 서로 환호성과 박수갈채를 나

왼쪽부터 무라트, 써니, 다그마라, 아나

누며 하산한다.

'처음에 아드야만에 와서 넴루트 가는 방법을 찾아볼 때만 해도 넴루트 못 보고 돌아갈 줄 알았는데, 어떻게 어떻게 하니 다 되는구나.'

집으로 돌아가는 택시와 버스 안, 또 다시 기절한다. 휴… 집에 돌아오니 밤 11시가 다 되어가고, 우리는 서로가 찍은 사진들을 공유하며 이런저런 서로의 여행 이야기를 나눈다. 폴란드 여인들은 내일 우르파로 간단다. 나는 아침에 카흐라만마라쉬로 떠난다. 무라트는 떠나는 우리에게 내일 오전에 다른 곳에 가보자며 제안하지만, 우리가 그냥 떠난다고 하니 아쉬워한다. 그래도 어쩌겠어. 이 작은 도시에서 3일이나 머물 수는 없는걸. ㅠ.ㅠ

내일의 목적지 카흐라만마라쉬는 오직 '돈두르마' 하나 보고 가는 것이다. 썰어먹는 돈두르마를 맛보기 위해서!

50일차 주행거리 0km / **총 주행거리 2,947km**
50일차 지출 53.5리라(돌무쉬 10.5, 택시비 27, 넴루트 입장료 11, 점심 5) / **총 지출 1,138.80**
리라+188.63유로

실망이에요, 호스트

"언제 떠날 거야?"

"음… 아침 먹고!"

무라트가 준비해준 아침을 먹으면서 아침 먹고 바로 떠날 거라고 하니 많이 서운해 한다. 한 시간이면 근교에 있는 고대 유적지(이름은 까먹었다. 유명하지 않은 곳인 듯)에 갔다 올 수 있다고 재차 나를 설득하는데, 나는 이미 마음을 굳힌 상태. 아침 먹은 걸 설거지하고 어쩌다 보니 10시 30분이 돼서야 집에서 나온다. 나는 카흐라만마라쉬로 향하고 나머지 넷(아나, 다그마라, 무라트, 그리고 무라트의 여자친구 파트마)은 아드야만 근교의 이름 모를 유적지를 둘러보러 간다.

아드야만을 벗어나 마라쉬로 가는 길, 초반에는 순풍이라고 엄청 좋아했는데 30분도 채 안 돼 엄청난 역풍이 불어온다. 이 역풍은 두 시간이 지나도 세 시간이 지나도 방향을 선회할 줄 모르고 하염없이 나를 향해 닥쳐온다. 오전에는 항상 힘이 남아돌아 쉼 없이 네 시간을 달려보지만 고작 60km도 못 갔다. 어느덧 시간은 2시를 넘어가고, 허기진 배를 채우기 위해 꼴바스라는 작은 동네에 들러 점심

3000km!

을 먹는다. 점심 메뉴는 믿고 먹는 타북 되네르와 언제부턴가 되네르의 짝꿍이 된 내 사랑 아이란♥

"안녕하세요."

타북 되네르를 아작아작 씹고 있을 때 어디선가 들려오는 낯익은 한국말. 바로 내 뒤에서 어떤 할아버지가 내게 건네는 인사말이다! 밖에 세워둔 자전거에 태극기가 꽂혀 있어 한국인임을 눈치채고는 들어와서 인사를 하신 것이다. 아! 오랜만에 들어보는 이 정겨운 인사말! 신기하고도 반가운 마음에 할아버지와 이런저런 이야기를 나누게 된다. 한국 친구가 있어 한국말을 조금 배우셨단다. 할아버지는 내게 관심이 많으신지 옆자리에 앉아서 내가 점심 먹는 모습을 계속 지켜보시며 끊임없이 질문을 던지신다. 그리곤 갑자기 내 점심 값을 대신 내주시겠단다. 한사코 거절했는데, 완강하신 할아버지. 그렇게 점심을 할아버지께 신세진다. 시간이 남으면 차이를 마시러 가자고 하는데, 보통 다른 남정네들이 차이 마시러 가자고 하면 거절했겠지만 (⌒⌒;) 이분은 한국에 대해 관심도 많고 외로움도 조금 묻어나 보였다. 적적해 보였다고 해야 할까? 그를 따라 인근 허름한 카페로 향한다. 나도 오후에는 히치하이킹을 할 생각이었기 때문에 여유를 부려본다. 차이 한 잔을 마시

며, 이것저것 질문 세례를 받는다.

어이쿠, 시계를 보니 3시 반. 히치하이킹을 시도한다 해도 목적지인 카흐라만마라쉬까지 할 수는 없는 노릇. 두세 시간 더 달려야 하기에 할아버지와의 이야기를 급히 마무리 짓고 자리에서 일어나 다시 자전거에 오른다. 외진 시골길이라 슬슬 자전거를 타고 달리다가 트럭이 지나갈 성 싶으면 자전거에서 내려 히치하이킹을 시도해본다. 그러기를 10분 정도? 트럭 한 대가 내 앞에 멈춰 선다. 다행히도 내가 가는 방향과 어느 정도 비슷해서 그 트럭에 자전거를 싣는데, 운전기사의 이름은 알리. 에르주룸에서 하타이로 가는 중이란다. 엄청 멀 텐데. 가지안테프와 마라쉬로 나뉘어지는 길목에서 나를 내려주기로 한다. 아, 그런데 이 할아버지!!! 내가 여자로 보였나? 터키어가 짧아 제대로 이해할 수는 없지만 '성'적인 질문을 자꾸 내게 건넨다는 것은 느낄 수 있었다. 섹스는 해보았느냐, 뒤에 가서 잘래…? 아, 진짜 기분이 확 상한다. 내가 남자여서 별 신경을 쓰지 않는다지만, 당신들 때문에 터키 이미지 많이 안 좋아져요. 정말 내가 남자였기에 망정이지, 여자였으면 어땠을까.

조수석 바닥에는 망치가 놓여 있다. 문득 카쉬에서 제이넵이 들려준 히치하이킹 괴담이 떠오른다. 아저씨의 끊임없는 추파를 그냥 한 귀로 흘려버리고, 계속 이해 못한 척 연기한다. 그러다가 그새 졸아버린다. 어휴, 바닥에 놓여있던 망치를 보고도 잠이 오냐 이 멍충아!

다행히 아무 일 없이 히치하이킹에 성공하고, 다시 카흐라만마라쉬까지 페달을 굴린다. 고도가 높아서인지 평지여도 바람이 너무 심하게 분다. 그것도 역풍으로… ㅠㅠ 바람을 등지고 달린다면 대박이었겠지만, 아쉽게도 역풍이다. 30km만 달리면 되기에! 힘을 내어 페달을 굴린다. 마라쉬에 가까워질수록 길가에 '돈두르마'를 파는 가게들이 많아진다. 마라쉬에 가까워지고 있음을 알리는 지표인 것. 이대로 지나칠 수는 없지. 길가의 슈퍼마켓에 들어가 돈두르마를 하나 집어 맛을 본다. 전문 돈두르마 파는 곳이 아니라, 그냥 일반 슈퍼로 유통되는 돈두르마(이래봬도 made in maraş)인데도 맛이 참 좋다. 마라쉬에 온 걸 후회하지 않게 하는구나. 후훗!

드디어 돈두르마의 고장 카흐라만마라쉬에 도착. 시내에 도착하여 오늘의 카우치서핑 호스트인 투나한에게 연락을 하는데, 받질 않는다…! 그렇게 발을 동동 구르고 있을 때, 투나한에게서 문자가 한 통 날아온다.

"미안. 지금 졸업파티 중이어서 전화를 받을 수 없어. 대신 내 친구가 너를 데리고 있을 거야. 그리고 파티가 끝나면 너 데리러 갈게."

휴, 잠수는 아니구나. 그렇게 투나한이 알려준 친구 무스타파와 연락을 취해 만나고, 파티가 끝날 때까지 무스타파네 집에서 투나한을 기다리기로 한다. 대학교 근처에 대학생들끼리 사는 집을 가리켜 스튜던트 하우스(student house)라고 하는데, 무스타파는 여기에 살고 있다. 남자들끼리 사는 집은 역시나… 방 안이 온통 담배연기로 자욱하다. 콜록콜록. 얘네들 건강은 괜찮을런지 심히 걱정된다. 어쨌든 투나한 집에 가서 씻을 생각으로 샤워도 하지 않은 상태로 거실에 앉아 하염없이 나의 호스트를 기다려본다. 언제쯤 내 님은 오실런지. '투나한 오면 저녁을 돈두르마로 먹으면 좋겠다!' '늦으니까 걔한테 쏘라고 해야지.' 그렇게 시간은 흘러흘러… 그러다가 너무 졸린 나머지 쇼파 위에서 기절해버리고 만다. 하긴 히치하이킹을 했다 하더라도 98km를 달렸는데. 그것도 산악지대를.

잠에서 깨어보니… 어이쿠! 시계는 자정을 넘겨 12시 30분을 가리킨다. 아직 투나한은 오지 않은 상태.

"투나한, 너 언제와?"

문자를 보내본다. 그리고 한참 뒤에 온 그의 답장.

"써니, 나 아마 안 갈 것 같아. 파티 계속 하고 있거든."

아 뭐야…, 미리 말이라도 해주던가! 미안하다는 말도 없이 못 온다고 못을 박아버리는 이 친구, 너무나 야속하다. 투나한, 실망이야! 이럴 줄 알았으면 여기서 미리 씻고 짐 풀고 했지. ㅠㅠ

현재시각 새벽 2시, 호스트를 잃어버린(?) 나는 무스타파에게 투나한이 오지 않을 거라고 이야기를 해준다. 어쩔 수 없이 오늘의 호스트는 무스타파가 되어버리고, 담배연기 가득한 이집 거실에서 오늘밤을 묵게 된다. 아! 근데 투나한 집으로 가는 길에 먹기로 했던 돈두르마를 못 먹게 되잖아? 내가 여기 온 이유는 인터넷에서 본 '썰어먹는 돈두르마'를 맛보기 위해서인데! 이대로는 안 된다! 곧장 무스타파에게 지금 밖에 나가면 돈두르마를 먹을 수 있냐고 물어보니 당연히 가능하단다. 헉… 2시가 넘었는데? +_+ 역시 돈두르마의 고장은 뭐가 달라도 달라~ 이 야심한 시각, 무스타파는 돈두르마를 먹여달라고 찡찡대는 나를 데리고 '원조 mado 돈두르마 레스토랑'에 데려다준다. 'mado'는 터키 전역에 체인점으로 분포한 카페인데, 이곳에서 썰어먹는 돈두르마를 맛볼 수 있다. 무스타파가 나를 데려간 'yazar' 돈두르마 레스토랑은 mado 레스토랑의 원조다.

드디어 썰어먹는 돈두르마를 시식! 오늘 하루, 아니지 오늘 새벽! 내가 널 요리해주겠어! 특A급 쇠고기 스테이크를 영접한 것 마냥 조심스레 칼을 갖다 대 본다. 우와! 엄청 딱딱하다! 처음에는 칼로 썰어도~ 썰어도~ 안 썰리지만, 나중에는 정말 부드럽게 녹는다. 입안에서 쫄깃함과 담백함이 엉켜

무스타파

춤을 추는구나. 얼씨구, 지호-자 좋다~ 이곳 마라쉬는 이 썰어먹는 아이스크림 하나만 보고 달려온 곳인데, 전혀 후회되지 않는다. 내일 아침에도 떠나기 전에 돈두르마를 맛봐야겠다. 총평을 내리자면 꽁꽁 얼린, 게다가 굉장히 맛있는 치즈를 먹는 느낌? 투나한 때문에(투나한 미안. 당시에는 너 진짜 미웠어. ㅠㅠ) 실망감으로 가득했던 마라쉬에서의 안 좋았던 감정이 그새 풀려버린다.

집으로 돌아와 샤워를 하고 짐을 푸니 2시 44분이다. 휴, 이제 자야지. 돈두르마느님을 영접하고 있을 때 투나한에게서 자기가 가장 좋아하는 곳에서 아침을 먹자며 문자가 왔다. 내일은 오전 느지막이 일어나 투나한과 함께 아침을 먹고 떠나야겠다. 이 자슥아, 네가 사라!

불심검문

꼭두새벽부터 누군가 일어나서 돌아다니는 소리에 6시에 잠이 깨고 만다. 더 자려고 눈을 억지로 감아보지만, 머리만 어지러울 뿐 잠은 오지 않는다. 어제 3시가 다 되어 잠들었는데, 세 시간밖에 못 잤잖아? 소파에 앉아 휴대폰을 만지작거리니 어느덧 8시가 훌쩍 넘어버리고, 문득 어젯밤 투나한이 같이 아침을 먹자고 했던 게 생각나 그에게 문자를 보낸다. 이집 친구들이 혹시나 깨어났나 요리조리 둘러보지만 아무런 소리도 들리지 않는다.

오전 9시 30분. 계속 기다리다간 너무 늦을 것 같아, 자고 있던 무스타파를 깨운다.

"무스타파, 이제 나 떠나야 할 시간이야."

자다 깬 무스타파가 졸린 눈을 비비며 방에서 나온다. 투나한이 아직 답장이 없다고 하니, 아마 간밤의 숙취 때문에 못 일어날 거란다. 아… 이 자식 호스트의 자질이 없단 말이야! '그렇게 살지 말라'고 문자를 보내고 떠날까 하다가, 그래도 이모티콘까지 넣어가며 잘 있으라는 문자를 보내주는 게 현실. ^^;;

오늘 마라쉬를 떠난다. 아이스크림도 맛있고 좋은데, 호스트가 이미지를 깬 좋지 않은 경험을 했다. 마라쉬 시내의 한 되네르 집에서 아침을 때운 후 페달을 밟기 시작한다.

"Kayseri 280km"

구글맵으로 제대로 검색하지 않아서 몰랐는데 자전거에 올라 길가에 우뚝 서있는 이정표를 보니 오늘 목적지인 카이세리까지는 거리가 280km나 된다. 뭐지? 100km 중반대였는데? 어떻게 잘못 알아도 이렇게 엄청나게 잘

못 알았을까…. 280km. 내 자전거에 모터라도 달렸다면 모를까. 무리다, 무리. 게다가 이미 카이세리의 호스트와는 연락을 주고받은 상태. 별수 없다. 히치하이킹을 해야 한다.

　교옥순이라는 작은 마을에 도달하여 히치하이킹을 시도한다. 이번에는 몇 대가 나를 그냥 지나치는지를 한번 세본다. 1대, 2대, 3대, 4대… 7대…. 그리고 8대 째에 대형 트럭이 내 앞에 멈춰선다. 그렇게 나는 8번 만에 히치하이킹 성공. 그다지 어렵지 않은 터키의 히치하이킹. ^^ 나를 태워주신 분은 마흐무트. 의사소통이 되지 않아 이름을 제외한 아무것도 모른다.

　"프나르바쉬, 프나르바쉬~.'

　나는 프나르바쉬라는 동네까지만 태워달라고 부탁하는데, 이 아저씨는 카이세리까지 가는 길이란다. 오오, 카이세리까지 쭉 타고 가면 좋겠지만, 오늘 하루 종일 트럭만 타고 이동할 수는 없는 노릇. 달콤한 유혹을 뿌리치고 프나르바쉬에서 내려달라고 요청한다. 간밤에 제대로 잠을 자지 못한 탓이었을까? 차에 오르자마자 저절로 눈이 감긴다. 기절한다. 중간중간에 긴장감으로 인해 눈이 떠지지만 억지로 눈을 감는다. 어느 정도 시간이 지났을까? 누가 나를 흔들어 깨운다. 'polis' 마크를 달고 있는 경찰이다. 다짜고짜 나에게 여권을 달라고 한다. 아직 상황 파악이 안 된 나는 잠결에 여권을 경찰에게 주고 트럭에서 내린다. 날씨가 꽤나 쌀쌀하다. 저 멀리에는 눈 덮인 능선이 보이고, 내 여권을 조사하는 경찰들은 'Kayseri'가 적혀 있는 제복을 입고 있다. 불심검문이다! 경찰 서너 명이 마흐무트의 차를 샅샅이 뒤지기 시작한다. 트렁크 하나하나, 그리고 운전석을 포함해 차 밑까지. 부품을 하나하나 떼어가며 정말 샅샅이 뒤진다. 물론 동행자인 나도 여지없다. 그들이 보기에는 내가 이상한(?) 사이클 복장(쫙 달라붙은 쫄쫄이)을 하고 있으니 나까지 의심하는 게 당연하다지만, 참 이렇게 검문을 당하니 기분이 좋질 않다. 가방 안의 물건 하나하나 파헤쳐지고 만다. 사생활이란 없는가

불심검문을 당하고 나서 마흐무트와 함께

보다. 흑흑흑. 차 주인인 마흐무트는 오죽할꼬. 처음 맞는 이 상황이 당황스럽지만 조금은 웃겨서 카메라를 들이밀어 본다. 찍지 말라는 단호한 경찰관의 제지에 이내 가방 속으로 집어넣는다. 그 사이 한 경찰은 내 자전거를 타고 다닌다. 얼씨구, 쑈를 한다. 아주! 주인인 나는 기분 나빠 죽겠는데!

30여 분을 샅샅이 뒤진 후, 아무 이상이 없는지 경찰은 내게 여권을 되돌려준다. 덕분에 잠이 확 깼다. 여기서부터는 자전거를 타고 가겠다고 마흐무트에게 말한다. 마흐무트도 기분이 상당히 안 좋았을 것이다.

이곳은 프나르바쉬를 넘어 카이세리로 가는 중간 지점. 자고 있는 나를 차마 깨우지 못해 마흐무트가 계속 달렸나 보다. 카이세리까지는 20km 남았다는 이정표가 보인다. 얼떨결에 오늘은 굉장히 조금 달리겠구나. ^^;; 바람이 상당히 차가운 걸 보니, 해발고도가 높은 곳임이 확실하다. 반대편에서 자전거 여행자 셋이 줄지어 지나간다. 눈웃음과 함께 서로 고개를 끄덕이며 간단한 인사를 나누고 지나치지만, 나는 왠지 말을 걸어보고 싶어 그들을 향해 핸들을 돌린다. 마침 그들도 자전거를 세워 나를 기다린다. 이렇

게 길 위에서 이루어지는 자전거 여행자들과의 만남! 그들은 이보&세바인 커플(네덜란드—스위스)과 프랑스 할아버지. 이 세 분은 서쪽의 아바노스에서 달려오고 있었다고. 그런데 네덜란드—스위스 커플은 나를 안다고 한다! 우와, 나 유명인사인 거야? 알고 보니 우리는 같은 웜샤워 호스트에게서 대접 받았다. 이보 커플은 얼마 전 이스탄불의 컬비네에서 웜샤워 숙박을 했는데, 컬비가 한 달 반 전에 머물렀던 나에 대해 말했단다. 이상한 안장을 가지고 터키를 돌고 있는 한국 친구라고. 참 재미나고 유쾌한 시간이다! 이들과 길 위에서 간단한 이야기를 나누고 사진을 찍는다. 불심검문과 엄청난 역풍 때문에 다운되었던 기분이 이들을 만나고서부터 기분이 확 업된다! 이 기분을 몰아 카이세리까지 내달리자꾸나! 유후~! 신바람난다. 역풍이 나를 향해 불어오지만, 왠지 모르게 기분이 좋다.

오후 4시경 카이세리에 도착. 카이세리에 대한 느낌은 '인공도시.' 지금까지 지나쳐왔던 도시들과 달리, 계획적으로 만들어진 도시 같다. 물론 오래된 건물들도 보이지만 높이 들어선 아파트들, 도로, 건물들이 계획적으로

가지런하다. 전형적인 터키의 도시 같지 않다고 해야 되나. 멋스럽지만, 부자연스럽다? 터키와 어울리지 않는 도시인 것만은 확실하다.

시내를 둘러본 후 오늘의 호스트인 바이람에게 전화를 건다. 그가 사는 곳은 카이세리 도심에서 5km 정도 떨어진 곳이다. 그 정도는 충분히 갈 수 있다. 돈두르마를 하나 사먹으며(굉장히 싸다. 2스쿱에 1리라) 그가 사는 동네인 탈라스(Talas)로 찾아간다. 그의 집 앞 카페에서 그를 기다리는데 어디선가 들려오는 낯익은 언어.

"어디서 오셨어요?"

맞은편에 앉아 있던 대학생으로 보이는 여자가 내게 물어본다. 그것도 한국어로! 어라, 분명 생김새는 현지인인데.

"한국이요"라고 대답하자 "저는 한국어학과 학생이에요. 만나서 반가워요"라며 유창하게 말한다. 알고 보니 카이세리의 한 대학교에 한국어학과가 있고, 이 친구는 그곳에서 한국어를 전공하고 있다. 서울에서 1년간 교환학생 생활도 했단다. 반갑고도 신기한 마음에 내가 영어로 계속 질문을 하니, 그녀는 한국어가 더 편하다며 한국말로 하란다. 바이람이 도착하면서 짧고도 아쉬운 만남은 막을 내린다. 바이람은 쿠르드인이며, 대학생. 그는 하우스메이트 둘과 함께 살고 있고, 내가 머물 곳은 거실의 쇼파. 역시 남자 대학생들의 집이란… 집에서 담배 피우는 것은 일상이요, 모두가 난잡하다.

일단은 샤워부터 하고 저녁시간이 되어서 저녁을 먹으러 나간다. 카이세리 하면 만트(mantı), 만트하면 카이세리! 카이세리의 대표 음식인 만트는 이즈미트에서 처음 맛보았지만, 그닥이었다. 하지만 여기는 만트로 유명한 고장. 그래서 지역 음식인 만트를 먹고 싶었다. 하지만 바이람이 나를 데려간 곳은 흔한 케밥집. 내가 그렇게 만트가 기대된다고 했건만, 눈치가 없는 친구일세. ^^;

저녁을 먹으며 서로의 문화에 대해 이런저런 얘기를 나눈다. 처음에는 몰랐는데, 바이람은 해의 여러 곳을 다녀보았고 한국에서도 3개월간 살았다고 한다. 하지만 별로였다고. 왜냐고 물으니, 제일 먼저 공항에 도착해서 길가에서 담배를 피우려는데, 모든 사람이 처다보았다는 것이다. 이봐, 친구! 한국은 터키와 달라. 더구나 요즘 한국은 길거리나 건물 안에서는 흡연이 금지되었다구~. 그리고 길에서 영어로 도움을 요청하면 도와주질 않으려 한다는 것이다. 다들 피한다고. 이건 인정. 또한 한국여자들은 모두 다 똑같이 생겼다는 것. 그래서 한국은 아시아의 여러 나라들에 비해 인상 깊지 못했다는 것이 그의 말. 웃프다. 아 참! 가장 중요한 것! 지하철에서나 버스에서나 현지 친구들, 커플들을 보면 모두 스마트폰을 부여잡고 있다는 게 그의 설명이다. 맞다, 맞아. 우리는 스마트폰 중독자들이다. 지하철을 타면 100에 90은 스마트폰으로 무언가를 열심히 하고 있는데 그런 점이 별로였다고. 외국인들의 눈에 우리가 이렇게 비쳐지고 있구나. 참으로 씁쓸한데 반박할 수가 없는 100% 옳은 말들이다.

저녁을 먹은 후 우리는 그의 친구네로 향한다. 그가 사는 곳 바로 옆 아파트. 나를 소개해주겠다며 친구들을 불러모은 것이다. 그곳에서 바이람의 친구들이 한두 명씩 모여든다. 어느덧 여섯 명이 모이고, 우리는 차이 타임을 갖는다. 남자들이 모이면 술이라는데, 우와 여기는 티타임을 갖는다! 아… 문 좀 열고 담배를 피우던가. 왜 창문에 방문까지 닫고 밀폐된 공간에서 담배를 뻑뻑 피워대시는 건가요. 나만 비흡연자인데, 이건 너무 배려가 없잖아! 아, 진짜 죽겠다. 기관지가 좋지 않은 나에겐 참으로 고통이다. 천장으로 올라가는 자욱한 담배연기를 보고는 곧바로 결정을 내린다. '이곳도 오래 머물 곳이 못 되는구나.'

바이람과 그 친구들

　내일부터 카파도키아에서 3일간 머무르고 다시 카이세리로 돌아와서 하루 머물고, 시바스로 올라가려 했는데, 다른 곳을 컨택해야겠다고 마음먹는다. 그렇게 씁쓸한 결정을 내리고 담배냄새를 온몸에 품은 채 바이람 집으로 돌아온다. 그의 아파트 1층에 세워뒀던 자전거가 걱정되어 잘 있나 한 번 살펴본다. 뒷바퀴를 만져보는 순간, 참고 참았던 화가 올라온다. 바람이 몽땅 빠져버린 것. 이건 펑크가 아니다. 타이어 밸브 캡이 빠진 것으로 미루어 보아 누군가 장난으로 바퀴의 바람을 빼 놓은 것이다. '내일 아침에 바로 떠나야지.'

　그의 집에 와이파이도 되지만, 심신이 지쳐 그냥 잠자리에 든다.

특별한 인연

아침 일찍 짐을 챙겨 집을 나선다. 바람 빠진 타이어 때문에 서둘렀다. 펑크 안 난 게 다행이라고 해야 되는지 참. 아침까지 나를 고통스럽게 한 담배 냄새도 그렇고 누군지 모를 범인도 그렇고, 어제 좋았던 기분 다 망가뜨려놨어! 뒷바퀴에 바람을 넣고, 오늘의 목적지 아바노스(카파도키아)로 향한다.

카이세리 시티를 벗어나기 전 아침을 먹기 위해 만트를 파는 레스토랑을 찾아 나선다. 카이세리에선 만트를 꼭 먹고 떠나야겠다는 생각으로 오직 'manti'가 써 있는 단어만을 찾아 헤맨다. 현지인에게 물어 발견한 만트 전문 레스토랑! 일단 들어가보자. 아니, 아니, 그런데 이건 내게 너무 사치 아닌가요? 당당하게 들어섰지만 이내 작아지기 시작한다. 레스토랑이 너무나 호화롭다. 이런 곳, 처음이다. 게다가 나는 첫 손님! 자리에 앉아 메뉴판을 살펴보니 대체로 비싸지만 '카이세리 만트'라는 기본 만트는 13리라로 가격이 괜찮다. 만트 치고는 비싼 편이지만, 이런 호화 레스토랑에서 맛보는 것이니만큼 고퀄리티를 자랑하겠지?

드디어 시식. 이즈미트에서 먹어본 만트와는 역시 확연히 다르다. 굉장히 맛있지만, 양이 적다는 건 함정. 그곳에서 빵빵한 와이파

카이세리에서 맛본 만트

이와 함께 충분한 휴식을 취한 후, 다시 아바노스로 향한다. 이정표만을 따라 아바노스로 가다가 만난 표지판. 터키어로 되어 있어 무슨 뜻인지는 모르겠지만 길이 막혔다는 것만큼은 이해된다. 곧장 GPS를 켜 다른 길이 있나 확인하는데, 다행히 조금(한 10km?) 우회해서 돌아가면 목적지로 갈 수 있다. 10km여서 대수롭지 않게 여기고 핸들을 돌려 우회로에 진입한다. 아니, 그런데 언덕배기다. 뭔가 좀 손해 본 느낌이다. 그래도 괜찮다. 오늘은 조금만 달리면 되니까. 한 50km? 60km? 70km? … 처음에는 GPS상 거리로 50km 정도일 거라 짐작했는데 생각보다 길이 구불구불 길다. 이정표를 확인하니 80km 이상… 참 신기하게도 이 조그만 몸 어디서 계속 힘이 솟아나는지 쉬지 않고 내달린다. 그리고 3시가 되어 오늘의 목적지, 아바노스에 도착!

아바노스, 참으로 아담하고 한적한 동네다. 시내 중심부에는 시바스에서부터 흘러내려온 강물이 흐르고 오리들이 둥둥 떠다닌다. 나는 대도시보다 이런 조용하고 한적하고 평화로운, 자그마한 동네가 참 좋다. 나도 덩달아

여유로워지는 느낌이 든다고 해야 할까?

오늘의 호스트는 조금 특별하다. 윔샤워도 카우치서핑도, 그리고 구걸도 아니다. 바로 내가 다니는 학교 교수님 친구의 친구분이다. 약 한 달 전쯤 SNS에 터키일주에 관한 글을 올렸는데, 그 글을 보신 학교 교수님께서 터키에 거주중인 친구를 소개해주셨다. 그렇게 알게 된 아이발릭에 거주하시는 이혜승 선생님. 연락처를 받아 그분께 연락을 드리니, 불행히도 내가 지나쳐온 곳이라 뵐 수는 없었고, 대신 미래에 향할 곳인 이곳 카파도키아(아바노스)의 친구를 소개해주셨다. 그 분이 바로 오늘의 호스트인 아흐멧. 인연은 참으로 소중한 것임을, 또 이렇게 느낀다. 아흐멧과 꾸준히 연락한 끝에 드디어 오늘 만나게 되고 나를 호스트 해주는 것이다.

아바노스 시내에서 연락을 하니, 그가 곧 나를 픽업하러 온다. 아흐멧은 사진작가, 아내 툴린은 도자기 관련 일을 한다. 늦둥이 아들 발칸과 함께 그들이 사는 곳은 아바노스 언덕에 자리한 오래된 공간. 집이 몇백 년은 되어 보인다. 하지만 내부는 참으로 깔끔하다. 여기에서 터키인들의 삶을 엿볼 수 있다. 건물 외관에는 전혀 신경 쓰지 않지만, 내부는 외관과 전혀 다르다.

아흐멧이 내방을 소개해준다. 일명 게스트룸. 굉장히 좋다! 방 안에 개인 욕실이 따로 있어 호텔 같은 느낌이 물씬 든다. 3일간 이곳에서 카파도키아의 아름다움에 취할 수 있다니! 게스트룸은 내가 머물게 될 방 말고도 옆에 킹사이즈 베드로 한 칸이 더 비어 있다. 그러나 그곳은 사용 불가. 이유인즉슨, 다가오는 토요일에 있을 그의 친구 전시회 손님맞이용 방이란다. 실은 내일 학교 후배인 윤서가 이 지역에 오게 되어서, 괜찮으면 아흐멧에게 친구도 함께 머물러도 되겠냐고 물어보려던 참이었는데, 그가 못을 박아버리니 차마 더이상 물어볼 엄두가 나지 않는다. 괜스레 나도 전시회 때문에 방해가 되는 거 아닌지 몰라.

샤워를 마친 후 아흐멧이 저녁을 먹으러 올라오란다. 한 건물이어도 다른

층, 다른 공간에서 머물고 있으니 이렇게 아흐멧이 나를 부르러 온다. 한 층 올라가니 아흐멧 가족이 사는 공간 앞마당에 큰 개가 한 마리 있다. 나나라는 골든 리트리버 종으로 참으로 친근하다. 나를 처음 보는데도 짖지도 않고 공을 입에 물고는 놀아달라고 내 옆에 앉아 발을 올려대는 게 어찌나 귀여운지. 한국에 돌아가면 골든리트리버나 키워볼까! 툴린이 정성스레 차려준 저녁식사. 게다가 옆집 할머니께서 감자 쾨프테까지 해 오셔서 정말 배불리 먹는다. 배불러 죽겠는데도 아흐멧은 더 더더더더~ 먹으라고 내 접시에 음식을 계속 얹어준다. 여행 초반에는 정말 뱃살도 쪽쪽 빠지고 몸이 말이 아니었는데, 가지안테프에서 나믹을 만나고 서부터 정말 푸짐한 인심에 뱃살이 다시 원래대로의 모습으로 찾아가고 있다. 휴, 그동안 살이 쪽쪽 빠지게 되는 기이한 현상(?) 때문에 탄산과 초콜릿을 엄청 먹어댔는데, 줄여야겠다. 몸 망가질라.

오늘도 찾아온~ 현지인과 함께하는 터키문화 습득 시간! 아흐멧은 내가 대학에서 지리를 전공하고 있다고 하니 터키의 지리에 대해 자세히 설명해준다. 오늘의 주제는 '지리.' 그의 이야기를 듣고 있으니, 그는 정말 전문적인 포토그래퍼다. 수천여 곳의 터키 전역 마을 중 단 한 군데만 빼놓고 모두 가보았다는 아흐멧. 그 한 군데는 바로 '하카리' 주의 한 마을이란다. 이유는 물어보지 않았지만, 아마 위험해서였을 것 같다. '하카리' 주는 베르가마에서의 군인 호스트들도 절~대! NEVER~! 가지 말라고 신신당부했던, 이라크와 국경을 접하고 있는 터키 동부 끝자락에 위치한 지역이다. 내일은 전문 포토그래퍼인 그의 이야기가 다큐멘터리로 TV에 방영된단다. 우와… 터키, 특히 카파도키아 지역에 대해서 모르는 게 없는 아흐멧 아저씨, 멋지다! 서로의 전공에 관하여 이야기를 나누니 두세 시간이 금방 지나가버린다. 11시가 넘어, 무거워진 눈꺼풀과 고군분투하던 나는 피곤하다며 잠을 청하러 내 방으로 내려온다.

내일은 새벽 4시에 기상할 예정. 일출과 함께 떠오르는 열기구들의 모습을 영상으로 담을 생각이다. 카파도키아의 일출과 일몰을 상상하며 이곳까지 달려온 것도 이유이거니와 내 버킷리스트 중 하나가 바로 이곳 카파도키아이기에 조금 피곤하더라도 바삐 움직일 예정이다. 몇 시간 후면 열기구를 탈 수 있다는 생각에, 무엇보다 수많은 열기구들이 떠오르는 걸 볼 생각에 (실은 타고 싶다는 생각보다 떠오르는 모습이 더 보고 싶다) 쉽사리 잠을 이루지 못한다.

게으름

알람을 못 들었나? 일어나 보니 5시 30분. 아뿔싸! 어젯밤에 아흐멧이 5시 15분에 일출이 시작된다고 알려줬는데 이미 해는 떴겠구나! 혹시나 하는 마음에 창밖을 바라본다. 우와… 저 멀리 괴레메 동네에 떠 다니는 수많은 풍선들. '칫. 떠오르는 걸 보고 싶었는데!'

다시 침대에 누워 잠이 든다. 오늘 하루는 실패다. 속으로 자책한다. 왜 이렇게 게으른 거여? 왜 일어나질 못했니! 일출이 보통 5시 전후여서 집에서 30분 전에는 출발해야 한다. 내가 있는 곳은 아바노스이고, 열기구가 떠오르는 곳은 괴레메라는 더욱 작은 동네. 아바노스는 괴레메에서 약 10km 떨어져 있다. 자전거를 타고 30분 정도 오르막길을 달려 괴레메에 도착해 열기구를 봐야 한다. 관광지인 괴레메 지역에 있는 호스텔을 숙소로 잡았다면 일어나서 바로 열기구들을 볼 수 있었겠지만, 나는 호스텔을 이용하지 않으니 이런 불편함 정도는 감수해야 한다.

윤서와의 만남

오전 내내 집에서 뒹굴며 여유를 부리다가 아침을 챙겨먹고 윤서를 만나러 괴레메로 향한다. 오늘은 윤서가 오는 날이다. 윤서는 대학교 후배. 같은 과는 아니지만 작년에 대내활동을 하게 되면서 알게 된 친구. 21살로 어린 동생이지만 배울 점이 많은 친구다. 윤서는 최근에 터키로 홀로 배낭여행을 왔다. 어제까지 앙카라에 머물다가 오늘 오전 버스로 이곳 카파도키아에 온다는 소식을 접했다. 여자 혼자 여행하는 친구들을 보면 참으로 대단하다는 생각이 든다. 특히나 큰 배낭 메고 다니는 여자들은 야구 유니폼 입은 여자와 함께 매력적으로 느껴진다. 그래도 터키를 조금이나마 더 경험해본 내가, 아직 여행 초반인 윤서를 케어해줘야 한다는 일종의 사명감(?)이 마구 생겨난다. 나는 지금 윤서를 만나러 그녀의 숙소가 있는 괴레메로 가고 있다. 열기구 투어와 다른 투어들도 알아볼 겸 겸사겸사.

드디어 이 먼 곳에서 제주도 동생, 윤서를 만났다. 세상 참 좁다. 일단 점심부터 먹으러 간다. 카파도키아에서 그리 유명하다는 항아리 케밥. 나는 블로그를 보기는 하지만 믿지는 않는지라, 그렇게 큰 기대는 하지 않았다. 역시나 맛 또한 내가 예상한 만큼의 맛이었다. 맛이 없었다는 것. ㅎㅎ 블로그에 대해서 잠깐 이야기해 보자면, 특히 흔히들 여행 명소에서의 '맛집'이라 부르는 곳에 관한 고찰. 과연 그들(블로거)이 해당 지역의 모든 레스토랑들의 음식을 맛보고 '맛집'이라 평한 걸까? 나의 생각은 'NO'다. 블로그 '맛집'을 믿지 않는다. 초호화 호텔 고급 레스토랑이 아닌, 시골동네의 허름한 맛집이 진정한 맛집이라 생각한다. 가령 터키에서 유명한 케밥을 맛보려 한다면, 터키에서 최고 좋은 호텔 레스토랑에서 맛보는 게 좋을까? 아니면 케밥의 고장인 아다나라는 동네에서 현지인들이 가장 보편적으로 즐겨 찾는 곳에 가는 것이 맞을까? 아마 후자가 아닐런지.

이게 그렇게도 유명해?

그래도 이곳에 왔으니 한번 먹어는 봐야 되지 않겠냐며 항아리 케밥을 먹는다. 역시 맛보다는 사람이 중요하다. 간만에 지인을 만나 이런저런 이야기들을 털어놓는다. 타국에서 만나서 반가운 것도 있지만, 혼자만의 고통을 나눌 사람이 있다는 게 어찌나 반갑던지. 여행 중반 터키 동남부에서 심신이 많이 쇠하였나 보다. 체력적으로는 문제없지만, 신경 쓸 부분이 이만저만 아니었다. 위험천만했던 히치하이킹, 안전하다 안전하다 하지만 안전하지 않은 동남부의 시골동네. 이는 물론 내가 자전거를 타고 다니기 때문에 더욱 그런 거다. 공공 교통수단을 타고 여행을 다니면 동남부의 대도시에서는 안전하다고 확신한다. 이런 게 복합적으로 작용하여 좀 지쳐 있었는데, 마침 윤서가 딱 나타나 나에게 에너지를 주고 있다.

아, 윤서가 한국에서 출국하기 전, 카파도키아에 머무는 시기가 맞아떨어져 내가 부탁한 게 있었다. 바로 물자(?)공급. 세안제와 화장품, 그리고 모기약을 부탁했었다. 그리고 그 물자들을 지금 공수받았다! 야호! 피부가 정말 예민하여 화장품과 세안제를 바꾸면 트러블이 생겨나는데, 그 걱정을 덜어주니 좋지 아니한가! 그뿐만이 아니다. 깜짝 선물로 피부미용을 위한 마스크팩과 힘내라며 건네준 비타민. 솔직히 감동이었다. 어쩌지, 나는 여기서 해줄 게 없는데. 에잇, 맛있는 거라도 많이 사 멕이자!

점심을 음식보다는 이야기로 배를 채운 후, 우리는 내일부터 할 이곳에서의 투어를 알아보러 각 에이전시를 찾아다닌다. 세계적으로 유명한 관광지다 보니 투어 에이전시도 상당히 많다. 가격도 제각각이다. 물론 서로 담합을 했겠지만, 보이지 않는 손님 유치를 위해 몰래몰래 깎아주는데, 그때그때의 가격과 말이 달라서 이게 또 재밌다. 역시 터키에서는 흥정이 필수다! 우리가 하고 싶은 투어는 바로 열기구투어(벌룬투어)와 그린투어. 그린투어는 괴레메 지역에서 조금 먼 곳들을 둘러보는 코스다. 특히나 내가 가고 싶은 데린쿠유(지하도시)가 포함되어 있어서 끌리는 투어다. 만약에 그린투어를 하지 않는다면 데린쿠유까지 자전거를 타고 갔다올 생각도 있다. 여러 투어 에이전시들의 가격을 비교해본 결과, 그린투어는 깎고 또 깎아 1인당

90리라로 최종합의를 본다. 그리고 투어는 당장 내일! 열기구 투어는 내일 새벽보다는 모레 새벽이 날씨가 더욱 좋다길래 토요일 새벽에 하기로 결정. 가격은 90유로에서부터 175유로까지 천차만별이지만, 우리는 한 바스켓 당 사람 수가 적당한 Skyway 회사 것으로 하기로 결정. 가격은 110유로. 한 바스켓 당 인원은 최대 5명. 열기구투어의 가격이 이렇게 차이 나는 이유는 파일럿의 경력 때문이다. 우리는 가장 싸지도 않은, 그렇다고 가장 비싸지도 않은 적당한 가격의 투어회사와 인원을 기준으로 결정했다.

투어 예약을 생각보다 수월하게 마치고 나서 우리는 아바노스 구경을 하기로 한다. 이곳 괴레메에서부터 아바노스까지는 거리가 조금 있어서 윤서가 자전거를 빌려 아바노스를 돌아보고 오기로 결정. 자전거 대여는 하루에 35리라, 물론 이것도 깎은 가격이다. 내가 머무는 아바노스는 세라믹(도자기)으로 유명한 고장이다. 동네 입구부터 떡 하니 자리한 도자기 분수가 이곳이 도자기의 땅임을 말해준다. 우리는 크지 않은 한적한 시골마을인 이곳을 간단히 둘러본 후 여러 가지 간식으로 허기를 달랜다. 불과 10km 차이지만 아바노스와 괴레메의 물가는 천지차이다. 아바노스의 돈두르마는 1리라인데 비해 괴레메는 무려 5리라. 5배 차이… 피데나 듀륌같은 보통의 음식들도 대략 1.5배 정도의 물가차이를 보인다. 억 소리가 난다!

괴레메 뷰 포인트에 올라 일몰을 감상하려 했으나, 괴레메에 도착하니 해는 이미 다 져버렸다. 그래도 야경을 보기 위해 괴레메 뷰 포인트에 오른다. 우와, 거기 가서 봐도 너무너무 예쁘다. 정말 대만족이다. 밤이 늦어 윤서를 숙

아바노스에서 괴레메 가는 길.
이곳만큼은 자전거 도로가 정말 잘 갖춰져 있다.

소에 데려다주러 가는 길에 같은 숙소에 머무르시는 한국인 아저씨 아주머니와 마주친다. 그분들께서는 한국인을 봐서 반가워서인지, 아니면 홀로 여행을 다니는 우리가 대견스러워서인지 우리에게 마실 것을 사주시겠단다. 우리가 마다할 이유는 없지요~. ^-^ 이렇게 네 명이서 야밤에 노천카페에 앉아 주스를 마시며 각자의 여행 이야기를 나누는데, 이분들께서는 차를 렌트해 프랑스 파리에서부터 3개월간 유럽 전역을 여행중이시란다. 그런데 아주머니께서 이렇게 말씀하신다.

"나 지금 100리라밖에 없는데, 주스 값, 이걸로 충분하려나?"

그럼요, 충분하죠… ㅠㅠ 우리는 100리라짜리 지폐는 만져보지도 못했다구요….

간만에 좋은 사람들을 만나 즐거운 시간을 보낸다. 시계를 보니 어느덧 10시. 밤이 깊었다. 나는 다시 10km를 달려 아바노스로 돌아가야 하는데. 아, 무엇보다 호스트인 아흐멧이 자지 않고 기다릴 것이다. 왜냐면 내가 키

가 없기 때문에. 빨리 돌아갈게요. ㅠㅠ 장난감 같이 희미한 라이트를 켠 채 집으로 돌아가는 길.

"콰당! 쉬이이익!"

참으로 큰일 날 뻔 했다. 깜깜해서 아무것도 보이지 않는 이 야심한 밤, 희미한 전방 라이트에 의존하여 도로를 달리다가 그만 구덩이에 빠져버린 것이다. 그리고 뒷바퀴는 펑크가 나고. 아오… 아무것도 보이질 않는데, 어떻게 수리하지?! 일단은 히치하이킹을 해보려고 차를 기다려본다. 그런데 너무 늦은 시간이라 그런지 차들이 지나가질 않는다. 차라리 수리하는 게 낫겠다 싶어 라이트만 믿고 수리를 시작한다. 펑크가 난 곳을 이리저리 찾아보지만 도무지 찾지 못하여 아예 새로운 튜브로 통째 갈아버린다. 튜브를 갈고 나서 다시 자전거에 올라 집으로 향하는데, 머리 위로 차가운 무언가가 느껴진다. 빗방울이다. 하아… 왜 하필 이때 내게 이런 시련을 주시나요. 그러나 나는 누가 뭐래도, 긍정맨! 이슬비를 미스트라 생각하고 어찌어찌

아흐멧 집 앞에 도착. 돌아오니 시계는 11시 20분을 가리키고 있다. 내일 일출을 보려면 4시에는 일어나야 하는데 오늘도 잠을 얼마 못 자겠구나. 일단 아흐멧에게 늦어서 미안하다고 말하고, 내방으로 와 씻고 바로 잠자리에 든다. 내일은 일출을 꼭 보고 말테다!

터키의 국부, '아타튀르크' 편

터키 역사상 가장 존경받는 대통령
'무스타파 케말 아타튀르크'

터키를 여행하다 보면 어딜 가나 '아타튀르크'라는 명칭이 붙은 것을 자주 목격할 수 있다. '아타튀르크 동상' '아타튀르크 공원' '아타튀르크 학교' 등. 과연, 아타튀르크는 무엇일까?

터키 역사상 가장 존경받는 대통령

터키 현대사는 '무스타파 케말' 이라는 독립 전쟁 영웅과 함께한 역사라 해도 좋을 만큼 그의 영향력과 기여는 거의 절대적이다.

1881년, 터키와 그리스의 국경 지대인 테살로니카에서 태어난 그는 군인의 길을 택했고, 제1차 세계대전 중 터키의 갈리폴리 반도 전투에서 중동에 대한 지배권을 확대하려는 영국군을 물리쳤다. 1921년, 영국과 프랑스를 등에 업고 터키로 침공해오는 그리스 군을 격파하여 터키판 이순신으로 떠오르게 되었다. 2년 후인 1923년, 마침내 그는 정권을 장악하여 오스만투르크 제국을 멸망시키고 터키 공화국을 건립, 초대 대통령에 취임하였다. 그때부터 터키의 대개혁이 시작되었다. 그는 약 1,300년 가까이 유지되어 오던 칼리프 제도, 술탄 제도를 폐지하고, 터키 공화국을 정치와 종교 분리 국가로 분명히 못 박은 최초의 이슬람 국가로 만들었다. 또한 여성 참정권의 실현, 일부일처제와 남녀평등권 확립, 아랍 문자사용을 금지하고 로마자로 바꾸는 문자개혁 등 광범위한 근대화에 착수해 터키를 근대국가로 이끌었다.

1934년 터키 국회는 무스타파 케말에게 국부(國父)라는 뜻의 '아타튀르크(Atatürk)' 호칭을 부여하였으며, 이때부터 아타튀르크로 불리게 되었다. 그는 오늘날에도 터키에서 가장 존경 받는 지도자로 추앙받고 있으며, 어느 도시나 학교, 기관을 가더라도 그의 이름을 딴 시설과 초상화, 그리고 동상이 세워져 있는 것을 볼 수 있다.

"띠리리리리링~!"

4시 알람소리에 기계같이 일어난다. 창밖을 보니 해가 뜰 기미가 보이질 않는다. 너무 어둡다.

"에이, 뭐야….."

다시 알람을 20분 늦춰놓고 이불 속으로 꾸물꾸물 들어간다. 그러기를 반복하다 4시 45분에 기상. 이제야 조금 해가 뜨려나 보다. 저기 저 멀리서 희미한 불빛이 올라오는 게 보인다.

'아이고, 하마터면 늦겠는데….'

허겁지겁 씻고 서둘러 출발한다. 실은 윤서랑 4시 45분에 만나기로 했는데, 해가 뜨질 않아 늑장을 부리고 말았다. 해발 1,000m 정도 되는 이곳에서 꼭두새벽부터 온몸에 땀이 나도록 내달린다. 괴레메 가는 길, 이미 열기구들이 하나둘씩 떠오르기 시작한다. 장관이다! 재빨리 카메라를 꺼내어 사진을 담아낸다.

괴메레에 도착해, 윤서를 만나 뷰 포인트에 오른다. 그런데 너무 멀리 떨어져 있어서 그런지 생각했던 것보다는 기대에 미치질 못한다. 그래도 사진은 사기… 백여 개 이상의 열기구들이 카파도키아의 절경과 함께 장관을 이룬다.

'내일 아침이면 내가 저기 위에 있을 것이다. 이게 꿈이냐 생시냐.'

열기구가 떠오르고 지는 구경을 하고 윤서 숙소로 돌아간다. 어젯밤에 뵈었던 한국인 아저씨 아주머니에게 작별인사를 드리기 위해서다. 아침에 이스탄불로 떠나시는 그분들을 배웅해 드리고 나서야 우리는 아침을 먹으러

레스토랑을 찾아 나서는데, 이른 아침이라 그런지 문 연 곳이 별로 없다. 돌아다닌 끝에 카흐발트를 파는 곳으로 들어간다. 역시나 관광지여서 그렇게 큰 기대를 걸지 않았지만, 좀 심했다! 그래도 배가 고프니 어쩔 수 없다.

오전 9시. 어제 예약했던 그린투어 시작. 여기 터키 아니랄까봐 말이 자꾸 바뀐다. 버스 한 대에 가이드 1명으로 알고 있었으나, 버스 두 대에 가이드 1명인 것이다. 가이드의 이름은 알리, 운전기사는 셀칸. 오늘 하루 우리를 책임질 친구들이다. 제일 먼저 간 곳은 괴레메 뷰 포인트. 이어서 스타워즈의 배경이 된 살리메 마을을 둘러보고 점심을 먹고 으흐랄라 계곡과 데린쿠유, 우치사히르, 세라믹 쇼핑센터를 차례로 둘러본다. 하늘이 좋지 않더니만 이윽고 비가 한 방울씩 떨어진다. 우리의 가이드 알리는 전혀 걱정하지 말란다. 뭐 우비라도 제공해주나 싶었지만 기대를 한 내가 잘못이지. 그가 우리에게 준 것은 바로 파란색 쓰레기봉투. 친절하게 얼굴부위에만 구멍을 뚫어 고개만 내밀게끔 만들어준다. 하하하하하하하. 돈 내고 이런 경험도 다 해보는구나. 다 좋은 경험이라 생각하고 그냥 즐긴다. 데린쿠유는 내가 터키에서 가보고 싶은 10곳 중 한 곳이었는데, 생각보다 인상 깊지는 않았다. 지하 45m까지 내려가니 너무 추웠다는 것 말고는 그저 그런 지하 동굴이었다. 자전거 타고 이곳까지 와서 보고 갔으면 화났을 뻔!

한 가지 불만스러운 점이 있다. 가이드 알리가 자꾸만 갑을관계를 만들려한다. 버스에서도 못 자게 하다니… :(가이드와 날씨만 괜찮았다면 좋았을 그린투어. 멀리 있는 곳을 둘러볼 수 있다는 것과 여행 정보를 얻을 수 있었다는 것에 의의를 두자. 그에게서 얻은 한 가지 유용한 터키 여행 정보는 이스탄불에서는 되도록 카드를 쓰지 말라는 것! 이유인즉슨 금액을 잘 확인하지 않는 관광객들을 상대로 금액의 끝에 '0'을 하나 더 붙여 결제해버린다는 것이다. 조심, 조심, 또 조심!

1. 스타워즈의 배경이 된 살리메 마을 2. 으흐랄라 계곡에서 쓰레기봉투를 뒤집어 쓰고…. 3. 으흐랄라 계곡을 트래킹하다 보면 과거 기독교인들이 박해를 피 해 숨어지내던 동굴과 교회의 흔적을 볼 수 있다. 4. 데린쿠유 지하도시. 말 그대로 지하에 굴을 파고 조성한 도시다. 6세기경 기독교인들이 로마와 이슬람의 박해를 피해 이곳을 은신처로 삼았다.

투어에서 빠질 수 없는 쇼핑코스까지 마치고 나니 7시가 넘어간다. 가난한 여행자들에게 쇼핑코스는 그저 차 한 잔 얻어마시며 쉬어가는 코스다. ^^

오늘은 늦게까지 밖에서 있으면 안 되겠다 싶어 집으로 빨리 돌아온다. 어제 너무 늦게 귀가해 아흐멧에게 조금 미안하기도 하고, 아흐멧과 같이한 시간이 너무 없어서 오늘은 그의 가족과 함께 저녁을 먹어야겠다. 집으로 돌아오는 길에 아흐멧에게 전화를 하니, 친구와 같이 일하고 있는데 일이 끝나면 이 친구와 함께 저녁을 먹잔다.

집에 도착하여 아흐멧과 친구의 일이 끝나기만을 기다린다. 이들은 내일 전시회 준비를 하고 있다. 전시회는 아흐멧 친구의 그림 전시회다. 둘은 서로 대학교 친구여서 30년이 넘는 'very old'한 사이란다. 전시장은 조그마하지만 아바노스 시장도 방문할 예정이라고! 주제는 '말'이다. 올해가 말의 해이기도 하고, 카파도키아의 뜻이 'Land of beautiful horses'이다. 그래서 카파도키아에서 전시회를 연다는 깊은 의미가 담겨 있다.

　그들의 일이 끝나고 우리는 아바노스 시내로 나가 피데와 초르바(수프)를 저녁으로 먹는다. 초르바는 내 스타일이 아니어서 주문하지 않으려 했으나 그들의 적극적인 추천으로 맛을 보는데, 와~ 우리나라 곰탕 맛이랑 똑같다. 피데도 고춧가루 팍팍 뿌려줘서 매콤하니 참 맛있네그려.

　저녁을 먹고 집에 돌아오니 10시. 여유로운 시간을 가지러 이곳에 왔는데, 더 피곤하다! 그래서 내일 하루 더 쉬기로 결정한다. 내일은 새벽에 벌룬투어를 하고 오전에는 하맘을 가볼 생각이다. 하맘은 우리가 흔히 알고 있는 터키탕. 말로만 들어봤는데, 윤서가 터키탕 체험을 하자길래, 그리고 괴레메에 터키탕이 있다고 하여 한번 체험해볼 생각이다. 이 하맘 때문에 하루 더 머물기로 급! 결정했다. 터키에 왔으니 한번쯤은 체험해봐야지! 내일은 터키탕에서 피로도 풀고 낮잠도 자고 싶다.

　벌룬투어를 위해 일찍 일어나야 되는 관계로 알람을 3시 30분으로 맞춰 놓고 잠자리에 든다.

55일차 주행거리 20km / **총 주행거리 3,243km**
55일차 지출 26.1리라(아침 19, 간식 7.1) / **총 지출 1,367.05리라+188.63유로**

풍선을 타고 하늘 위를 두둥실

알람소리에 정확히 3시 30분에 기상한다. 오늘은 이불 속에서 빈둥거릴 여유가 없다. 픽업 버스가 4시에 아바노스 맥도날드 앞으로 오기로 했기 때문. 졸린 눈을 비비며 서둘러 씻고 맥도날드로 향한다. 4시에 나만 태운 버스가 열기구 투어 장소인 괴레메로 이동하고, 본격적으로 호텔 앞에 나온 사람들을 하나둘씩 태워 미리 준비된 식당에 내려준다. 아침을 제공해준다고는 하지만, 기껏해야 빵과 커피뿐이다. 그래도 몸을 녹일 수 있는 커피와 달콤한 빵이 참 맛 좋다.

5시 30분, 해가 점점 떠오른다. 우리는 탑승할 열기구의 번호를 부여 받고 번호에 따라 각기 다른 버스에 오른다. 그런데 윤서와 다른 번호를 배정 받았다. 같이 예약을 했지만, 열기구가 다르다. 따져보지만 돌아오는 답변은 "sorry." 한 열기구 당 20명으로 한정되어 있어서 사람 수를 맞추기 위해

우리 둘을 갈라놓았나 보다. 에이… 아쉽지만 어쩔 수 없다. 나를 태운 열기구의 파일럿은 파티흐. 이 열기구에는 총 20명이 탑승했는데 생김새와 언어를 들어보니 중국인이 절반, 브라질인이 절반, 그리고 나. 카파도키아에 브라질 여행객들이 많다는 사실이 좀 놀라웠다. 한 바구니 당 5명씩 총 4바구니에 나눠 탄 후, 파일럿은 불을 계속 지핀다. 얼마 지나지 않아 우리의 바구니가 뜨기 시작한다. 다른 열기구들에 비해 우리 바구니가 손에 꼽힐 정도로 먼저 떠오른 것. 스릴이 있는 것은 전혀 아니나, 카파도키아가 지닌 풍광과 수많은 풍선들이 함께 어울려 정말 말로는 표현할 수 없을 정도로 장관을 이룬다. 내 버킷리스트 중 하나, 이렇게 이뤄냈다!

실은 터키를 선택한 큰 이유는 세 군데가 가고 싶어서였다. 그리스의 산토리니와 데니즐리의 파묵칼레, 그리고 네브세히르의 카파도키아! 오늘로써 터키에서의 모든 버킷리스트를 이뤄냈다. 흠… 김이 빠져서 설렁설렁 하면 어떡하지?

열기구 투어가 끝난 뒤에는 무사히 살아서 착륙했다는 기념으로 조촐하게 와인 파티를 한다. 윤서랑은 오전에 다시 만나기로 약속하고, 나는 집으로 돌아가서 눈 좀 붙이기 위해 다시 픽업차량에 오른다. 시간은 아직 7시… 집 앞에 도착하여 벨을 눌러보지만 묵묵무답이다. 아마도 모두들 자고 있겠지. 다행히 문 앞에서 와이파이가 잡힌다. 쭈그려 앉아 휴대폰을 만지작거리다 보니, 2층에서 나나가 꼬리를 흔들며 나를 반겨준다! 며칠 안 있었는데

나를 알아보네. 8시. 다시 한번 벨을 누른다. 그제야 아흐멧이 잠옷 차림으로 나와 문을 열어준다. 아까 집 앞에서 와이파이가 될 때 하맘에 대해서 찾아봤는데, 괴레메의 하맘은 다른 곳보다 가격이 무려 세 배나 비싸다고 한다. 그 돈 주고는 못하지… 다른 곳에서 세 번을 하는 게 낫다. 고심 끝에 아흐멧에게 오늘 떠난다고 말한다. 정말 좋은 가족이어서 하루 더 머물고 싶지만, 제한된 시간 안에 둘러볼 곳이 많다…. 아쉽지만 어쩔 수 없다.

이윽고 아흐멧 가족과 함께하는 마지막 아침. 세 살된 발칸이 터키어로 뭐라뭐라 쫑알대는데, 아흐멧과 툴린이 깔깔대며 웃는다. 나에게 해석을 해주는데, 떠나지 말고 같이 지내자고 했단다. ㅠㅠ… 미안 발칸. 어쩔 수 없어…. 행복해 보이는 그들 가족에게 조그마한 선물로 폴라로이드를 찍어준다. 근데 발칸이 자기도 카메라가 있다며 아빠 카메라를 가져와 나를 마구 찍어댄다. 이 녀석, 참 영특하단 말이야.

'미안 발칸! 그리고 나나! 무럭무럭 커야 돼!'

오전 10시, 짐을 챙겨 아흐멧에게 마지막 인사를 전하고, 윤서를 만나러 괴레메로 향한다. 일정 변경으로 인해 같이 마지막 점심을 먹기 위해서다. 다 마지막이네. ㅠㅠ 윤서도 오늘 여기에서 하루 더 머물기로 했으나, 하맘 가격을 듣고는 바로 떠나기로 결정한다. 마지막 점심 메뉴로 피데를 선택하는데 참 맛없다. 맛있는 것 사주고 싶었는데, 이 동네는 뭐든 so so. 윤서의 루트와 내 루트를 보니 아마 흑해에서나 이스탄불에서 만날 것 같다. 그때 꼭! 맛있는 거 사줘야지. 아. 아흐멧 집을 떠나기 전, 윤서에게 받은 고마움을 무엇으로 보답할까 궁리한 끝에 간단히 편지를 써주기로 했다. 지금까지 달려오면서 심신이 좀 지쳐 있었다. 음… 체력적인 부분보다는 정신적으로 많이 약해져 있었다. 동남부 지역을 달리면서 남모르게 이것저것 신경 쓸 부분이 많았는데, 누구에게 풀어놓을 사람이 없었다. 이때 윤서를 만나면서 나름대로 힐링이 되었다. 괜히 윤서에게 장난도 많이 치고 그랬는데, 여튼 무언가 좀 해주고 싶어서! 내가 잘 쓰는 편지를 써주었는데, 윤서가 눈물을 글썽인다. 짜식, ㅋ

윤서, 다음에 봅세

이제는 3일 전 왔던 길을 거슬러 올라간다. 다시 카이세리로 가는 길. 천둥이 치고 먹구름이 깔려온다. 터키에서는 전방에 비가 내리는 모습이 정말 잘 보인다. 내 미래에 닥쳐올 모습이 보인다는 건, 현명한 판단을 할 수 있는 기회가 주어진다는 뜻. 바로 히치하이킹을 시도한다. 얼마 지나지 않아 트럭 한 대가 멈츠고 자전거를 싣는다. 트럭 기사의 이름은 하빗, 다행히도 카이세리까지 가는 길이란다. 역시나 그곳을 지나치니 비가 억수처럼 퍼붓는다.

30분 가량 달려 4시에 카이세리 시내에 도착한다. 그러나 비가 계속해서 내리는 바람에 트럭에서 내려 곧장 카페로 들어간다. 비가 그치기만을 기다리며, 그동안 밀렸던 사진을 정리하고 개인 정비를 한다. 3일 전과 같은 동네지만 호스트는 다르다. 자전거를 좋아하는 새로운 호스트로 다시 컨택한 것. 이전에 머물렀던 바이람은 집에 담배연기가 너무 자욱했기 때문에 더는 있고 싶지 않았다. 오늘의 호스트 부라크는 내가 컨택한 게 아니라 SNS 상에서 인연을 맺게 된 한 터키 친구가 소개해주었다. 그에게 카이세리에 도착했다고 연락을 하니, 자전거를 타고 달려온단다. 그가 사는 동네엔 비가 안 오는 모양이다. 여기는 비가 많이 오니 기다렸다가 비가 그치면 다시 연락하기로 한다. 그리고 6시. 비가 그치고, 그에게 연락해 만난다. 자전거를 매우 좋아하는 부라크는 대학에서 영화 미디어 분야를 전공하면서 조수로 일하고 있다. 집으로 가기 전에 자전거 가게에 잠깐 들른다. 그가 머드가드를 달고 싶어서 알아보러 간 것. 나도 튜브가 좀 있나 보지만 역시나 로드 타이어용 튜브는 없단다. 휴… 하나밖에 안 남았는데… 어찌어찌 되겠지.

그의 집에 도착하자마자 제일 먼저 내 눈을 사로잡은 건 〈올드보이〉 DVD. 관련 전공자답게 영화를 매우 좋아하는 친구다. 영화 DVD만 무려 수천 장. 가장 좋아하는 감독은 올드보이 박찬욱 감독이라고. 〈빈집〉도 언급했는데, 이건 무슨 영화길래 터키 사람들이 좋아하지? 가지안테프의 나믹도 그렇고 빈집과 올드보이가 터키 현지인들에게 인기가 많은가 보다.

샤워도 개운하게 하고 세탁기도 돌리고 나서 그가 준비한 저녁을 함께한다. 메뉴가 뭐냐고 물어보자 그는 '그냥 내가 만든 음식'이란다. 감자와 당근, 그리고 치즈를 오븐에 구워 밥과 함께 먹으면 끝. 나름대로 맛있다. ^^

오늘 많이 달린 건 아니지만 하루를 일찍 시작해서 그런지 금방 쓰러질 것만 같다. 내려오는 눈꺼풀을 이겨낼 수 없어 이내 잠자리에 들고 만다.

56일차 주행거리 45km / **총 주행거리 3,288km**
56일차 지출 329리라(벌룬투어 300, 점심 19, 간식 10) / **총 지출 1,696.05리라+188.63유로**

난 남자랍니다. ㅠㅠ

오늘은 시바스로 향하는 날. 아침도 먹지 않고 출발하려는 나에게 부라크는 가는 길에 허기를 달래라며 초코바를 건네준다. 그러고는 시바스로 가는 메인로드까지 데려다 주겠다고 한다. 괜찮다고 말했지만, 자기도 자전거 타는 걸 좋아한다며. ^^

30분을 달려 시바스로 가는 길 초입에 도착한다. 부라크와 사진을 함께 찍고 이제 나의 길을 떠난다. 어라? 길이 상당히 좋다. 고도 1,000m가 넘는 아나톨리아 고원을 달리며 상당히 고생할 거라 예상했는데, 길이 반듯하게 잘 닦여있다. 오르막길은 많지만, 도로 사정이 좋아 그리 어렵지 않게 올라간다.

끙끙대며 큰 산을 하나 오르니, 갑자기 하늘에서 빗방울이 우수수 쏟아진다. 하늘을 보아하니 간단히 그칠 비가 아니다. 어제 일기예보에서는 앞으로 약 2주간 비를 보게 될 거라 했다. 비가 오면 자전거를 타지 않겠다고 다짐했는데, 2주간 비라니, 어떻게 해야 되지? 재빨리 가방에 레인커버를 씌우고 히치하이킹을 시도해본다. 이쪽으로 오는 차가 한 대도 없다. 그때 반대편에서 트럭 한 대가 멈추더니 나에게 오라는 손짓을 한다. 반대 차선이지만 비를 피하는 게 급선무인지라 건너가서 자전거를 트럭 뒤에 싣고 조수석에 오른다. 트럭 아저씨에게 연신 고맙다고 말하고 차 안에서 비가 그치기만을 기다린다. 그런데 이 아저씨, 내 옷이 젖었다며 빨리 갈아입으라는 게

터키에서는 저 멀리서 비 내리는 광경이 너무나도 잘 보인다.

아닌가. 나를 걱정해주는 건 고맙지만 언젠가 또 젖을 옷이니 괜찮다고 말한다. 이 아저씨는 여기서 멈추질 않고 내 옷 속으로 자꾸만 손을 집어넣으며 추울 거라는 말을 하고(대강 짐작으로) 자신의 옷을 내게 건넨다. 괜찮다는데 이 아저씨 왜 이러지? 아! 혹시 또 나를 여자로 아는가? 어라? 이 아저씨, 내 발 토시를 까더니만 허벅지를 더듬거린다. 이제는 화가 난다기 보다 어처구니가 없다.

"벤 바이(나 남자야)."

이 한 마디로 상황종결. 아저씨도 쪽팔렸는지 머쓱한 웃음을 짓는다. 한국말로 "터키 망신 다 시키네"라고 말해준 뒤, 차에서 내려 다시 반대 차선으로 건너간다. 화가 나는 것보다는 저런 사람들 때문에 점점 터키에 대한 인식이 안 좋아지고 있다는 게 참 씁쓸하다.

변태아저씨 덕분에 그야말로 비 맞은 생쥐 꼴이 되어 히치하이킹을 시도해본다. 아, 오늘은 과연 몇 대만에 히치하이킹에 성공하는지 세어보기로 한다. 언제부턴가 지나가는 트럭 대수 세기에 재미가 붙었다. 한적한 시골길을 외로이 달리는 자의 소소한 재미라고나 할까? 1대… 2대… 3대… 4대… 이곳은 정말로 차가 잘 다니지 않는 외딴 시골이다. 아무리 그렇다지만 이 가엾은 청년을 보고도 무심히 지나쳐버리는 트럭 운전수들. 흑흑… 5대… 6대… 7대… 10대… 71대… 총 71대의 트럭이 나를 외면하고 지나쳐갔다. 하아… 평소에는 이렇지 않았는데, 오늘은 왜 이렇게 트럭 세우기가 힘들지? 아 참, 트럭 몇 대가 섰었다. 그런데 차 주인이 나보고 "센 바이안?(너 여자야?)"라고 묻는 것이 아닌가. 힘 없는 목소리로 "벤 바이(나 남자야)"라고 답하자, 뒤도 안 돌아보고 가버리는 트럭들.

72대째에 흰 대형 트럭 한 대가 멈춰 선다. 창가 쪽으로 다가가니 트럭 아저씨께서는 손짓으로 자전거를 뒤에 실으라는 시늉을 하신다. 오예! 아저씨 이름은 하산, 시바스를 거쳐 에르진잔, 에르주룸까지 가는 길이란다. 하산 아저씨께서는 오늘 시바스에서 하루 자고 내일 에르주룸에 도달할 예정이라고. 나도 에르진잔까지 간다고 말하자, 아저씨가 내게 번호를 달라고 하신다. 내일 아침에 자전거를 실어서 에르진잔까지 태워주시겠단다! 정말 고마운데ㅠ 시바스에 오늘 도착하면 이틀을 머물 계획이다. 그래서 번호는 드리지만, 내일 아저씨와는 같이 에르진잔에 가지 않을 생각이다. 시바스에 하루 더 머물기로 한 결정도 비로 인해 급하게 계획을 변경한 것이고 아직 오늘의 호스트에게 이 사실을 말해주지 않았다. 일정은 그냥 내 마음대로… 될 대로 되겠지. 그동안 갈고닦은 짧은 터키어 실력으로 하산 아저씨와 이야기를 주거니받거니 하는 중 아저씨께서 갑자기 샤르크슬르라는 작은 동네에서 차를 멈춰 세운 후 한 시간 반을 쉬어야 된다고 하신다. 너무 오래 운전해서 한숨 자야겠다고 하시는데, 나더러 기다릴 거면 기다렸다가 같이 저녁에 시바스에 가고, 아니면 자전거를 타든지 다른 트럭을 잡든지 하란다. 나는 골똘히 생각해본다. 트럭도 잘 안 잡히겠다 비도 오겠다 해서 차라리 이 아저씨랑 같이 다니기로 하그, 그 시간에 저녁을 먹고 오기로 한다. 아저씨가 잠을 청할 동안 샤르크슬르 시내에 나가 저녁을 사 먹고 돌아오는 길, '설마 이 아저씨가 도망가지는 않으셨겠지?'라는 생각도 들었으나, 흰 트럭은 제자리에서 나를 기다리고 있다.

우리는 다시 시바스를 향해 달린다. 어느덧 날은 저물어가고, 나는 오늘의 호스트, 파티흐에게 전화를 건다. 저녁에 도착할 거라고 미리 말해놓은 상태여서 도착하기 한 시간 전에 연락을 한다. 9시가 넘어서야 시바스에 도착. 고맙게도 이 늦은 시간에 파티흐가 자전거를 타고 직접 마중을 나와 있다. 파티흐는 간만에 컨택한 웜샤워 호스트. 나를 태워준 하산 아저씨께 고맙다는 인사를 전한 후 우리는 자전거를 타고 그의 집으로 향한다.

파티흐는 친구 셋과 함께 살고 있으며, 이 지역 대학에서 체육교육을 전공하고 있다. 나이는 나랑 동갑이지만 대학을 이미 한 번 졸업했다. 16세에 치대에 입학해서 졸업했다는 이 친구는 치과의사가 자기 적성에 안 맞아 체육 쪽으로 선회하여 다시 대학을 다니고 있다고 한다. "치과의사하면 돈 많이 벌 수 있잖아?" 하니, 돈 많이 벌어서 뭐하냐고 되묻는다. 맞는 말! 자기 적성에 맞는 거 해야지. 암… 파티흐는! 내가 이제까지 본 터키 남자들 중에 제일 잘 생겼다! 처음 보자마자 잘 생겼다고 해주고 싶었는데, 입 밖으로 말이 나오질 않았다.(*부끄부끄*)

샤워를 마친 후, 파티흐가 밖에 나가 차를 마시자고 한다. 11시가 넘었는데, 이곳은 새벽까지 문을 여는 곳이 많단다. 올 때는 몰랐는데, 파티흐가 사는 곳은 시내 한가운데다. 5분도 채 되지 않아 시바스의 볼거리가 몰려 있는 (시바스는 관광지가 아니어서 볼 게 그다지 없다) 휴큐멧 광장의 카페에 들어간다. 이 동네의 밤거리, 참 좋다. 이즈미르나 베르가마 등 터키 서부지역은 밤 9시만 넘어도 길거리의 상점들이 문을 닫는데, 터키 남동부 지역이나 이쪽 지역은 12시가 넘어도 한창이다. 무슨 이유인지… 분명 터키 동부지역은 상대적으로 더 보수적이라고 들었는데, 아이러니하다. 나는 이러한 밤

풍경이 좋다. 시끌벅적하지도 붐비지도 않지만 새벽까지 먹을거리가 많이 있다는 게. 야외 테라스에서 차를 마시고 집에 돌아와서 내일 뭘 할지 파티흐와 같이 궁리를 해본다. 내일은 오전에 시내를 둘러보고 오후에는 클라이밍을 하기로! 우와, 클라이밍은 한 번도 해본 적 없는데, 기대된다! 어느 순간부터 눈이 슬슬 감긴다. 지금 무슨 말을, 무얼 하고 있는지도 모르겠다.

새벽 1시가 조금 넘은 시각. 파티흐는 나를 위해 잠자리를 펴주고, 우리는 각자 잠자리에 든다.

드디어 터키탕 체험을 하다!

오늘은 이동하지 않는 날이기에 알람도 맞추지 않았다. 9시까지 푸욱~ 잤다. 10시쯤 일어나 파티흐가 준비해준 아침을 함께 먹고, 자전거를 타고 시내를 둘러보러 나간다. 어젯밤 차이를 마시러 나갔던 휴큐멧 광장. 쉬파이예 신학교와 치프테 미나레 신학교 등 고대 셀축시대와 투르크 시대의 역사가 고스란히 묻어 나오는 시바스의 중심지를 둘러보고 기념품 가게에 들른다. 내

가느다란 실이 특정한 행운을 의미하는 팔찌

가 기념품을 고르고 있을 때, 갑자기 파티흐가 나에게 '자유로움'의 의미가 담긴 팔찌를 선물해준다. 색깔별로 각각 의미가 다른 이 팔찌는 얄로바에서 잔수에게도 받았었는데, 너무 뭉탱이로 받았기에 하고 다니지 않았다. 그러나 파티흐는 딱 '자유'의 의미만 담긴 팔찌를 내게 선물해준다.

간밤에 그의 페이스북을 보면서 정말 '자유로운 영혼' 같다고 말했었다. 파티흐는 치대를 졸업했지만, 자신이 좋아하는 익스트림 스포츠를 즐기기 위해 다시 대학에 입학했다. 현재는 클라이밍, 등산, 사이클 등 자신이 좋아하는 것을 골라서 하고 있어서 그에게 "I envy you(나는 네가 부러워)" 라고 했는데, 그걸 기억하고는 이 팔찌를 내게 선물해준 것 같다.

시내를 둘러보고는 그의 친구 메수트를 만나러 간다. 메수트는 그와 자전거를 같이 타는 친구. 어제 그와 통화를 했었다. 늦게 도착할 거라고 연락을 했는데, 파티흐가 영어가 서툴러서 친구 메수트와 대신 통화를 했다. 메수트가 나를 보고 싶어 한단다. 메수트를 보러 찾아간 곳은 자전거 회사. 그

시바스의 볼거리가 모여 있는 휴큐멧 광장. 쉬파이예 신학교(왼쪽)와 울루 자미(오른쪽).

는 자전거 회사 콜센터 매니저로 일하고 있다. 터키에서는 처음으로 자전거 회사 콜센터를 운영중이란다. 나도 자전거 회사에 콜센터가 있다는 건 처음 들어본다. 그와 이야기를 하다가 한국에 대한 이야기가 나왔는데, 한국인들은 조금 이상(?)하단다. 영국 유학생활 중 많은 한국인을 만났는데, 모두가 천편일률적이고 자기들끼리 뭉쳐 다니는 한국인들의 습성 때문에 그들과 별로 친해지지 못했다는 것이다. 메수트는 업무중이라 더 이상 방해할 수 없어서 많은 이야기를 나누지는 못하고 우리는 다른 곳으로 이동한다.

파티흐와 함께 간 다음 장소는 자전거 가게. 친구가 운영하는 곳이란다. 여러 부품들을 살펴보다가 참 예쁜 분홍빛깔 선글라스가 눈에 들어온다. 하나 살까 하는 마음이 들었지만, 가격표를 보고 포기. 135리라. 너무 비싸다! 지금 여분 튜브도 너무 비싸서(30리라) 사지 않고 있는데, 이미 잘 쓰고 있는 선글라스를 두고 다른 것을 살 수는 없다. 내게 잘 어울렸지만, 아쉬움을 뒤로한 채 우리는 파티흐가 다니는 대학교로 간다. 암벽을 타기 위해서!

먼저 점심을 먹기 위해 대학교 앞에 있는 식당으로 발걸음을 향한다. 이슬비가 내려 자전거는 타지 않고, 끌고 간다. 이럴 때 보면 참으로 짐덩어리다. 시바스에서 유명한 음식은 두 가지다. 하나는 시바스 쾨프테, 다른 하나는 에티 피데(eti pide, 고기 피데). 우리가 향한 곳은 '아흐멧 우스타'라는

시바스에서 가장 유명한 시바스 쾨프테 프랜차이즈 음식점. 그곳에서 시바스 쾨프테와 아이란을 점심으로 해결한다. 시바스 쾨프테, 맛있다! 얄로바에서 먹었던 주황색 간판(이름은 외우질 못했다)의 스페셜한 쾨프테와 맛이 매우 비슷하다. 점심을 거하게 먹은 후, 우리는 클라이밍을 하기 위해 체대 건물로 들어간다. 3시부터 동호회원들이 하나둘씩 모여들고, 파티흐가 내게 장비를 채워준다. 스트레칭으로 간단히 몸을 푼 후, 드디어 암벽을 탄다! 엄청 어려울 줄 알았는데, 생각보다 어렵지는 않다. 한 번 만에 수직 암벽에 올라 자신만만해진 나는 100도 이상의 구간을 올라보지만 이내 실패. 역시 처음 해보는 거라 손가락 힘이 쭉 빠진다. 악력 키우는 데는 최고겠다.

여기 동호회 사람들 너무 좋다! 금방 친해져서 서로 탁구도 치고 배구, 축구 등 어느새 이곳은 종합경기장으로 변모한다. 탁구는 한국과 터키 친선전! 한국대표 권보선 선수의 신승! 파티흐가 봐준 듯하다. 파티흐는 딱 봐도 만능 체육맨인데. 그렇게 재미있는 시간을 보내고 밤에는 동호회원들이 파티흐 집으로 놀러온단다. 정말 친절하고 유쾌한 친구들이다! 아, 이 친구들과 짧은 시간이나마 함께하면서 별명을 하나 얻었다. 바로 'HASUN.' 전형적인 터키 남자이름인 Hasan과 내 영어이름인 Sunny가 결합되어 만들어진 나의 터키 이름. 이제 내게도 터키 이름이 생겼다! 이른바 하썬!

밤이 되자 동호회 친구들이 파티흐의 집에 놀러온다. 이 친구들, 나에게 장을 보러 나가자는데, 피데 재료들을 사자고 한다. 응? 피데 재료인 고기와 토마토, 고추, 양파 등을 사서 빵집에 맡기면 즉석에서 피데를 요리해준다고 한다. 이렇게 하면 가격이 훨씬 저렴해진다. 무려 피데가 다섯 판 이상이었는데, 지불한 돈은 20리라도 되지 않았다. 가게에서 사 먹는 것보다 훨씬 건강에도 좋을 것이고. 이렇게 시바스에서 맛보는 또 하나의 대표 음식, 에티 피데를 색다르게 먹어보게 되는구나!

"너, 하맘 가봤어?"

"아니, 아직 못 가봤어."

"그럼, 하맘 갈래?"

"응? 좋지. 근데 지금?"

"응! 지금! 24시간 하는 곳이 있어."

하맘에 가고 싶어 하는 속마음을 들켰나? 10시가 조금 넘은 시각, 생각지도 않게 하맘을 하게 되었다. 가격 때문에 카파도키아에서 못하고, 나중에 아마시아나 사프란볼루에서 해볼 생각이었는데, 정말

그야말로 피데 파티 +_+

생각지도 못하게 오늘 하게 되다니. 야호! 파티흐의 전화 한 통에 클라이밍 동호회원 중 한 명이 차를 가져와 우리를 하맘에 데려다준다. 드디어, 드디어, 터키탕 체험을 한다! 정말이지 모든 게 다 신기하다. 카메라를 들고 가서 찍고 싶었으나, 습기 때문에 고장 날 수도 있다는 말에 아쉽지만 눈으로만 담는다.

하맘은 우리나라의 목욕탕이라고 보면 된다. 들어가면 각자의 방을 배정해주고 그곳에서 옷을 갈아입는다. 우와, 방 안에 TV도 있고, 침대도 있다! 그곳에서 탈의 후 수건으로 중요부위를 가린 채 사우나로 들어간다. 씻지 않고 들어가도 사우나 안에 들어가 땀을 빼면 때가 저절로 불려진다. 한국 목욕탕에서는 몰랐는데, 이거 은근히 잘 불려진다. 그 다음에 앉아서 기다리면 험상궂은 때밀이 아저씨가 접근해 온다. 그 다음은 그냥 몸을 맡기면 끝. 몸이 잘 불려졌는지 테스트를 시작으로 온몸 구석구석 때도 벗겨주고 마사지도 해주고 머리도 감겨주는데, 무슨 지우개인 줄 알았다. 내 몸에서 떨어져 나온 그것(?)을 가리키며 아저씨가 이거 뭐냐고, 너 도대체 뭐냐고 한다. 그리고 마사지가 아니라 나를 막 두들겨 팬다. ㅠㅠ 힝… 아저씨는 고통스러워하는 내 모습이 즐거운지 맛 들려서 더 때리고. 그런데 너무나 개운하다! 머리까지 친절히 감겨준 후, 그대로 로비로 나가면 직원이 가운도 입혀준다. 그럼, 우리는 각자의 룸으로 돌아오면 된다. 룸에서는 누워서 인터폰으로 소다아이란을 주문한다. 소다아이란은 말 그대로 소다와 아이란을 섞은 음료수다. 파티흐가 말하길, 하맘 후에는 소다아이란이 최고란다. 아, 이게 우리가 목욕 후에 먹는 바나나우유랑 비슷한 거구나? 하맘의 가격을 물어보니 그렇게 비싸지도 않다. 모든 걸 다해봐야 30리라가 채 되지 않는다고. 이런 문화를 왜 이제야 알았을까. 60일간 여행하면서 쌓였던 피로가 싹 풀린다! 소다아이란을 마시며 누워있으니, 눈이 솔솔 감긴다. 진짜 천국이 따로 없다. 하맘 짱짱짱!

터키를 떠나기 전 하맘을 꼭! 한 번 더 체험하기로 결심한다. 아니, 한 번이 아니라 될 수 있는 대로 많이! 오늘은 정말이지 푹 잘 수 있겠다. 더 고마운 건 치과의사로 일하는 동호회원이 하맘 비용을 내주었다. 촉 테세퀴르.

내일이면 시바스를 떠나 에르진잔으로 향한다. 240km 정도 거리라서 중간에 히치하이킹을 할 생각이다. 내일도 역시나 비 소식이 있다. 그냥 흑해로 가기 위해 단순히 거쳐 가려고 했던 시바스. 좋은 호스트를 만나 정말 다양한 경험을 하고 간다. 파티흐 땡큐!

비는 언제쯤 그치려나

하늘을 보니 곧 비가 올 기세다. 어쨌거나 최대한 에르진잔을 향해 달려보자. 출발하기 전에 슈퍼에 들러 물을 산다. 슈퍼에서 한 아이와 그 아버지를 만났는데, 아이가 한국을 좋아해서 사진 좀 같이 찍어달란다. 뭐 어려운일도 아니어서 사진을 같이 찍어주니 아버지가 고맙다며 자신이 갖고 있던향수를 선물로 준다. 나는 향수를 쓰지 않는데, 그 마음이 참으로 고맙다.

파티흐네 집에서 아침으로 먹었던 와플이 부족했는지 금방 배가 고파온다. 약 40km를 달려 시바스 다음 동네인 하픽(Hafik)에 멈춰서 이른 점심으로 피데를 먹는다. 그런데 이 동네, 여느 곳과 다르다. 온통 남자들뿐이다!어디에선가 이쪽 지방(시바스~에르주룸 구간)은 터키에서 가장 보수적인동네라 길거리에 나와 있는 사람들 90% 이상이 남자라고 들었는데(출처불명) 거짓이 아니다! 물론 시바스는 터키에서 교통의 요지이자, 나름 중간 규모의 도시여서 그런 느낌이 전혀 없었지만, 이곳 시골 동네는 정말이지 길거리에 죄다 남자들뿐이다. 우와… 신기해서 셔터를 눌러댄다.

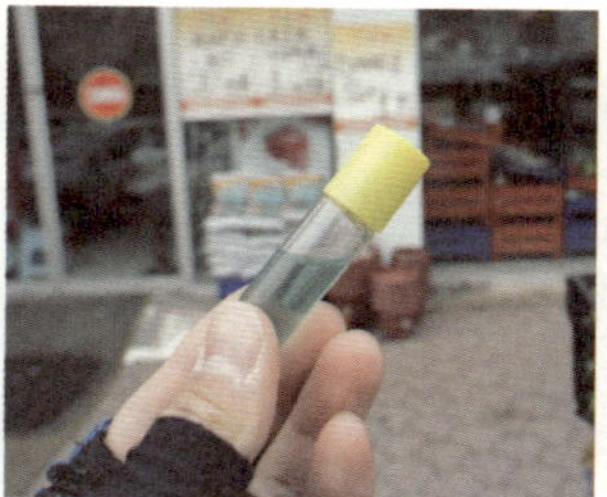
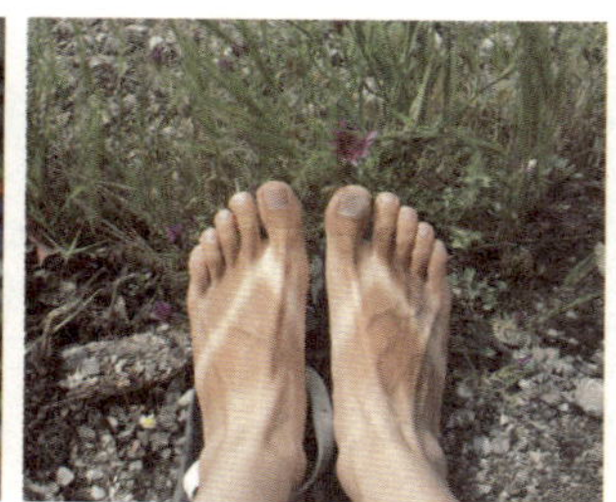

미소 하나 달랑 메고, 써니의 80일간 자전거 터키일주

허름한 식당 한켠에서 피데를 먹고 있으니, 어느새 빗방울이 떨어진다. 아… 언제쯤이면 햇빛을 볼 수 있을런가. '오늘 히치하이킹은 상당히 일찍 시작되겠구나.' 그저께의 여파 덕분에 이제는 히치하이킹도 일이다. 그리고 조금 무섭다. 뭐 나야 겁은 없지만, 신변의 두려움보다는 못돼먹은 운전기사들로 인한 스트레스랄까.

하픽 시내에서 나와 메인도로에 위치한 주유소 앞에서 히치하이킹을 시도한다. 어라? 이번엔 단번에 성공! 운전기사 아저씨의 이름은 메메드. 에르주룸까지 가는 길이란다. 트럭 뒤켠에 쌓여 있는 신발더미로 보아, 관련된 일을 하시는 분 같은데 대단히 친절하시다! 중간에 주유소에 들러 아이스크림과 콜라도 사주시고, 내가 티가 그쳤으니 내려달라고 하니 이 동네는 테러로 위험하다며 끝까지 데려주신다고 한다. 이 동네에서 테러라고? 테러는 처음 들어보지만 PKK(이건 쿠르드족 무장단체 이름인데)들이 총을 들고 위협한다고 하는데, 지극히 개인적인 생각이신 듯하다. ^^;; 그리고 보니 시바스에서 에르진잔 구간은 해발 1,250m에서 1,100m으로 내리막 구간인데, 아쉽긴 하지만 나를 너구 좋아하여 쫄쫄 따라다니는 '비'란 녀석 때문에 히치하이킹을 계속한다.

어느새 조수석에서 꾸벅꾸벅 졸고 있는 나. 친절한 메메드 아저씨의 도움

으로 생각보다 너무~ 이른 시각인 오후 2시에 오늘의 목적지 에르진잔에 도착한다.

아침에 출발할 때 오늘 호스트한테 오후 7시쯤 도착한다고 했는데, 200km 가까운 거리를 히치하이킹으로 와버려서 예상보다 너무 빨리 도착했다. 이때가 기회다 싶어 비도 피하고 밀린 일기와 사진 정리도 할 겸 카페로 들어간다. 배는 고프지 않아 큐네페 전문점에서 큐네페 하나를 시켜 개인 정비에 들어가는데, 에구구… 이곳, 화장실이 없다. 어쩔 수 없이 건너편에 위치한 쇼핑몰에서 처음으로 돈을 지불하며 화장실을 이용한다. 쩝!

컴퓨터를 하며 창밖을 보니 하늘에 구멍이 뚫렸나, 아니면 하늘이 노하셨나? 아주 그냥 비가 퍼붓는다. 안 그래도 해발 1,000m가 넘는 지대여서 쌀쌀해 죽겠는데, 비까지 내리니 몸이 으슬으슬 떨린다. 아마 비를 맞고 달렸다면 100% 감기에 걸렸을 게 분명해! 카페에 앉아 떨어지는 빗소리를 들으며 여유를 만끽하고 있자니, 파전과 막걸리 생각이 간절하다. 하아. ㅠ.ㅠ 쫌만 참자!

6시쯤 되어 오늘의 호스트인 자페르에게 전화를 걸어본다. 곧이어 자페르가 찾아온다. 아마 멀지 않은 곳에 있었나 보다. 에르진잔은 굉장히 작은 도시다. 자페르에게 이곳의 인구를 물어보니 10만 명 안팎이란다. 나는 도시에 도착하면 사람들에게 인구와 도시규모를 먼저 묻는다. 그래도 나름 지리학도라고 이런 것에는 관심이 있다. ㅋㅋㅋ 여튼 작은 규모의 도시여서인지 시내도 굉장히 콩알만 하다. 우리는 멀지 않은 곳에 있는 자페르 친구가 운영하는 카페로 자리를 옮긴다. 알고 보니 내가 있던 카페와는 100m도 떨어지지 않은 곳에 위치해 있다. 자페르는 좀전까지 그곳에 있다가 나를 찾아왔다고 한다.

자페르는 심장 관련 의사다. 참… 이번 여행, 터키의 호스트들은 대부분이 교사, 아니면 의사, 혹은 학생들이다. 보편적으로 학생들은 여러 명이 같이 살며 교사나 의사들은 가족 혹은 혼자 산다. 능력이 있어서인지 직업을 가진 호스트와 그렇지 않은 호스트들이 대해주는 것도 차이가 좀 난다. 그렇다고 하여 직업이 없는, 학생 호스트들이 나에게 못해준다는 것은 절대! 아니다.(오해 마시길 ^^) 단지 물질적인 내용의 차이가 있을 뿐, 그들 모두 나에게 과분할 정도로 잘해주었다.

나의 주 관심사는 음식이기에 에르진잔에서 유명한 음식이 무엇인지를 물어본다. 자페르를 포함한 카페 식구들이 이구동성으로 켈레초스(Kelecos)라고 답한다. 켈레초스를 주문하여 맛을 보니, 꽤나 맛

있다! 게다가 후식으로 썰어먹는 돈두르마까지 가져다주다니! 정말이지 친절한 이 친구들. 잠시 후 자페르의 친구인 귤사와 툴바가 찾아온다. 그녀들은 모두 영어강사로 일하고 있다. 저녁도 든든히 먹었겠다 우리 넷은 밖으로 나가 시내 한 바퀴를 걷기로 결정. 굉장히 작으니까 걷자고 한 거겠지? 시내를 둘러보는 도중 AVEA가게(휴대폰 통신사 매장)를 발견하여 자페르에게 휴대폰 요금 충전하는 것을 도와달라고 요청한다. 자페르의 도움으로 어렵지 않게 충전을 한다. 이번이 마지막 충전이다. 벌써 세 번째… 이제는 충전할 일이 없다니, 시간이 참으로 빠르구나. 그나저나 휴대폰 요금이 왜

이렇게 다른 것일까? 첫 달에는 25리라, 지난달에는 21리라, 오늘은 20리라만 달라고 한다. 뭐지? 도통 뭔지 모르겠다. 어쨌든 더 싸게 충전했다는 사실이 나를 즐겁게 한다.

에르진잔 시내는 20분이면 다 돌아본다. 굉장히 작은 동네라는 걸 다시 한번 실감한다. 별로 흥미로운 곳도 없어서 우리는 자페르의 다른 친구가 운영하는 피데 집으로 들어가 차이 시간을 갖기로 한다. 여기서 들은 기쁜 소식! 내일 저녁은 이 피데집을 운영하는 친구가 우리를 초대해 맛있는 요리를 해주겠단다. 올레! 차이를 한 잔 마시면 무한 리필 되는 이 식당. 잔을 비우자마자 종업원이 새로운 차이를 가져다준다. 벌써 세 잔째다. 자페르에게 하루에 몇 잔 정도의 차이를 마시냐고 물어보는데, 적어도 20잔 이상은 마신단다. 헉…. 그래도 카페인이 없으니 다행이다. 몸에 좋은 차라서 다행이다!

자페르는 의사이기에 매일 아침 8시에 출근하여 4시에 퇴근한다고 하는데, 그 사이에는 내가 집에서 머물든 밖에 돌아다니든 상관없단다. 오, 간만에 늦잠 좀 잘 수 있겠다. 내일 퇴근 후에는 자기 말도 타고 폭포도 보러 가잔다. 개, 고양이를 키우는 사람은 봐봤어도 말을 키우는 사람은 또 처음이다. 우와… 어쨌거나 말도 타보게 생겼네! 게다가 저녁에는 아까 만난 친구 집에서 저녁을 먹고 하맘에 데려가 주겠다는데! 하맘… ㅎㅎ 또 하게 생겼구나. 좋아, 좋아! ^-^

59일차 주행거리 49km / 총 주행거리 3,452km
59일차 지출 36리라(점심 5, 큐네페 10, 화장실 1, 휴대폰 충전 20) /
총 지출 1,751.70리라+188.63유로

발상의 전환을 보여주자

아침부터 사고를 치고 말았다. 실은 어제 자페르 집에서 와이파이 비밀번호를 몰라서 인터넷을 못하고 있었는데, 이런 내가 불쌍했는지 자페르가 인터넷을 쓰라며 내게 아이패드를 줬었다. 그런데 어쩌다 보니 와이파이를 껐다가 다시 켜버린 것. 다시 비밀번호를 입력해야 했는데, 비밀번호를 모르니 원···. 자페르가 건넨 구원의 손길마저도 제 스스로 뿌리친 꼴이 되어버린 상황. 으휴, 이 바보. 집에 있어도 할 게 없으니, 나갈 채비를 한다.

자페르 집의 위치는··· 음, 어젯밤 자페르 차만 따라 달려온 곳이라 이곳이 정확히 어딘지 모르지만 무작정 집을 나와 길을 따라 죽 걸어본다. 5분도 채 되지 않아 시내에 도착. 굉장히 좁은 곳이다. 지금 내게 필요한 것은 와이파이가 되면서 편안히 시간을 보낼 수 있는 장소. 그렇지! 어제 저녁을 먹었던 자페르 친구네 카페 겸 레스토랑! 그곳 이름도 알겠다, 사람들에게 물어 물어 찾아간다. 대화는 통하지 않을지언정 엄청 친절하게 반겨주고 차이도 그냥 제공해준다. 이곳에서 자페르가 퇴근하기만을 기다리며 정보 검색과 호스트 컨택 등 그동안 밀렸던 일들을 해치운다.

아, 그런데 이메일을 확인하니 에르진잔의 또 다른 호스트에게서 피드백이 와 있다. 에르진잔은 웜샤워와 카우치서핑을 통해 총 두 명의 호스트에게서 가능하다는 답변을 받았는데, 나는 카우치서핑 호스트인 자페르를 택했고, 웜샤워 호스트인 에므라라는 친구에게 미처 답장을 보내지 못한 것. 순전히 나의 실수다. 나 때문에 에므라는 다른 여행자의 호스팅 의사를 거부했는데, 나는 그에게 가지 않은 것이다. 그래서 처음으로! 'Negative'라는 웜샤워 피드백을 받았다. 내 잘못이긴 한데··· 기분이 영 좋질 않다. ㅠ.ㅠ

신세를 지며 이렇게 돌아다니는데 호스트들에게 조금 더 신경을 써야겠다고 다짐한다!

　4시가 조금 넘자 자페르가 일을 마치고 이곳으로 온다. 어제 만난 대학교 영어강사인 귤사도 오고 우리는 말을 타러 떠난다. 차를 씽씽타고 10여 분 만에 도착한 말 목장. 자페르는 이곳에 말을 한 마리 소유하고 있다. 그의 말 이름은 버터플라이. 무슨 이유인지는 모르겠지만 우리는 그의 말이 아닌 다른 말을 시승한다. 우와! 비록 천천히 걷고 달리지는 못하지만, 색다른 경험을 한 순간이다!

　이전 도시인 시바스도 그렇고 에르진잔도 그렇고 실은 도시 자체는 그렇게 흥미로운 도시가 아니다. 물론 각 도시에 도착하기 전까지 내 머릿속에 박혀 있던 생각이었다. 그러나 좋은 호스트들을 만나 흥미롭지 않던 도시가

흥미롭게 변해간다. 유럽일주 당시 이런 말을 했던 적이 있었지. '발상의 전환을 보여주자.' 왜 우리는 볼거리 많다고 소문난 도시에만 찾아가 피동적으로 그런 흥미로움을 느껴야 할까? 유명하지 않고 그저 그런 도시도 우리가 어떻게 행동하느냐에 따라 매력적인 도시로 변모되지 않을까?

다음으로 자페르가 나를 더 려간 곳은 폭포! 에르진잔에 오면 이곳은 꼭 봐야 한단다. 그래서 우리는 30km나 떨어진 곳까지 차를 타고 들려 Girlevik waterfall이라는 곳에 도착한다. 자전거로 오려 했으면 절대 못 왔을 이곳. 도로 사정도 좋지 않을 뿐더러 이런 곳이 있는 줄도 몰랐다. 그냥 조금, 웅장한 폭포?

화창했던 날씨가 어느새 쌀쌀해지고 빗방울이 또 떨어지기 시작한다. 휴… 너무 춥다. 옷가지들을 몽땅 빨아버려 긴 옷이 없는데. 우리는 폭포를 둘러보고 자페르 집으로 급히 들어온다. 자페르가 말을 타다가 그만 바지가 찢어지고 말았기 때문이다. 그래서 황급히 옷을 갈아입은 후 어제 얘기대로 피데 집을 하는 친구네로 향한다. 자페르의 친구가 준비한 특선 요리는 이

른바 닭날개 구이? 날개들이 어마어마하다. 한 50여 마리의 꼬꼬 친구들이 희생된 듯. 흑흑흑, 이 형아가 다 먹어치우고 힘 좀 낼게.

저녁에 초대된 친구는 우리만이 아니다. 자페르의 여러 친구들과 에르진잔의 한 대학교에서 영어강사로 일하고 있는 미국인 친구 뤄누도 함께하고 있다. 뤄누의 말에 따르면, 미국에서는 터키 내 대학으로 9개월 동안 영어를 가르칠 수 있는 프로그램을 운영하고 있어서 많은 미국학생들이 터키 전역에서 영어를 가르치고 있다고 한다. 뤄누도 그 중 한 명으로 에르진잔에서 영어강사로 활동하고 있다. 우리는 저녁을 엄청! 배불리 먹고 터키 식사에서 빠질 수 없는 차이 타임을 갖는다. 한 잔을 다 마시면 바로바로 리필 되는 차이 잔…. 이제는 물보다 차이를 더 많이 마시는 게 익숙해졌다. 그리고 언제부턴가 차이에 설탕을 넣지 않는다. 어떨 때는 하루에 10잔도 마시는데, 설탕을 조금씩 넣으면 그 양이 어마어마해진다는 걸 깨달았기 때문이다.

차이를 마시다 말고 갑자기 자페르가 나를 자신이 일하는 병원으로 데리고 간다. 환자에게 급한 문제가 생긴 것 같다. 잠시 일을 보고 온 자페르의 얼굴을 보니 다행히도 큰 문제는 없나 보다. 이제 우리는 하맘을 하러 간다! 하맘을 하러 가다 자페르가 말한다.

"이제부터 너는 하맘을 사랑하게 될 거야."

나는 이미 충분히 하맘을 사랑하고 있는데, 내게 이런 말을 던진 의도는 무엇일까? 우리가 가려는 하맘은 새로 오픈한 곳이어서 시설도 좋고 엄청 잘해준다고 한다. 시바스에 이어 두 번째 경험하는 하맘~! 우와… 로비가 무슨 바 같다. 이건 터키탕(목욕탕)이 아니다. 럭셔리한 호텔이다. 건물도 엄청 깨끗해서 마치 고급 호텔의 로비에 와 있는 것만 같은 착각을 불러일으

킨다. 시바스에서 갔던 하맘과의 큰 차
이점은 룸이 1인용이라는 것 그리고 이
곳은 핀란드식 사우나도 갖추어져 있
다! 이틀 만에 다시 하맘을 즐기다니. 나
란 녀석 인복이 많은 건 분명한 게야. 하
맘으로 피로를 쫙 뺀 후 우리는 바 같은
매점에서 생 오렌지 주스를 한잔 들이킨
다. 심지어 이곳 종업원들은 키도 크고
얼굴도 훤칠하다. 목욕탕 종업원이 정
장을 쫙 입고 있다니. 목욕탕에 정장 입
은 종업원이 있다고 상상해보라~!

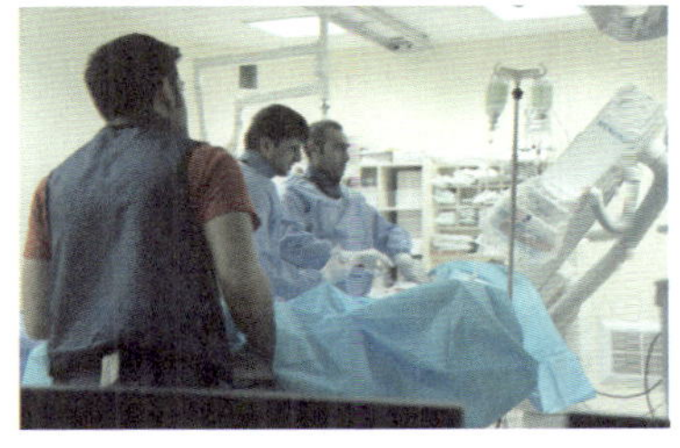

　우리는 다시 병원으로 향한다. 환자의 상태가 심각해져 곧바로 수술에 들
어가야 될 것 같단다. 자페르는 수술하는 모습이 보이는 방으로 나를 안내
해주고, 그는 약 한 시간 동안 수술에 들어간다. 자페르는 심장 쪽 의사! 우
와, 이런 경험도 해보는구나. 드라마에서나 볼 수 있는 수술 장면을 바로 앞
에서 구경시켜 주다니. 장장 두 시간이 넘는 긴 수술이 무사히도 잘 끝났나
보다. 하맘의 여파였을까? 자전거를 타지 않았는데도 굉장히 졸리다. 집으
로 돌아와 바로 쓰러지고야 만다.

어떻게라도 만날 인연

시간이 촉박해 아침도 먹지 않고, 첫날 사두었던 바나나로 대충 허기를 달래고 페달을 굴리기 시작한다. 초반부터 엄청난 오르막길. 오늘은 큰 산을 하나 넘어야 한다. 출발지인 에르진잔이 1,100m인데 앞에 보이는 저 눈 덮인 산은 2,000m는 훌쩍 넘겠지? 하맘의 효과일까? 아니면 그동안 힘들지 않아서 몸이 근질근질했나? 세 시간 동안 쉬지 않고 오르막을 오른다. 내가 생각해도 신기하다. 그러나 달린 거리가 50km도 되지 않는다는 건 함정.

한창 오르막길을 오르다가 도로 옆 공터에서 공사장 인부들이 점심을 먹고 있는 모습을 포착한다. 그들은 나를 보더니 오라고 손짓한다. 히힛, 재빨리 방향을 틀어 다가간다. 점심을 같이 먹자고 한다! 야호! 양고기 바비큐를 드시고 계셨는데, 터키에서는 이를 망갈(mangal)이라고 부른다. 냄새는 물론, 맛도 최고~! 그들의 이름은 이브라힘, 도미니크, 사와시. 도미니크는 영국인이고, 나머진 터키 현지인인데, 이들은 현재 파이프 공사 때문에 이 지역에서 일을 하고 있단다. 어떤 공사인지를 물어보니, 아제르바이잔부터 시작해서 이곳을 거쳐 아다나까지 연결되는 대규모의 파이프라인을 연결하는 공사란다. 그리고 그들에게 이곳의 고도를 물어보니 2,200m란다. 솔직히 세 시간 동안 많이 올라오긴 했는데, 정말 2,200m란 말인가?

달콤한 휴식시간도 잠시, 이내 자전거에 올라 또 달린다. 오르막이 한도 끝도 없이 계속되지만 생각보다 그렇게 힘들지 않다. 가는 중간에 짬을 내어 오늘의 호스트에게 문자를 넣으니, 서프라이즈한 답장을 준다. 일이 생겨 호스팅을 해줄 수 없다는 것. 와우, 서프라이즈~ +_+! 역시 미리 문자를 보내기를 참 잘했다. 대신 다른 친구를 소개해준단다. 그가 소개해주겠다는

친구의 이름은 토마스. 응? 토마스? 톰?? 에르진잔에서 만난 미국인 영어강사 뤄누가 바이부르트에서 영어강사로 일하고 있는 친구가 있다며 나를 위해 메일을 보내주었는데, 그 친구 이름이 톰이었다. 그 당시 나는 호스트가 이미 구해진 상태여서 뤄누의 친절을 정중히 사양했었다. 그런데 지금, 기존의 호스트였던 일드라이가 개인적인 사정으로 나를 호스팅하지 못하자 대신 소개시켜준 친구도 톰이다. 동일인물이다! 바이부르트의 톰과 나는 어떻게라도 만날 인연이었나 보다.

오르막 다음에는 내리막이 있는 법. 신나게 내리막을 달려서 7시 반쯤 바이부르트에 도착하여 톰과 만난다. 톰은 마침 오늘 수업을 마지막으로, 내일부터는 여행을 떠날 계획이라고 하는데, 타이밍도 참 잘 맞췄구나.

9개월간 이 작은 동네에 살아서 그런지 이 동네에서 톰을 모르는 이가 없다. 인구가 10만 명이 채 안 되는 동네이기도 하지만, 톰이 아마 유일한 외국인이어서이기도 할 것이다. 게다가 이 친구, 터키어도 굉장히 잘한다. 나이는 나보다 한 살 어린데, 한참 형 같다. 그가 소개해준 레스토랑에서 쾨프테로 저녁을 때운 후, 우리는 바이부르트의 유일한 밤문화(?)라고 하는 강가 산책을 한다. 톰의 말에 따르면, 바이부르트는 정말 보수적이고 심심한 동네다. 그럴 만도 한 게 밤에 산책을 하는데, 대부분이 남자다. 여자는 밤에 웬만하면 돌아다니지 않는다고 한다. 산책 도중 학생 두 명과 마주친다. 볼칸과 에크렘. 톰이 가르치던 학생이다. 우연히 길거리에서 만난 우리는 차

이를 마시러 카페로 들어가는데, 거기에 타블라가 있어 이 친구들과 타블라를 한판 둬 본다! 아, 그런데 한 가지 느꼈다. 아드야만에서 무라트와 했던 타블라는 분명 무라트가 엄청나게 나를 봐줬다는 것을. 아무리 운이 많이 작용하는 게임이라지만, 나는 상대가 되질 않는다.

　오늘은 안 피곤할 줄 알았는데, 밤이 되자 급 피곤함이 몰려온다. 그리고 허벅지에서 반응이 온다. 이런 반응 웬만하면 오지 않는데, 오늘이 빅 데이이긴 했구나. 내일은 오늘보다 더 힘들 텐데. ^^* 다리 상태가 괜찮을런지. 내일만 버티면 저지대인 혹해연안만 따라가면 되니까 조금만 힘내자!

61일차 주행거리 163km / 총 주행거리 3,615km
61일차 지출 6.5리라(아침 4.5, 간식 2) / 총 지출 1,758.20리라+188.63유로

차이의 고장, 리제에서 차이공장을 견학하다

오늘은 어제만큼이나, 아니 더 힘든 하루가 될 듯하다. 아주 큰~ 산을 하나 넘어야 한다. GPS로 대충 찾아보니 어제 넘어왔던 산보다 더 높다. ^^*

오르막길, 경치가 너무 좋다. 아침을 먹지 않아서 달리기 전에 슈퍼에서 빵을 미리 사놨었다. 차가 다니지 않는 한적한 길가에 앉아 아침도 때우고 누워서 쉬기도 하며 여유로운 오전을 보낸다. 오늘 도로는 GPS 상에서도 굉장히 얇은 도로, 이 말인즉슨 비포장도로라는 것. 도로는 단 1차선이다. 그래도 선택의 여지가 없었다. 이 길을 택하면 100km 초반대로 오늘의 목적지인 리제에 도착할 수 있고, 순탄한 길을 택하면 거의 200km를 달려야 된다.

또 다시 갈림길이 나타난다. 하나는 차이카라라는 마을을 지나치는 길, 다른 하나는 우준콜이라는 호수를 지나치는 길. GPS를 탐색해보니 비슷비

숫하지만 더 빠른 길은 우준골 코스로 보인다. 그래서 별다른 고민 없이 우준골로 진입하는데, 이 선택 하나가 나를 신세계로 안내할 줄은. 솔직히 너무 힘들다. 지그재그 오르막 코스에 포장되지 않은, 온통 흙밭이다. 그리고 주변에 눈 덮인 산들 뿐이다. 인적이 드문 게 아니라, 사람들이 거의 살지 않는 곳이라고 보면 되겠다. 차는 물론이거니와 사람들이 도통 보이질 않는다. 무섭다기 보다는 조금 신기할 따름. 이를 악물고 오르면서 '언젠가는 흑해로 가는 내리막이 보이겠지!' 라는 일말의 희망을 품고 달려본다. 진심 이곳은 해발 2,500m보다 더 높을 것으로 예상된다! 정말 그랬으면 좋겠다. 이토록 힘든 길을 달리면서도 힘들 게 느껴지지 않는 이유는, 내리막이 있을 거란 이유 말고도 경치 때문이다. 흑해 지역, 특히 리제 지역은 '터키의 알프스'라고 불릴 정도로 경치 하나는 끝내준다고 전부터 익히 들어왔다. 그리고 실제로 오늘! 내가 지나치는 이곳은 인터넷에서 사진으로만 봐 왔던, 사람들이 그토록 이야기하던 '터키 속의 알프스'다. 나는 이곳을 몸소 느끼며 달리고 있다. 정말이지 행복하다~!

2시가 조금 넘어 우준골에 도착한다. 산골짜기에 자리한 호수. 이곳에 리조트와 레스토랑들이 즐비해 있는 것으로 보아 관광객들이 꽤나 방문하는 곳인가 보다. 도착하자마자 습도 100%라 해도 과언이 아닐 정도로 습함이 절정을 이룬다. 레스토랑 주인에게 여기서부터 리제까지의 길을 물으니 오로지 내리막만 있단다. 야호~! 아, 페달도 밟지 않고 쭈~욱 내려가는데 너무 좋아 어깨가 들썩인다.

드디어 흑해에 도착. 바다가 보인다! 얼마 만에 접하는 바닷내음인지! 지중해 이후로 처음이다. 이 동네는 바다 냄새뿐만 아니라 차이 향 또한 진동한다. 주변에 보이는 것이라곤 온통 차이밭과 차이공장들. 역시나 차이의 고장답다. 그리고 나를 반겨주는 비. 거의 2주 동안 비가 안 내린 날이 없다.

게다가 지금, 연중 비가 많이 내리기로 유명한 흑해에 도착했다. 앞으로 일주일간은 더 비를 볼 것으로 예상된다. 흑해 연안을 따라 펼쳐져 있는 차이공장을 카메라에 담으려 하는데, 그 공장 안에 있던 경비원이 나를 불러 세우며 들어와서 차이를 마시라는 시늉을 한다. 쫄랑쫄랑 냉큼 따라 들어간다. 곧 이어 그는 이게 바로 오리지널 차이라며 내게 차이 한 잔을 건넨다. 나는 그동안 갈고 닦은 터키어 실력을 뽐냄으로써 그들에게 놀라움을 선사해주고 기분 좋은 휴식시간을 갖는다.

오후 6시쯤 리제 시내에서 오늘의 호스트인 멜리흐를 만나게 되는데 그도 역시 차이공장에서 인사 업무를 맡고 있다. 웹샤워 프로필에서 원하면 차이공장을 견학시켜 줄 수도 있다는 내용을 본 적이 있다. 만나자마자 그는 내게 차이공장을 들러보길 원하는지 묻는다. 나는 일단 어깨를 짓누르고 있는 짐부터 내려놓고 싶어 집으로 먼저 가면 안 되겠냐고 말한다. 우리는 그의 집으로 향한다. 우중충하고 습한 이곳 날씨와는 달리 리제 시내는 꿍장히 유쾌한 느낌이다! 달리는 나를 보며 모두가 인사를 건네고 미소를 짓는다.

멜리흐 집에 도착. 그런데 그가 그만 키를 차이공장에 놓고 왔단다. 하아, 이럴 줄 알았으면 차이공장으로 먼저 갈 걸. 배낭이 너무 무거워 잠시 그의 집 주변 상점에 맡겨두고 우리는 차이공장으로 바퀴를 굴린다. 집에서 공장까지는 약 6km, 운동하는 셈 친다. 그러기에는 오늘 너무 힘든 하루였지만 ^^;;

멜리흐는 세계에서 두 번째로 큰 규모의 차 회사 'Caykur'에서 일한다. 솔직히 나는 립톤 말고는 다른 차 회사를 몰랐는데, 이곳이

세계에서 두 번째로 큰 회사라니… 공장에서 멜리흐와 그의 직장 동료인 아이든이 나에게 차이가 만들어지는 과정 하나하나를 세세히 보여준다. 공장이 그렇게 크게 보이지는 않았는데, 하루에 6천 톤의 차이 팩이 만들어져 터키 전역으로 퍼져 나간단다. 터키를 여행하면서 그렇지 않아도 차이를 많이 마시는데, 차이공장에 왔으니 오죽할까? 여기저기서 차이를 맛보라며 내게 건네준다.

해가 저물어 사방에 어둠이 차차 퍼져가는 리제의 밤거리를 달리며 다시

집으로 향한다. 멜리흐네 집에는 와이파이가 되지 않는다. 샤워를 마치고 밤 구경도 할 겸 와이파이를 찾아 시내로 나서는데, 리제의 밤비를 맞으며 걷는 이 느낌이란…. 카페에 앉아 비 오는 리제의 밤 풍경을 감상하면서 여러 구상을 해본다. 일기예보에 따르면, 한동안 계속 비 소식이다. 그래서 내일 이곳을 떠나기로 결정한다. 바로 트라브존으로 향할 것이다. 원래는 리제에 하루 더 있으면서 자전거 타고 스위스 같은 풍경을 둘러브는 것이었는데, 오늘 이곳으로 오는 길에 그런 풍경을 이미 만끽했다는 생각이 들어 내일 트라브존으로 가기로 결정한다.

자정이 넘어서야 집으로 들어온 나는 피곤에 지친 나머지, 멜리흐에게 이 소식을 전하고는 곧바로 잠자리에 든다.

62일차 주행거리 117km / **총 주헝거리 3,732km**
62일차 지출 16.7리라(아침 3.2 즌심 10, 간식 3.5) / **총 지출 1,774.90리라+188.63유로**

터키의 '주식' 편

지리적으로 아시아, 유럽, 아프리카에 걸쳐 있어 예로부터 다양한 문화들이 오갔던 터키. 음식문화 또한 다양한 재료들을 받아들여 풍성한 식탁을 만들어냈다. 이 때문에 세계 3대 요리로 손꼽히기도 하는 터키! 금강산도 식후경이라 하지 않았던가. 나의 주된 관심사이기도 했던 터키 음식에 대하여 하나하나 살펴보는 시간을 가져보자.

★ 카흐발트 (Kahvaltı)

터키에선 아침에 뭘 먹을까?

아침식사를 터키어로 카흐발트라고 한다. 기본적으로 빵과 잼, 올리브, 치즈, 토마토, 오이가 함께 나오는 푸짐한 터키식 아침식사다. 그리고 먹고 나면 왠지 건강해질 것만 같은 한 끼! 아참, 아침부터 지지고 볶지 않아도 되니 터키의 엄마들은 좀 편하겠다는 생각도 든다.

★ 케밥 (Kebab)

아다나 케밥

항아리 케밥

이스켄데르 케밥

지에르(ciger, 간) 케밥

타북 쉬쉬

타북 카나트

터키하면 케밥, 케밥하면 터키!

세계적으로 유명한 터키의 전통 요리로, 꼬치에 끼워 불에 구워내는 고기요리를 총칭
한다. 케밥은 지역에 따라 조금씩 차이가 있는데 이스켄데르(Iskender) 케밥, 우르파
(Urfa) 케밥, 쉬쉬(Şiş) 케밥 됴네르(Döner) 케밥 등 셀 수 없이 다양하다.

★ 쾨프테 (Köfte)

케밥이 질리신다면 가끔 저를 찾아주세요. 쾨프테!

케밥과 더불어 터키 음식의 양대 산맥이라 불리는 쾨프테는 다진 고기에 각종 양념과

야채를 넣어 구운 고기완자다. 우리나라의 떡갈비 맛과 99.9% 흡사하다! 이 녀석 덕분에 한국의 맛이 조금은 덜 그리웠는지도 모른다. 쾨프테 역시 지역마다 제각기 다른 특성으로 인해 여러 종류의 쾨프테가 있는데, 개인적으로는 시바스(Sivas)와 바이부르트(Bayburt) 지역의 쾨프테가 단연 으뜸이었다.

★ 피데

이탈리아에 피자가 있다면, 터키엔 피데가 있다

밀가루반죽 위에 고기, 야채, 치즈 등 다양한 재료를 얹어 화덕에 구워내는, 이른바 '터키 피자' 라고 할 수 있겠다. 나는 피데를 처음보고는 '뭐야, 그냥 길쭉한 피자잖아?' 라고 생각했는데, 같은 듯 다른 듯한 매력적인 맛을 자랑한다.

★ 괴즐레메

터키식 빈대떡? 괴즐레메

밀가루 반죽에 시금치, 치즈 등을 넣어 솥뚜껑에 구워내는 터키의 길거리 음식. 괴즐레메는 터키어로 "눈을 떼지 마!" 라는 뜻으로 솥뚜껑에서 잠시라도 눈을 떼면 그새 타 버리기 때문에 붙여진 이름이다. 얼핏 보기엔 우리의 파전이랑 비슷하게 생겼는데, 페타 치즈 때문인지 맛이 상당히 미묘하다. 안에 시금치와 페타 치즈가 들어가는 게 일반적인 데, 기호에 따라 감자, 고기, 버섯 등 다양한 부재료가 들어가기도 한다.

★ 그리고 요건 내가 좋아하는 타북 (되네르) 에크메크!

흑해를 따라 트라브존으로

오늘은 흑해를 따라 트라브존까지 약 70km를 달릴 예정이다. 서둘러 출발할 이유가 없다. 멜리흐도 리제와 트라브존의 중간 도시인 슈르메네까지 함께 라이딩하기로 하여 그와 함께 집을 나선다. 출발하기 전에 시내 중심가에 있는 피데 레스토랑에서 멜리흐와 브런치를 먹는다. 나는 부르사에서 먹었던 이스켄데르 케밥의 갓을 잊지 못해 이곳에서 다시 한번 도전해보는데 이내 후회한다. 이스켄데르 케밥은 부르사에서, 아다나 케밥은 아다나에서, 큐네페는 하타이에서, 꼭 본고장에서 맛봐야 한다는 걸 다시금 깨닫는다. 신기하고 어이 없는 사실은, 5층 규모의 호화로워 보이는 이 레스토랑에 와이파이가 되지 않는다는 것.

슈르메네에 도착하여 멜티흐와 작별인사를 나누고 트라브존으로 직행한다. 바닷가를 따라 쭉 이어지는 평지인 데다 그렇게 먼 거리도 아니어서 4시도 안 돼 트라브존 시내에 도착한다. 흑해… 절대 검은색 바다가 아니다! 바다가 예쁘지도 않다. 에게해와 지중해에 비하면 흑해는 그냥 으리나라 서해 수준? 무엇보다 너무 습하다. 소금기 때문인지 끈적끈적하기까지 하다.

내가 본 흑해는 절대 검은 바다가 아니었다. 저건 무슨 현상이지??

트라브존 시내에 도착하여 오늘의 호스트인 세이페틴에게 전화를 걸어본다. 한 시간 이내에 도착한다는 답변을 받고 기다려보지만 감감무소식이다. 두 시간을 넘게 기다린 끝에 6시가 훌쩍 넘어서야 세이페틴에게서 연락이 온다. 나를 만난 그는 미안하다는 말도, 인사도 없다. 그가 처음 한 행동은 내 머리를 쓰다듬는 것! 내 머리스타일이 신기하단다. 조금은 당황스럽지만 45세 아저씨라 봐드리기로 한다. 세이페틴은 이혼하고 혼자 살고 있다. 8살 난 아들을 일주일에 한 번씩 보는데, 오늘이 마침 그날이어서 늦었다고 한다. 아! 인정 인정! 그러면 당연히 늦을 수 있지! 우리는 의사소통이 원활하지 않아(세이페틴이 영어를 못한다) 바디랭귀지로 겨우 대화를 한다. 오토바이를 타고 온 그의 뒤를 쫄쫄 따라간다. 그의 집은 시내 외곽의 악챠반이라는 도시에 있다. 게다가 언덕배기에 자리 잡고 있다. 카우치서핑 피드백에 언덕배기에 집이 위치해 있다는 것은 얼핏 본 것 같다. 그의 집까지 오르느라 오늘 마신 물을 땀으로 다 방출시킨 듯.

혼자 사는 그는 카우치서핑을 통해 여러 나라 사람들과 만나는데, 한국과 중국을 좋아한다. 조지아나 아르메니아 등 다른 유럽 카우치서퍼들은 무례한데 비해 상대적으로 중국과 한국인은 굉장히 친절하고 예의바르다는 게의 그의 말이다. 내가 보기엔 그가 더 무례해 보인다. 처음 만나 내 머리를 만진 것부터 시작해서 다른 사람 앞에서 내가 여자가 아님을 증명하기 위해 나의 중요부분을 터치한 것까지! 그리고 손짓발짓으로 주고받는 대화 내용 대부분이 여자에 관한 것을 보면 말이다. 작정하고 그를 비하하는 건 아니지만, 터키 남자를 100% 믿지 말라는 말에 다시 한번 동감하게 된다. 모두가 그런 건 아니겠지만, 적어도 내가 만난 대부분의 터키 남자들의 사상은 여자에게로 쏠려 있다. 1차원적, 본능적이다. 이런 대화는

트라브존의 해질녘

원치 않는데, 이 분은 성적 욕구를 풀기 위해 카우치서핑을 하는 것 같다. 좋은 터키 기억들이 소수의 사람들 때문에 점점 나빠지려 한다.

어쨌거나 세이페틴은 트라브존에서의 내 호스트. 여자에 관한 과도한 관심(?)만 빼면 친한 삼촌같다. 집으로 가는 길에 내 가방도 들어주고, 중간에 멈춰서 차이 타임도 갖는 등 나를 배려해주었다. 저녁에 샤워를 하고 우리는 그의 사촌이 운영하는 바닷가의 한 카페로 간다. 그곳에서 늦은 저녁으로 돈두르마와 생선요리를 맛본다. 그리고 식사의 마지막은 언제나 차이와 함께. 그 다음 부분은 예상대로 병풍 모드로 전환. 이 카페에 영어를 할 줄 아는 친구가 없으니 어쩔 수 없다. 세이페틴도 그렇고 그의 친척들도 그렇고 모두들 담배를 피우길래, 나는 멀찌감치 떨어져 앉아 흑해의 파도소리를 감상한다. 바닷바람이 쌀쌀하지 않고 시원하다. 우리 주인님께서는 언제쯤 귀가하실 예정이실까… 빨래도 하지 않고 왔는데… 집에서 나을 때 세이페

틴이 저녁 먹고 나서 집에 들어오면 세탁기를 돌리자고 했다. 자정을 훌쩍 넘겼는데 도무지 집에 갈 생각을 하지 않는 세이페틴. 괜히 내가 속상해지는 밤이다.

내일은 세이페틴과 함께 수멜라 수도원에 가기로 했다. 수도원에 자기 친구가 일하고 있다며, 'no problem'이란다. 정말 걱정 안 해도 되겠지? 그런 거지요?

63일차 주행거리 94km / **총 주행거리 3,826km**
63일차 지출 14.4리라(간식 3.7, 장보기 10.7) / **총 지출 1,789.30리라+188.63유로**

바클라바 오빠

8시 반에 눈이 떠진다. 어제 세이페틴과 10시까지 트라브존 시내로 가기로 했다. 간단히 아침을 먹은 후 9시 반에 세이페틴의 오토바이로 트라브존 시내로 간다. 세이페틴 집에서 트라브존 시내까지는 약 10km. 그러나 오토바이로는 15분 만에 도착. 역시 오토바이가 빠르긴 빠르구나.

어제 세이페틴이 무슨 이야기를 했는지 제대로 이해하지 못했는데, 일단은 나를 투어 에이전시로 데려간다. 그러더니 표를 끊으라고 한다. 그렇게 나는 수멜라 수도원을 오고가는 왕복 버스티켓을 끊는다. 세이페틴은 공짜. 아마 그 회사에 친구가 있었나 보다. 좀 미안해하고 있었는데 세이페틴이 공짜로 갈 수 있어서 다행이다. 버스티켓을 끊고 나니 지갑에 현금이 하나도 없다. 세이페틴에게 돈을 뽑아오겠다고 하니, 수도원엔 돈이 필요 없단다. 엥? 인터넷에 찾아봤을 때는 분명 입장료가 있었는데?

"Are you sure?"

"No money Sumela."

재차 확인하는 나, 걱정 말라는 그. 그래도 돈 좀 뽑겠다는데, 한사코 나를 말린다. 모르겠다. 일단 그의 말만 믿고 버스에 오른다.

간밤에 네 시간도 채 못 잤다. 늦게 집에 들어와서 빨래를 기다린 데다가 새벽 내내 인터넷으로 이집트에 대해 찾아봤다. 터키일주가 끝나면 떠날 여행 장소를 물색하다가 후보군에 오른 곳은 이집트다. 사막여우를 볼 수 있고, 사막을 거닐 수 있는 곳. 게다가 산토리니와 같은 아름다운 휴양지도 보유하고 있는 곳. 이 세 가지를 모두 만족시키고 무엇보다 내 마음이 그쪽으로 끌려 새벽 늦게까지 이집트에 대해 검색해보느라 잠을 못 잤더니, 그 여

기독교 박해를 피해 해발 1,200m 절벽 한가운데 지어졌다는 수멜라 수도원

파가 여실히 드러난다. 버스에서 기절하고야 만다.

버스로 한 시간을 넘게 달린 끝에 수멜라 수도원에 도착한다. 수도원 도착 전, 멀리 수멜라 수도원이 보이는 뷰 포인트에서 잠시 사진 찍을 시간을 준다. 어떻게 보면 이 버스도 단순한 셔틀버스가 아닌, 투어버스라고 할 수 있다. 돌아올 때 식당에서 한 시간이란 긴 시간을 부여했으니 분명 그 식당과 연계된 투어가 확실하다.

수멜라 수도원에는 입장료가 있었다. 무려 15리라. 똘망똘망한 눈망울로 세이페틴에게 이거 뭐냐는 눈빛으로 쳐다본다. 결국 세이페틴이 입장료를 내준다. 세이페틴의 제지(?)로 돈을 뽑지 못했기 때문. 이곳까지 오는 버스비와 입장료에 비하면 수멜라 수도원은 생각보다 별로라는 개인적인 생각이다. 그런데 트라브존, 한루의 중심지인가 보다. 10대 여자아들이 사진 찍자고 너도나도 몰려든다. 한순간에 완전 연예인이 되었다. 허허허.

오후 3시가 되어 우리를 태운 버스는 트라브존 시내로 돌아오고, 그때서야 비로소 현금을 인출하고 입장료에 대한 보답으로 세이페틴에게 점심을 대접한다.

점심을 먹고 나서 나는 SNS에서 알게 된 엘리프에게 전화를 걸어 그녀와 약속을 잡는다. 그리고 세이페틴에게는 잠시 친구를 만나겠다며 저녁 늦지 않게 집으로 돌아가겠다고 전한다. 그런데 그는 이해를 못했는지 자꾸만 나를 따라온다. 그리고는 자기가 따라가면 문제가 되냐고 묻는다. 뭐 문제될 건 없지만…;; 내가 약속이 있다는 말에 세이페틴의 기분이 많이 상한 듯하다. 너는 나의 게스트니까 같이 다녀야 한다는 게 그의 주장. 자기를 내버려두고 혼자 다니면 좋지 않은 행동이란다. 내가 잘못 생각한 건가? 뭐지? 일단은 대화가 잘 통하지 않는 그와 실타래처럼 꼬여버린 오해를 풀기에 급급하다. 어찌어찌 대화는 잘 마무리되고 결국은 나와 엘리프의 만남에 세이페틴도 함께하게 된다. 아무튼 드디어 페이스북에서만 연락을 주고받고 지내던 엘리프와 만난다. 그녀는 19세 대학생 새내기이며, 한국을 좋

아하는 소녀다. 여느 학생들처럼 한국 음악과 드라마를 좋아한다기 보다 그냥 한국어를 좋아해서 독학을 하고 있고, 한국을 여행할 예정이란다. 우리 셋은 시내에 위치한 한 카페에 들어가 이야기를 나누기 시작한다. 음…. 그러하다. 머릿속에서 예상하고 있던 그림이 그려지고 있다. 바로 병풍 모드. ㅠㅠ 분명 나와 엘리프가 만나는 것인데, 영어를 하지 못하는 세이페틴으로 인해서 터키어로 말하게 된다. 우리가 영어를 쓰면 그의 표정이 일그러진다. 하… 깡패 같은 이 삼촌… 진짜 가면 갈수록 실망이다!

그렇게 카페에서 남모를 속앓이를 하고 나서 우리는 자리를 옮겨 보즈테페로 향한다. 트라브존의 볼거리 중 하나인 보즈테페의 언덕에 오르면 트라브존 전경이 한눈에 내려다 보인다. 그곳에서 우리는 해바라기 씨를 까먹으며 비디오도 찍고 한국어, 터키어, 그리고 영어도 배우며 나름대로 재미난 시간을 보낸다. 만 45세, 24세, 19세의 조합이지만 어쩌다 보니 대화가 잘 통하네? 여기서 나는 '바클라바 써니' '바클라바 오빠'라는 새로운 별명을 얻

보즈테페 언덕에서 바라본 트라브존 시내 전경

었다. 수멜라 수도원에서 하도 많은 터키 여학생들에게 둘러 싸여 세이페틴이 '인터내셔널 플레이보이'라 불렸는데 그런 의미가 '달달함'이라는 뜻의 타틀르에서 바클라바로 바뀌었  다. 엘리프와 세이페틴은 나를 바클라바로 부르기 시작했다.

오늘 엘리프를 안 만났으면 큰일 날 뻔 했다. 하루 종일 추위에 떤 하루였지만, 그녀의 유창한 한국어 솜씨에 놀라게 된, 상당히 재미있는 시간이었다. 엘리프와 헤어지고 집으로 돌아온 후 세이페틴은 온통 엘리프 이야기다. 엘리프가 나를 좋아한다는 둥, 너에게 추파를 던졌다는 둥 오로지 여자 이야기만을 해댄다. 이 삼촌, 정말 19살 어린아이를 성적 대상으로 바라보는 이 아저씨에게 나는 그저 기분만 맞춰준다. 집에 들어와서 잠이 들려는데 내방 한쪽 구석에 기나긴 총이 보인다. 이제는 별로 대수롭지도 않다.

64일차 주행거리 0km / **총 주행거리 3,826km**
64일차 지출 57리라(수멜라 수도원 교통비 30, 점심 20, 카페 7) /
총 지출 1,846.30리라+188.63유로

나홀로 식당에서 잠들다

"똑똑똑."

"헬로, 바클라바!"

내가 그의 방문을 두드리자 그제야 잠에서 깨어났나 보다. 이제 떠나야 할 시간이라고 말하니 졸린 눈을 비비며 나를 배웅해준다. 오늘은 기레순으로 향한다. 100km 남짓한 거리. 흑해 지역은 언제나 구름이 가득, 우중충하고 습하고, 소금기로 인해 온몸이 끈적인다. 빨리 이곳을 벗어나고 싶은 마음뿐이다. 무엇보다 소금기 때문에 가방과 옷들이 끈적인다. 게다가 세이페틴이 세탁기를 잘못 돌리는 바람에(너무 많은 세탁물을 투입해버렸다) 옷에서 좋지 않은 냄새까지 난다. 아, 나 냄새에 민감한데…. 설상가상으로 비까지 온다. 하하하. 언제쯤이면 비가 나를 쫓아오지 않을까. 역풍은 보너스.

트라브존에서 기레순까지 가는 길은 터널만 무지하게 많고 볼 게 전혀 없다. 바다도 안 예쁘고…. 터널은 정말 조심해야 한다. 어두컴컴한 굴속으로 들어간다는 것 자체가 긴장감의 시작이요, 쌩쌩 달리는 트럭들이 내는 굉음은 그야말로 공포다. 터널을 통과할 때는 자전거에서 내려 갓길로 바짝 붙어 걷는 게 상책이다.

위험하면서도 심심한 라이딩이 6시가 돼서야 끝이 난다. 오늘의 호스트는 기레순에서 약 10km 떨어진 바닷가 앞에서 생선요리 레스토랑을 운영하고 있는, 38세 웜샤워 호스

이 길 따라 쭉 가면 이스탄불이 나오는구나.

트, 알리다. 식당 이름은 알리바바 레스토랑. 알리의 아빠 레스토랑인 격이네?(농담)

자전거로 여행을 해본 적은 없지만, 자전거 타는 사람들을 도와주고 싶어 두 달 전부터 웜샤워 사이트에 가입하여 이곳을 지나치는 자전거 여행자들에게 음식과 잠자리를 제공해주고 있단다. 날개만 없지 완전 천사다! +_+

나는 그의 세 번째 게스트이자 첫 번째 한국인이다. 식당에 도착하니 친절하게 반겨준다. 나를 보자마자 내 식당처럼 이용하란다. 그리고 저녁으로 이곳 흑해에서단 사시사철 잡히는 메즈깃(Mezgit)이라는 생선튀김 요리를 해준다. 생선수프, 수클라치와 함께 말이다. 정말 맛있다!

오늘 내가 머무를 곳은 이곳 식당. 웹샤워 메시지 정보만으로 그가 사는 기레순 시내까지 되돌아갈 줄 알았는데 열쇠를 줄 테니 이곳에서 자라고 한다. 필요한 게 있으면 냉장고에서 꺼내먹고 마음대로 이용하란다. 다만 가정집이 아닌 관계로 샤워는 화장실에서 한다. 커피포트로 뜨거운 물을 받아 양동이에 가득 채운 후 화장실의 차가운 물을 섞어 수세식 화장실에서 샤워를 한다. 이것도 어딘가! 그저 씻을 수 있다는 것에 감사한다.

알리는 집에 가고 나홀로 식당에 있다. 무언가 군것질을 하고 싶지만, 주변에는 아무 상점도 없는 바닷가 앞. 오랜만에 혼자라는 느낌이 참 좋다. 와이파이가 잘 터지지 않는 게 조금 불편할 뿐. 뭐, 이것도 긍정적으로 생각해보면 빨리 잠들 수 있다는 장점이기도 하다. 체력 보충에 좋은 쪽으로 다가갈 수 있다. 헤헷.

65일차 주행거리 93km / **총 주행거리 3,919km**
65일차 지출 5.3리라(아침 1.8, 간식 3.5) / **총 지출 1,851.60리라+188.63유로**

비야, 이제 그만 제발! 화해 좀 하자

알리는 8시까지 출근한다고 했다. 아침 일찍 일어나 짐 정리를 하고 식당 문을 대신 열어놓는다. 참 기특하기도 하지. ㅋㅋㅋ 딱 8시 정각에 알리가 출근한다. 자, 알리 쉐프! 이제 손님만 맞이하면 됩니다용! 그가 나를 위해 아침으로 전형적인 카흐발트를 준비해준다. 알리와 나, 그리고 이 식당 건물주 아저씨와 식사를 같이 하는데, 정말이지 이렇게 유쾌할 수가 없다. 내가 터키어로 무슨 말을 할 대마다 그들은 박장대소한다. 뭐지…?

"아다믄 디비신, 알리~!"

이때 내 비장의 무기인 이 문장(대충 '나는 너를 좋아해'라고 해석할 수 있는 이슬람 어구)을 알리틀 향해 외치니 정말 모든 걸 다 내어줄 기세다. 이 문장을 알려준 데니즐리의 오유즈에게 감사하다고 절이라도 해야 될 듯!

알리의 레스토랑 인테리어는 하얀색과 파란색의 조합이 잘 어우러진 그리스 풍 스타일로 지중해 연안에서는 많이 볼 수 있었으나, 흑해 연안에서는 아마 이 레스토랑이 처음인 것 같다. 그리고 내부 벽면에 개직으로 메시지를 남길 수 있게 되어 있다. 나는 그 벽면 한켠에 진심을 담은 메시지를 한국어로 남기고 자전거에 오른다. 자전거에 올라 내가 떠나기 전, 알리는 나

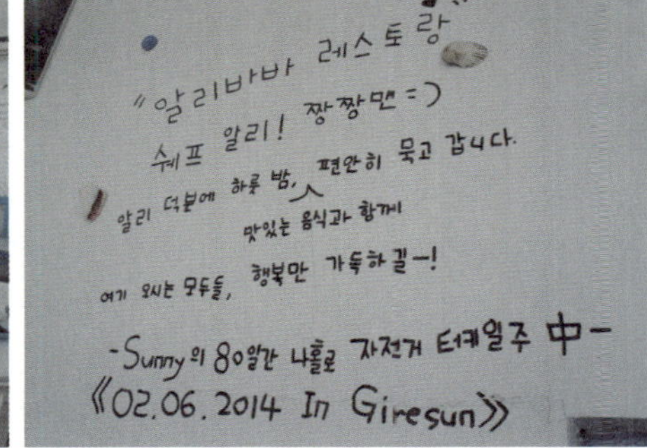

를 향해 물을 뿌려준다. 떠나는 사람에게 물을 한 바가지 뿌리는 것은 이번에 처음 겪는 일은 아니다. 데므레에서 아이데미르에 이어 두 번째다. 그 이유를 알리에게 물어보니, 떠나는 사람에게 물을 뿌리는 건 빨리 갔다가 빨리 돌아오라는 행운이 담긴 메시지를 전하는 거란다.

알리가 뿌려주는 물을 흠뻑 맞으며 페달을 밟기 시작한다. 그러나 한 시간도 안 되어 하늘에서 빗방울이 흩날린다. 알리가 뿌려주는 물만 반갑지, 하늘에서 뿌리는 빗물은 달갑지 않다. 비야, 제발 이제 그만 좀 따라와주면 안 되겠니? ㅠㅠ 재빨리 비를 피하러 주유소에 들어간다. 혹시나 하는 마음으로 와이파이를 검색해보니, 이 주유소에 와이파이가 잡힌다. 굿! 주유소 직원의 양해를 구하고 와이파이를 얻어 쓴다. 잠깐만, 아주 잠깐만, 세상 돌아가는 소식을 접하고 비가 그치면 곧바로 떠나려 했는데, 비가 그쳐도 땅은 금세 안 마른다는 걸 핑계 삼아 주유소에 죽치고 앉아서 한 시간 넘게 와이파이를 쓰는 복에 겨운(?) 호사를 누린다. 엉덩이를 계속 붙였다가는 제시간에 오늘 목적지에 도착하지 못할 것 같아서 옷을 버리는 마음으로 바지를 벗고 패딩 속바지(패딩이 부착되어 있는 팬티)만 입고 자전거를 굴린다. 내가 봐도 좀 야시시한데, 보수적인 무슬림들이 보면 뭐라 생각할까. 안 그래도 나를 쳐다보는 사람이 많은데, 이거이거 한눈에 주목을 받겠구면. 그래도 어쩔 수 없다.

2주간 비가 내리지 않은 날이 없고, 이 폭우를 맞으면서 달리는 나도 웃기다. 그래서 정말 웃으면서 달린다. 이런 걸 실소라고 한다. 모든 걸 내려놓은 채 될 대로 되라는 식으로 달려보지만, 레인 커버 속으로 빗물이 스물스물 번져 왠지 모르게 가방이 젖어가는 느낌이 들어 중간에 자전거를 세운다. 정류장에 멈춰 확인해보니, 아니나 다를까 배낭 겉부분은 모두 젖어버렸고 배낭주머니 안의 휴대폰까지 젖어버렸다. 다행히 침수까지는 아니어서 고장이 난 건 아니지만, 정말 위험한 순간이었다.

숨을 고르고, 마음을 가다듬고 다시 자전거에 오른다. 두어 시간을 달렸을까? 조금씩 비가 그치기 시작한다. 나는 행여나 감기라도 걸릴까봐 주유소에 멈춰 재빨리 옷을 갈아입는다. 그리고 흙탕물범벅이 되어버린 자

비야? 내가 뭘 그렇게 잘못했니?

전거도 세차시켜 준다. 현재시각 5시, 나를 놀리기라도 하듯 구름 사이로 햇님이 고개를 내민다. 에휴, 아직 100km나 남았는데. 이전 100km는 비 맞으면서 타고, 이제는 날씨가 좋아도 시간이 늦어 히치하이킹을 하게 생겼다.

오늘의 목적지는 삼순. 삼순은 흑해 연안의 가장 큰 도시다. 이곳의 호스트는 데미르. 대학교 근처에 사는 교수님이다. 그에게 메시지를 넣어보니 8시까지는 나를 기다려줄 수 있단다. 그러나 그 후에는 수업에 들어가야 하니 밤 11시까지 기다려야 한다고. 내게 새로운 미션이 생겼다. 어떻게 해서라도 8시에는 호스트와 얼굴 도장을 찍어야 된다! 어라, 생각해보니 아직 점심도 못 먹었다. 주유소 근방에 있는 레스토랑에 들어가 쾨프테로 배를 채운 후 곧바로 히치하이킹을 시도한다. 10여 분 트럭을 상대로 유혹(?)한 결과 큰 트럭 한 대가 멈춰 선다. 앞서 지나간 트럭 몇 대는 행선지가 달라 실패했다. 이 트럭은 앙카라까지 가는데 기사 아저씨가 흔쾌히 삼순에 내려주시겠단다. 언제부턴가 히치하이킹을 하면 긴장이 풀려 곧바로 기절하는 버릇이 생겼다. 무슨 일이 닥칠지도 모르는데, 이런 나쁜 버릇이 생겨버리다니. 이번에도 여지없이 기절모드에 들어간다. 시간은 그렇게 흘러흘러 트럭 아저씨가 나를 깨운다. 일어나보니 삼순 시내. 시계는 7시 30분을 가리키고 있다. 아직 늦지 않았다! 트럭 아저씨에게 고마움을 전한 후 오늘 호스트가 사는 동네 위치확인에 들어간다. 거리는 약 15km 정도. 숨을 고를 틈

도 없이 페달을 힘차게 밟는다. 시속은 35km 유지! 옷을 갈아입은 상태여서 더 이상 땀을 흘리기 싫었지만, 그래도 어쩔 수 없다. 뒤늦게 땀을 한 바가지 쏟는다. 진짜 죽을힘을 다해 달린다!! 그리고 정말 겨우겨우겨우겨우!! 비록 8시가 조금 넘었지만, 오늘의 호스트인 데미르를 운 좋게 길거리에서 만날 수 있었다. 데미르는 대학교에서 프랑스어를 가르치고 있다. 지금은 시험기간이어서 9시에 시험 감독에 들어가야 한단다. 길거리에서 만난 우리는 곧장 그의 집으로 향한다. 집에 도착하자마자 그가 말한다.

"집에서 뭘 하든지 맘대로 해. 나는 11시가 넘어서야 들어올 거야."

그리고는 내 손에 집 키를 쥐어준다. 유럽에서도 그랬는데, 터키에서도 집 키를 생전 처음 본 사람에게 건넬 수 있다니. 이슬람 국가지만 마인드가 우리나라랑은 확실히 다르네. 우리는 키 쥐어주면 냉장고, TV, 컴퓨터 할 거 없이 다 털어갈까 봐 걱정하는데. 헤헤헤.

이로써 앞으로 세 시간 정도 나 혼자만의 시간을 갖게 되었다! 모든 게 갖춰져 있는 집에서 말이다! 일단 나는 몽땅 젖어버린 옷가지와 가방을 세탁기에 넣고 돌린다. 내일 아침까지 마를지 안 마를지 모르겠지만, 이게 최선이다! 그리고 아직 저녁을 먹지 않아 근처에 있는 슈퍼마켓에 가서 간단히 장을 봐 와서 요기를 한다.

주인 없는 집 거실 쇼파에 앉아 참 다이내믹했던 오늘 하루를 되짚어본다. 그리고 앞으로 있을 배낭여행에 대해 곰곰이 생각해본다. 터키일주 후 나의 보상 여행(?)에 관해서 말이다. 더 늦어졌다간, 비행기값이 너무 올라 아무것도 못하게 될 게 분명하다. 강한 추진력을 가진 자만이 해낼 수 있다! 그래서 곧바로 제일 끌렸던 이집트 여행 검색에 들어간다. 실은 이집트 말고도 모로코, 포르투갈, 조지아, 마다가스카르가 눈에 들어왔지만, 사진 한 장 글귀 하나를 보고 바로 고민 없이 이집트로 택했다. 사막에 누워 쏟아지는 별빛을 보면서 잠이 들고 싶었기 때문. 그리고 새벽에 찾아오는 사막여

우도 보고 싶다. 당장 비행기표를 알아보고 실행에 옮긴다. 자전거 여행이 끝나고 같이 여행하기로 했던 창욱이에게도 이 사실을 알리고, 산토리니를 포기하고 나와의 여행에 동참하겠다던 윤서에게도 이 사실을 알린다. 몇 가지 당부사항(위험 여부)을 알리고 이렇게 이집트 원정대가 결성되었다. 참 쉽다. 가자고 하니 따라오는 그들! 아직 비행기표는 끊지 못했지만(아마도 내일 아침에 바로 끊을 계획) 너무너무 설렌다.

자정이 다 되어 집주인인 데미르가 돌아온다. 하지만 데미르의 얼굴에는 피곤한 기색이 역력하다. 그가 나를 보고 던진 첫 마디.

"너무 피곤해. 그리고 나 내일 4시 30분에 일어나서 모스크 가야 돼."

절실한 무슬림인 그는 내일 새벽에 무슬림에 갔다가 수영장을 들러 학교에 간단다. 나는? 교수님, 나와 작별인사를 할 시간은 있는 거예요? 어찌어찌 일정을 맞춰본 결과, 내일 10시에 함께 아침을 먹기로 하고 그는 곧장 잠자리로 향한다.

2시가 넘었는데 졸리지 않다. 히치하이킹 하는 트럭에서 조금 졸았던 덕분일까? 잠이 오지 않는 이 밤, 부디 빨래가 말랐으면 하는 바람과 내일 아침 비가 오지 않았으면 하는 바람을 가지고 억지로 잠을 청해본다.

고대 폰투스 왕국의 수도, 아마시아

데미르의 전화벨 소리가 나를 깨운다. 수영을 마쳤으니 아침을 먹으러 가자는 전화. 짐을 챙겨 약속 장소인 집 근처 피데 레스토랑으로 간다. 아침을 함께하면서 이제야 비로소 데미르와 제대로 된 이야기를 나누기 시작한다. 12시가 넘어간 지금, 다른 때 같았으면 시간이 촉박하다고 이야기를 끊고 출발했겠지만, 데미르와 함께한 시간이 너무 짧았다. 그에 대해 알고 싶었고, 그도 나에 대해 무척이나 궁금해 했다. 오늘은 100km 넘게 달려야 하지만, 자전거만 타려고 여행을 온 건 아니다! 이곳에 대해서 알기 위해, 그리고 사람들을 만나기 위해 여기 온 거니까 우선순위를 확실히 해둘 필요가 있다. 늦으면 히치하이킹을 하면 되고. ^^

삼순에서의 호스트, 데미르

1시가 넘어 데미르는 출근하고, 나는 자전거에 올라 달리기 시작한다. 날씨가 굉장히 좋다. 너무 덥지도 않고, 춥지도 않고, 이제는 흑해가 아닌, 내륙 쪽으로 향해 가고 있어서 습하지도 않다. 첫 번째 큰 산 하나를 넘은 후, 갈증 해소차 아이스크림을 하나 사서 물고 달린다. 길가에 있는 주유소를 지나가는데, 트럭 한 대가 마침 출발하려고 한다.

"내래예 기디요루순?(어디 가요?)"

계획된 건 아니었지만 타이밍이 너무 좋아 운전기사에게 너스레를 떨면서 어디 가는지를 물어본다. 그는 카바크(Kavak)를 거쳐 에르진잔으로 가는 길이란다. 오호! 나 좀 카바크까지 태워줄 수 있냐는 제스처를 취해본다. 카바크는 오늘의 목적지 아마시아로 가는 길목에 위치한 마을로, 이곳에서 30km 정도 떨어진 작은 동네다. 아저씨는 조금 망설이는가 싶더니 이내 타라는 손짓을 한다. 오예! 생각에도 없던 초반 히치하이킹 성공. 기사 아저씨 이름은 페리트, 아르메니아 사람이란다. 트럭으로 물건들을 실어 나르며 일을 하는데, 아르메니아, 조지아, 불가리아, 세르비아 등 유럽 곳곳을 돌아다니고 있단다. 이쯤 되니 터키어로 대화하고, 이해하는 내가 참 신기하다. 그동안 갈고 닦은 터키어 실력을 뽐내보지만, 이내 대화 소재가 바닥나버린다. 그리고 나에게 찾아온 손님. 잠 신(神)! 이거 병인가? 배가 불러서 그런 거겠지?

얼마나 시간이 흘렀는지 모르겠다. 눈을 떠 보니 '아마시아' 이정표가 보인다. 현재시각 3시 30분인데 오늘 목적지인 아마시아에 도착해버렸다. 내가 곤히 잠들어버려서(아니 기절?) 페리트 아저씨가 나를 아마시아까지 데려다준 것. 뭐… 어쩌겠는가. 나야 정말 고맙고 미안할 뿐이다. "촉 테세퀴르(정말 고맙습니다)"라는 말을 연신 해대고, 트럭에서 내려 시내 구경에 들어간다. 그런데 아마시아, 너구 예쁘다!

실은 오늘 일찍 도착해서 얼른 시내 구경을 하고 내일 떠날까도 생각했는데, 그런 맘… 바로 접는다! 옛 폰투스 왕국의 수도였다던 아마시아. 오스만 목조건축 양식이 잘 보존되어 있는 곳 중 하나다.

아마시아 거리를 훑어본 후 오늘의 호스트인 셀축에게 연락을 취한다. 그리고는 그가 알려준 주소대로 그의 직장으로 찾아가니, 굉장히 바빠 보이는 셀축! 11시가 넘어야 퇴근할 수 있단다. 그는 이곳 아마시아에서 웨딩 사업을 하고 있다. 터키의 작은 시골 동네에서의 결혼식은 그냥 맛있는 음식만 먹고 끝난다. 아직 조직화가 되어 있지 않은 그 틈새시장을 셀축이 파고든 것. 인구 10만 명이 약간 넘는 아마시아에 처음으로 웨딩 사업을 펼쳐 결혼식은 물론 사진촬영, 피로연까지 결혼식에 관한 모든 걸 도맡아 하는 사업

우리에게 흔히 보여지는 곳(왼쪽 사진)과 그렇지 않은 곳(오른쪽 사진). 자전거 여행자인 나에겐 모두 보인다!

을 펼치고 있다. 오늘의 호스트, 꽤 혁명가로 보인다! 그의 사업이야기를 듣고 '제법 수익이 되겠는데?'라는 생각을 해본다. 하지만 그는 일주일 모두를 오로지 일에 쏟아붓고 있고, 매일 11시가 넘어서 퇴근한다고 한다. 나에게 자신이 퇴근하기 전까지 마음대로 할 거 하고 있으라는데, 나는 잘 됐다 싶다. 자전거를 타고 나가 간단히 먹을 것을 사서 강가 벤치에 자리를 잡는다. 그곳에서 해질녘과 야경을 감상하며 저녁을 보낼 생각으로 말이다.

슈퍼마켓에서 간단히 간식거리를 사서 8시부터 벤치에 앉아 기다린다. 인터넷에서 본 게 있다. 바로 아마시아의 야경!

8시 45분 땡! 하는 순간, 강 건너편의 오스만 목조건물들이 한순간에 밝은 빛으로 옷을 갈아입는다. 그것도 모두 똑같은 색으로!

강가 끝까지 펼쳐지는 야간 조명의 향연. 와~ 입이 다물어지지 않는다. 게다가 저 멀리 산 중턱 왕좌의 무덤까지 조명이 펼쳐진다. 우와… 진짜 멋있다. 이제까지 봐왔던 야경 중 최고로 운치 있다. 화려하지는 않지만 왠지 모를 분위기가 자아내는 이 느낌. 말로 설명을 다 못

하겠다. 그저 카메라 셔터를 쉴 새 없이 눌러댈 뿐.

　지금은 자정, 그의 일이 아직 안 끝났다. 그래도 괜찮다! 내 할 일 하면서 기다리면 된다. 그의 사무실에서 일이 끝나기만을 기다리다가 우연히 앙카라에서 100km 떨어진 곳에 위치한 소금호수 사진을 본다. 가고 싶다. 왠지 갈 것 같다!

　"Sunny~!"

　자정을 약간 넘겨 셀축이 집에 가자고 부른다! 그런데 카우치서퍼가 나뿐인 줄 알았는데, 미국인 두 명이 더 있다. 셀축 말로는 한 명은 한국인이고 한 명은 미국인이라 하는데, 너가 그들에게 직접 물어보니 둘 다 미국인이란다. 딱 봐도 한국 여자인데, 단호하게 나는 미국에서 태어났다며 영어로 미국인이라고 잘라 말한다. 이런 걸 재미동포(?)라고 해야 하나… 한국인이라는 게 창피한가? (긁적긁적) 그들의 이름은 '아만다'와 '멧'으로, 커플이다. 1년을 계획하고 세계일주 중이라는데, 믿기지가 않는다. 그들이 메고 다니는 것은 배낭도 아니다. 배낭이라 부르기 무색할 만큼 작은 가방, 그 안에는 옷가지가 두어 벌 밖에 들어가지 않을 텐데… 세계여행이라는 마인드의 차이가 크게 느껴진다.

　셀축이 내일은 오전 8시에 출근한다고 하니, 그때 나도 그를 따라 나설 참. 길어야 6시간 잘 수 있겠다. 그래도 내일은 하루 종일 여유가 있으니 느긋느긋한 하루를 보내야지. ^-^

미소 하나 달랑 메고, 써니의 80일간 자전거 터키일주

소~ 사~ 룸바~ 호쉬체칼~

아침 일찍부터 시작된 나의 하루. 조금 피곤하긴 하지만 오늘은 자전거 타고 이동하지도 않겠다, 여유로우므로 이까짓 피곤함 그냥 참아보기로 한다. 오전에는 사무실에서 비에 젖었던 옷가지와 이제까지 밀렸던 개인 정비를 하며 시간을 보내고, 오후에는 시내로 나가 이곳저곳 둘러볼 생각이다.

점심은 자전거를 타고 시내 나가 먹을 생각이다. 시내에 도착하니, 이건 뭐… 무슨 태풍이 오는 줄 알았다. 그야말로 폭풍전야(?)는 아니고, 폭풍전오. 바람이 얼마나 세게 부는지, 하늘을 보니 금방이라도 비가 내릴 것만 같다. 비를 잔뜩 머금고 바람을 호령하는 먹구름들을 보니, 내가 한없이 작아지기만 한다. 도무지 뭘 할 수 있는 상황이 아니다. 지금 내가 할 수 있는 건 핸들을 돌려 셀축의 사무실로 돌아가는 것뿐. 패잔병마냥 그의 사무실로 돌아온다. 운도 좋게, 돌아오자가자 세차게 퍼붓는 빗줄기….

'오늘은 아무것도 못하겠구나.'

4,000km 기념촬영과 아마시아 성에 오르려 했는데 그냥 오전에 하던, 개인 정비나 계속 할 수밖에. 4,000km 기념사진 찍으려고 나름대로 머리를 굴려 케이크와 해바라기 씨를 사왔건만…! 하늘이 도와주지 않는구나. 한숨이 절로 나온다. 이런 내가 처연해 보였는지 셀축이 일을 하다 말고 나를 데리고 웨딩 살롱을 구경시켜준다. 아마시아에 하나밖에 없는 상당히 큰 규모의 결혼식장. 총 2천 석 규모의 살롱이 있으며, 현재는 계속 증축중

이다. 나는 셀축이 이곳을 총괄하는 사람인 줄 알았는데, 그게 아니었다. 자기 위에 보스가 따로 있단다. 굉장히 좋은 보스라며 칭찬에 칭찬을 거듭하는데, 봉급을 꽤나 짭짤하게 주나 보다. 웨딩 살롱을 모두 돌아보고 나는 다시 사무실 한켠에 쭈글이 신세가 된다. 할 수 있는 일이 한정되어 있는지라, 사무실 구석에 있는 소파에 누워 낮잠을 청한다.

"써니! 써니~!"

무슨 큰일이 났나 싶어 곧장 달려갔는데, 셀축이다. 어서 집에 가잔다. 오늘은 일이 없어 일찍 퇴근할 수 있단다. 회사 차를 타고 그의 집 앞에 내려 슈퍼마켓에 들른다. 맥주를 사기 위해서. 혼자 사는 셀축은 밥은 잘 챙겨 먹질 않지만 일이 끝나면 항상 엄청난 양의 맥주를 마신단다. 엄~청 마셔대기에 교벡(터키어로 뱃살)이 나와 있다고.

"bira baby(맥주 아기)"라며 뱃살을 부여잡고 함박웃음을 짓는다. 집에서 맥주 한 캔씩을 마신 후, 아만다&멧 커플과 함께 저녁을 먹으러 시내로 나간다. 다행히 지금은 비가 갠 상황. 아마시아의 야경은 언제 봐도 멋있다. 우리는 시내에 위치한 꽤나 비싸 보이고 고풍스런 레스토랑에 자리를 잡고 참으로 유쾌한 시간을 보낸다. 아만다, 어제의 이미지(한국인이 아니라고 정색하던!)와는 달리 상당히 쾌활하다. 우리 셋은 현지인이자 호스트인 셀축으로부터 터키어 공부를 하는데, 오늘 배운 단어와 문장을 잊으려야 잊을 수가 없을 것이다. 왼쪽 '소' 오른쪽 '사' 전등 '룸바' 작별인사 '호쉬체칼.' 율동과 의미를 부여하니 참으로 쉽게 외워진다.

"소~ 사~ 룸바~ 호쉬체칼~, 소~ 사~ 룸바~ 호쉬체칼~."

집으로 돌아오는 길. 오늘 배운 단어들을 까먹지 않기 위해서 율동과 함께 신나게 춤을 추며 귀가한다.

집으로 돌아가는 길, 해맑게 웃으시며
나에게 옥수수를 건네시던 좌판 아저씨

내일은 초룸으로 이동하는 날. 이틀 머물기로 했는데 하루만 머물 것 같다. 초룸 지역에서 유명한 고대 히타이트 왕국의 수도 하투샤 유적지에 가는 걸 포기했다. 어제 셀축 사무실에서 본 앙카라 소금호수 때문에!

아마시아에서의 마지막 밤, 이렇게 좋은 사람들과 행복한 시간을 보내며 하루를 마무리한다.

68일차 주행거리 6km / **총 주행거리 4,067km**
68일차 지출 27.4리라(4,000km기념 준비물 3.9, 저녁 20, 간식 3.5) /
총 지출 1,905.72리라+188.63유로

터키의 '음료' 편

터키를 대표하는 음료는 차이(Çay, 홍차)와 아이란(Ayran)이라고 자신 있게 말할 수 있겠다. 거기에 하나 덧붙이자면, 터키 전통술인 라키(Raki)까지!

이번에는 이들 음료에 대하여 살펴보자.

★ 차이

**한국인에게 '김치' 가 있다면,
터키사람들에겐 '차이' 가 있다!**

터키인들의 일상생활에서 빼놓을 수 없는 것이 바로 차이, 홍차다. 터키사람들에게는 차이를 마시지 않으면 하루 일과가 시작되지 않을 정도로 중요하며 밤낮할 것 없이 즐겨 마신다. 어쩌면 물보다 더 많이 마시지 않을까 싶을 만큼 그들의 차이 사랑은 각별하다. 특이한 점은 차이에 각설탕을 넣어 마신다는 점! 적게는 1~2개, 많게는 4개 이상까지도 넣어 마시는데, 차이에 각설탕을 넣어줘야만 제대로 된 터키의 맛을 음미할 수 있다고 할까?

터키를 여행하다 보면 넘치다 못해 폭포처럼 쏟아지는 현지인들의 '정' 덕분에 하루에도 여러 잔 얻어 마시게 되는 경우가 발생하는데, 나는 하루에 10잔 이상을 마신 적도 있다. 터키인들에게 사랑받는 차이는 연중 온화하며 고른 강우량을 보여주는 흑해 연안, 특히 리제 지방을 중심으로 재배되고 있다.

★ 아이란

신이 내린 음료, 아이란!

요거트에 물을 섞어 희석시킨 터키의 전통음료. 터키를 비롯해 중앙아시아, 이슬람권에 두루 걸쳐 음용되고 있으며 오묘한 맛이 일품이다. 터키의 요거트는 걸쭉하여 보통 떠서 먹는데, 아이란은 여기에 물(탄산수)을 섞어 묽게 만들어 소금으로 간을 한다. 비록 처음에는 한 통도 채 다 마시지 못하고 버렸지만, 이제는 그 맛에 완전 반해버린, 내가 가장 좋아하는 터키 먹을거리 중 하나다. 하… 아이란이여~♥ 또 그리울 뿐이다. 이 녀석은

엄청난 해갈능력도 가지고 있다. 혹 터키를 여행하다 목이 마르다면, 아이란을 적극 추천한다!

★ 라키

터키 국부가 사랑한 '사자의 젖' 라키
라키는 포도를 주원료로 만든 증류주로, 우리나라 '소주' 쯤으로 생각하면 쉽다. 그러나 45도의 높은 도수를 자랑하기에 소주처럼 마셨다가는 큰일 난다. 라키는 스트레이트로 마실 수도 있지만, 일반적으로는 물과 1:1 비율로 섞어 마신다. 이 때 화학반응으로 투명했던 술 색깔이 젖빛 흰색으로 변한다. 터키 사람들이 라키를 '사자의 젖' 으로 부르는 것도 이 때문이다. 흠… 맛은… 세제를 먹어보지는 않았지만 왠지 '세제의 맛' 이 난다고 표현하고 싶다. 이 술은 생선요리와 궁합이 잘 맞는다는데, Sunny 랑은 궁합이 맞질 않나 보다.

비를 피하는 Sunny만의 방법

왠지 저쯤 가면 또 비가 나를 기다리고 있을 것만 같아.

아침에 바로 아마시아를 떠나느냐? 아니다. 어제 하려다가 비 때문에 하지 못했던 4,000km기념 촬영에 들어간다. 케이크 위에 해바라기 씨로 글씨를 만든 후 도로 위에서 혼자서 잘도 찍는다. :)

11시에 아마시아를 떠나 오늘의 목적지 초룸을 향해 달린다. 잠시 내린 비로 인해 출발이 한 시간 늦춰졌다. 30분 달리니 또 다시 비. 비를 피하려 버스정류장 지붕 아래 누워 맘껏 여유를 누려본다. 비 피할 곳만 있다면, 그동안 못 했던 다른 일들을 하면 된다!

이내 비가 그치고 땅이 마른다. 다시 페달을 밟고, 또 다시 내리는 비…. 근처 주유소를 찾아 비를 피한다. ^^* 직원들에게 터키어를 배우다가 비가 그치자 출발. … 또 비. 이번에는 주변에 비를 피할 건물이 없어서 샛길로 빠져 인근 마을로 향한다. 처마 밑에서 비를 피하고 있으니, 동네 주민들이 하나둘씩 몰려와 내게 관심을 보인다. 이 사람들은 비를 흠뻑 맞아 옷이 젖어도 아무렇지 않아 한다. 비가 더 거세게 내리자 그들은 나를 집으로 초대한

다. 한 아저씨네 집에 들어가 비를 피하게 되는데, 주민들이 그 아저씨네도 들어온다. 그들은 내게 밥도 먹고 잠도 자고 가라 하지만, 나는 초룸에서 친구가 기다린다며 호의를 정중히 거절한다. 이런 관심과 호의들, 너무 좋다!

그렇게 하루 종일 비와의 혈투(?)를 벌인 후, 6시가 조금 넘어 초룸에 도착한다. 어젯밤까지만 해도 하루만 머물고 곧장 키리칼레로 향하려 했는데, 오는 중간에 키리칼레 호스트로부터 문자 한 통을 받았다. 갑작스런 일이 생겨 호스팅을 취소하게 되어 미안하다고. 할머니가 편찮으시다니 어쩔 수 없다. 초룸에 이틀 머물면서 포기했던 하투샤에 다녀오기로 마음먹는다.

초룸 시내에 위치한 시계탑에서 오늘의 호스트인 하칸을 만난다. 하칸은 이곳 대학에서 조교로 일하고 있으며, 역사를 전공한 대학원생이다. 그래서인지 그를 만나기 전에 SNS로 내가 하투샤 가는 방법에 대해 물었더니, 정말 성심껏 답변해주었다. 우리는 근사한 레스토랑에서 초룸에서 유명하다는 음식인 이스킬립 돌마쉬(iskilip dolmasi)를 먹는다. 밥과 염소고기가 함께 나오는 단순한 요리다. 맛은 별로지만, 이 지역에 대한 자긍심에 차 있는 그를 위해 "규젤~(좋아)" 이라고 호응해준다. 하칸과의 대화 중 특이한 점 발견! 그는 차이를 싫어한다. 차이를 싫어하는 터키사람은 처음이다! 이유를 물으니, 터키 공무원들은 출근해서 퇴근할 때까지 차이만 마시면서 수다 떨고 놀기만 한단다. 그래서 자기는 그 무리에 끼기 싫어 커피만 마신다고.

저녁을 든든히 먹고 우리는 집으로 향한다. 하칸네 집에서는 불행히도 와이파이가 되지 않는다. 다행히도 오늘내일 크게 인터넷을 쓸 일이 없다. 그냥 편히 쉬어야지. 그렇잖아도 입이 심심하여 과일을 사러 나갈 생각이었는데, 마침 하칸이 과일을 내온다. 우와… 수박에서부터 살구, 오렌지, 체리까지. 혼자 사는데 정말 잘 챙겨먹는구나! 수박을 한 입 베어 무는데, 하아… 정말 달다. '수박' 하면 디야르바키르라 들었는데, 수박을 맛보러 디야르바키르 갈 걸 그랬나? 그런데 이 수박은 아다나 산 수박이란다. 내가 이제까지 맛본 수박 중 가장 단 수박이지 않을까!

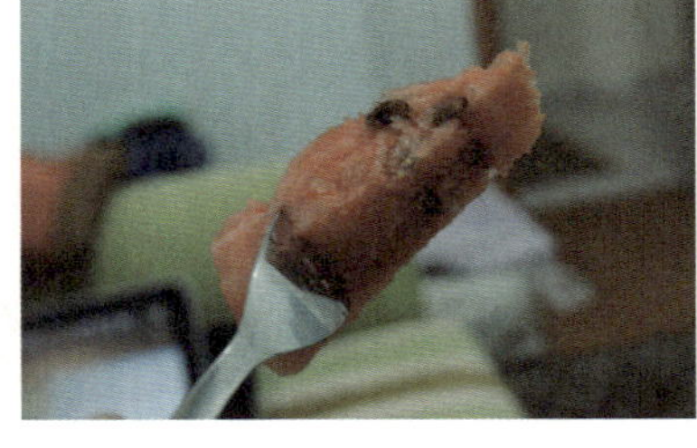

하칸은 다음 주 월요일까지 제출해야 될 논문작업에 한창이다. 시간이 얼마 없다고 하는데, 내가 그 시간을 빼앗는 것 같아 미안하다. 가서 논문 쓰라고 하고, 나는 과일과 행복한 시간에 빠진다. 어라, 수박쟁반을 배 위에 두고 잠시 기절했나 보다. 하칸이 내 배 위에 있는 쟁반을 치우는 소리에 정신을 차린다. 피곤한 게 당연하지. 100km를 달리고 나서 이렇게 꿀 같은 과일과 함께 꿀 같은 휴식을 취하는데!

하칸이 제대로 자라며 이부자리를 마련해준다. 그는 논문작업 하다 새벽에 잔단다. 내일은 하투샤 유적지 가는 날! 제발 비가 오지 않았으면….

"테크니컬 프라블럼"

아침에 일어나자마자 창밖 날씨부터 확인. 금방이라도 비가 내릴 기세다. 8시 30분에 알람을 맞췄지만, 눈을 떠보니 9시가 넘었다. 이렇게 오래 잔 적 없었는데…. 이미 부엌에서는 하칸이 요리중인가 보다.

"감자 좋아해?"

"응."

아침부터 프렌치후라이를 먹는다. 진짜 기름에 튀겨준 프렌치후라이…. 아침부터 기름지게 먹네. 그리고 기나긴 침묵을 깬 하칸의 질문.

"너 오늘 뭐할 거야?"

"아마도 하…투샤?"

그렇다. 오늘은 하투샤 '갔다 오기'를 시도할 것이다. 날씨 상태를 보아하니 왠지 못갈 것 같은 예감이 충만하지만, 그래도 시도라도 해보려고 한다. 후회하지 않기 위해서! 아침을 먹고 자전거를 끌고 나간다. 일단은 인터넷을 쓰기 위해 카페를 찾아본다. 앙카라에서의 호스트는 일부러 구하지 않고 있었다. 데므레에서 호스팅해준 아이데미르가 앙카라에 오게 되면 자기

친구들이 호스트해줄 수 있다는 말만 철썩같이 믿고 있었는데 어젯밤 그의 친구네 집을 찾아보니, 앙카라 시내에서 30km 정도 떨어진 산골짜기에 있는 게 아닌가. 알게 된 이상, 그의 집에 3일이나 머무를 수는 없는 노릇.(앙카라에서 3일 정도 더무를 계획이었다)

서둘러 웹샤워라도 컨택해야 한다. 점심도 미리 땡겨 먹을 겸 와이파이가 되는 되네르 레스토랑에 들어간다. 점심으로 되네르 에크메크를 하나 시켜 신나게 인터넷을 이용하는데, 5분 정도 지나니 인터넷이 끊긴다. 이건 분명 내가 노트북을 펼쳐 사용하니까 레스토랑 주인이 나를 쳐다보고 있다가 고의로 끊어버린 게 분명하다. 주인과 눈 마주침이 몇 번 있었기 때문이다. 주인에게 인터넷이 되질 않는다고 하니 주인이 답한다.

"테크니컬 프라블럼."

그냥 일방적으로 코드를 뽑아버린 게 분명하다. 기분이 확 상한다. 인터넷이 안 되면 내가 이곳에 더 있을 이유가 없다. 인터넷 사용하려고 배도 안 고픈데 되네르까지 주문한 건데 생각만 해도 괘씸하다! 이대로 물러날 내가 아니지. 심리전을 걸어본다. 인터넷이 되는 척 하려고 그곳에서 오기로나마 컴퓨터를 부여잡고 한동안 시간을 보내보지만 내가 졌다! 아직 앙카라 호스트 컨택을 못 했다. 다시 와이파이가 되는 곳을 찾아 떠난다. 근처에 있는 카페에 들어가 서둘러 컨택을 마친 후, 하투샤를 향해 달린다.

GPS를 켜서 순굴루(하투샤 방향에 위치한 동네)로 가는 메인로드를 찾아가는데, 하늘에서 빗방울이 뚝뚝 떨어진다. 역시나… 이제 막 도심을 벗어나 근교에 도달했는데… 한 5km 달렸나? 비를 피하려고 정류장 지붕 밑으로 들어간다. 한 시간이 지나도 비는 그칠 기미가 없고 더욱 거세지기만 한다. 시간은 4시가 지났다. '하아… 오늘 하투샤 가기는 글렀구나.' 그곳에서 만 세 시간을 넘게 기다린다. 아이고, 집에서는 하칸이 기다리고 있을 텐데. 때마침 하칸에게서 문자가 온다.

"저녁 먹었어?"

"아니, 아직. 나 이제 들어갈게!"

"너 안 먹었으면 내가 요리해줄 수 있어~."

"너 공부해야 되잖아. 방해하기 싫어. ㅠㅠ"

"그럼, 그냥 피자 시켜먹자."

내가 도착하는 시간에 맞춰 하칸이 피자를 주문해놓겠단다. 그런데 이놈의 길치 본능 발동. 집이 도대체 어딘지 모르겠다. 이집이 그집 같고, 그집이 이집 같고… 그렇게 30분을 헤매다가 하칸에게서 "What are you doing?" 문자도 받고, 사람들에게 물어 물어 겨우겨우 찾아 집에 도착. 그런데 피자는 이미 15분 전에 배달되었다. 식어버려 딱딱해진 피자를 물어뜯으면서 우리는 늦은 저녁을 해결한다. 생각해보니 오늘 딱히 한 게 없다. 비단 오늘뿐만이 아니라 초룸에 와서 한 게 없다! 시내 나가서 시계탑을 본 것 말고는, 내 머릿속에 초룸에 대한 느낌과 생각이 없다. 내일부터 3일간 앙카라에 머물 예정이고, 역시나 비가 나를 기다리고 있는데, 앙카라에서도 이러면 곤란하다! 내일은 좀 많이 달려야 되니(막상 비 때문에 많이 못 달릴 것으로 예상되긴 한다) 아침 일찍 출발해야겠다.

70일차 주행거리 15km / **총 주행거리 4,175km**
70일차 지출 11,45리라(간식 3,95, 점심 3, 카페 4,5) / **총 지출 1,923,12리라+188,63유로**

다시 만난 아이데미르

비장한 마음으로 6시 30분에 기상한다. 하칸은 아직 꿈나라에 있다. 논문 발표로 인해 피곤하고 예민해져 있을 하칸을 깨우기가 미안해서 아침을 대강 챙겨먹고 7시에 집을 나선다. 나오면서 하칸에게 문자를 한 통 남긴다.

아침바람이 상쾌하다. 생각했던 것보다 쌀쌀하지도 않고 딱 좋다. 정말 쌩쌩 달린다. 아직까지는 맑은 날씨와 적당한 오르막, 그리고 적당한 내리막이 오전 내내 좋은 페이스를 유지하도록 도와주고 있다. 이 페이스를 잃지 않기 위해 자전거 위에서 페달을 구르며 미리 구비해두었던 물과 초콜릿으로 허기를 달랜다. 오전 7시에 출발하여 처음 갖는 휴식시간은 오후 1시. 무려 여섯 시간을 쉬지 않고 달렸다. 속도계는 128km를 달렸다고 나타내주고 있다. 오후에는 분명 페이스를 잃을 게야.

첫 번째 휴식은 바로 점심시간이다. 와이파이가 되는 레스토랑을 찾아 점심으로 피데를 먹으면서 인터넷을 사용한다. 피데를 맛있게 먹고 있을 때, 빗방울이 뚝뚝 떨어지기 시작한다. 이제야 오셨군요. 근데 참 타이밍도 좋아. 오늘도 역시나 비가 나를 맞이하는구나. 가늘었던 빗줄기가 점점 굵어지기 시작한다. 1시 조금 넘어부터 내리던 비는 4시가 넘어서야 수그러든

다. 세 시간을 레스토랑에서 뻐
기다가 비가 그친 후 자전거에
올라 천천히 페달을 굴려본다.
빨리 달리지 못하는 이유는 배낭
과 엉덩이가 젖지 않게 하기 위
해서다. 6시에 비가 한 번 더 퍼

붓는다. 아침 일찍 출발해서 다행이지, 평소처럼 출발했으면 오늘 밤새 달
려도 결코 도착하지 못했을 거리다.

　7시가 조금 넘었을까? 오늘의 목적지 근처인 엘마다이라는 동네에 도착
한다. 그리고 아이데미르와의 재회! 아이데미르는 데므레에서의 호스트인
데, 한 달 반 전 앙카라에 오면 친구네 집에서 잘 수 있다고 해서 다시 만나
게 된 것이다. 정말 오랜만이다! 그 사이 나에게는 정말 많은 일이 있었다.
나를 보더니 그새 많이 늙었단다. 흑흑. 데므레에서 하룻밤만 머물고 떠나,
아이데미르가 많이 아쉬워했는데 타지에서 다시 만나게 되다니!
　그를 따라간 친구네 집. 실은 친구라기 보다 거의 아버지뻘인데, 가족보
다 더욱 가까운 사이라고 한다. 오늘부터 앙카라를 책임지게 될 이집 주인
은 가지. 와이프의 이름은 파트쉬. 처음에는 아이데미르가 친구네 집이라길
래 전형적인 스튜던트 하우스인줄 알았는데, 정원이 딸린 전원주택이다!
　짐을 풀고 샤워를 마친 후, 저녁을 함께 먹으면서 가지가 묻는다.
　"언제까지 앙카라에 있을 거야? 1달? 1년?"
　와… 저도 그러고 싶어요. 말만 들어도 좋다!
　가지는 변호사다. 아들도 변호사의 길을 걷고 있고, 그의 직장을 물려받
을 계획이란다. 가지는 곧 여행을 떠날 계획이라고…. 부럽다. 으튼 오늘 터
키에서 최고로 빅데이었다는 건 엄연한 사실! 속도계를 체크해보니 192km

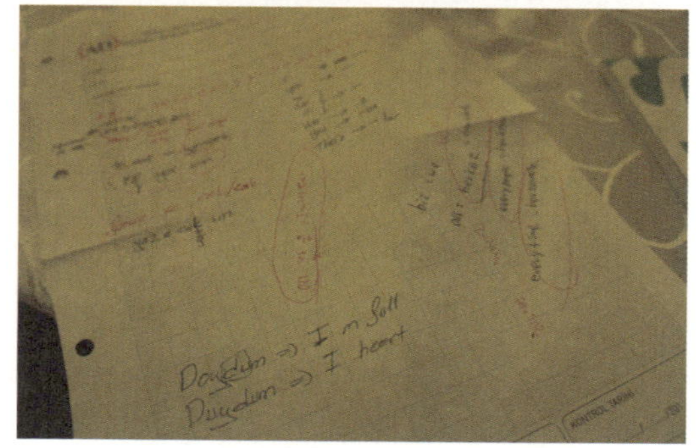

아이데미르와 함께하는 신나는 터키어 공부 〈문법 편〉

를 달렸다. 터키 땅에서 지금까지 가장 많이 달린 거리. 맥주와 함께 최고의
만찬을 한다! 생각보다 그렇게 피곤하지는 않다.

71일차 주행거리 192km / 총 주행거리 4,367km
71일차 지출 13,25리라(점심 12, 간식 1,25) / 총 지출 1,936,37리라+188,63유로

미소 하나 달랑 메고, 써니의 80일간 자전거 터키일주

앙카라를 둘러보다

가지가 출근하는 시간에 맞춰 그의 차를 타고 앙카라 시내로 향한다. 아침에 보니 운전기사도 있고, 하우스키퍼에 정원사까지 있다. 정원은 어젯밤에 봤던 것보다 훨씬 넓고 아름답다. 한편에서는 칠면조, 오리, 비둘기, 닭, 고양이, 개가 함께 어울려 노닐고 있고 그곳을 관리하는 전용 정원사라…!

하산노을란이라는 그의 동네에서 앙카라 시내까지 약 30분을 달려 운전기사는 가지를 직장에 내려주고, 나와 데미르를 아타튀르크 모젤리움에 내려준다. 그리고 우리는 아타튀르크 묘를 보러 향하는데 버젓이 운행하는 셔틀버스를 놔두고 걸어가는 어이데미르…. 날씨가 굉장히 덥다. 이 친구, 걸음이 굉장히 빠르다. 어느 정도 걷냐고 물어보니 시속 7km 정도 걷는단다.

'………………'

그의 뒤꽁무니를 졸졸 따라다니느라 혼났다. 아타튀르크 모젤리움은 생각보다는 별로였다. 싱겁게 둘러보고 내려온다.

현지인과 함께 다니니 터키에 대해 좀 상세하게 하나둘씩 알아간다. 훨씬 수월하게! 단, 모든 현지인이 아니라 어느 정도 인생을 경험하신(?) 현지인

과 함께 다니는 것에 한정. 웬만한 사람들은(적어도 내가 만난) 토키(TOKI, 정부에서 지은 터키 아파트)를 싫어한다. 정부가 대충 만들어놓은 아파트에 들어가 산다는 것은 참으로 어리석은 짓이라고! 토키는 공간도 좁고, 구조가 엉망진창이란다. 갑자기 호기심천국으로 돌변한 나! 항상 궁금해왔던 로칸타(lokanta)에 대해서 물어보니, 로칸타는 상대적으로 질 낮은 음식점이란다. 자전거를 타면서 길가에서 '레스토랑' '살롱누'라는 표지판을 종종 보았는데, 언제부턴가 눈에 들어온 글귀가 바로 로칸타였다. 식당이긴 하지만 자기는 그곳에 가질 않는다는 것. 가격이 저렴한 데에는 이유가 있단다. 예를 들면 기름을 갈지 않는다든지.

곧바로 그는 터키의 도시계획에 대해서도 이야기한다. 아이데미르는 터키 정부를 싫어하는 사람들 중 한 명인데, 그 이유 중 하나는 도시를 개발할 때, 모든 기반시설을 구축한 뒤 도로를 제일 나중에 뚫는다는 것이다. 그래서 도로가 삐뚤빼뚤 구불구불 되어버린다는 것. 자신이 유학 생활했던 미국과 비교해서 이야기해주는데, 듣고 있자니 아이데미르는 미국예찬론자임이 분명하다! 나도 자전거를 타고 터키 곳곳을 다니면서 터키의 도로상황이 조금은 비효율적이라고 생각하긴 했었다.

또한 카흐라만마라쉬, 가지안테프, 샨르우르파에 붙은 '카흐라만' '가지' '샨르'라는 말에 각각 의미가 있다는 사실도 알게 된다. 보통 길을 물어

보면, 현지인들이 가지안테프라고 하지 않고, 그냥 '안테프' '마라쉬' '우르파'라고만 이름을 부르길래 그에 대해 물어보니, 전쟁 이후로 그 지역을 상징하는 단어들이 앞에 붙은 것이란다. 예전에 전쟁이 일어났을 때(어떤 전쟁인지는 설명해주지 않았다) 이쪽 지역 사람들이 모두 전쟁에 동참하여 그때 이후로 이 지역 명칭에 '용감한' 또는 '영웅'이라는 뜻의 단어를 덧붙인 거라고 한다. '영웅'이라는 의미의 카흐라만, '참전용사'라는 뜻의 가지, 그리고 샨르(영광)를 덧붙인 것이다. 참으로 많은 걸 알게 된 시간!

윤서가 시내로 오고 있는 중이란다. 윤서는 어제 우르파에서 앙카라로 왔다. 그런데 윤서가 장염에 걸렸다는 소식. 타국에서 아프면 정말 고생인데, 아끼는 동생이어서 마음에 걸린다. 여튼 윤서가 마침 시내로 나와서, 나는 아이데미르와 같이 윤서를 만나러 간다. 우리 셋은 함께 앙카라 구경에 나선다. 먼저 향한 곳은 코자테페 자미. 앙카라에서 가장 큰 규모라고 한다. 역시나 종교에 관심이 없는지라….

바쁜 한 주가 시작되는 월요일 오후, 앙카라 시내와 공원을 거닐어본다. 그런데 갑자기 내리는 비… 으아… 오늘도 역시 비가 나를 반기는구나. 우산을 미처 챙기지 못한 우리는 비를 피하려고 근처 카페로 들어간다. 그리고 그곳에서 발견한 타블라! 나와 윤서는 타블라를 하는 방법을 알기에 타블라를 한판 둬본다. 그렇게 비가 멈추기를 기다리면서 시작한 타블라. 1판, 2판, 3판… 한 20판 이상은 한 듯? 현지인이 아마 우리를 이상하게 봤을 것 같다. 외국인이 여유롭게 카페에서 타블라를 즐기고 있다니. ㅋㅋ

해질녘까지 타블라를 붙잡고 있던 우리는 가지가 저녁 약속이 끝났다고 전화를 한 후에야, 내일 만날 것을 기약하고 각자의 집으로 귀가한다. 자전거도 안 탔는데, 어제보다 더 피곤한 건 기분 탓이겠지? 아마 자전거 타는 생활이 몸에 배어 걷는 게 더 힘이 드는 것 같다.

집에 돌아오니 좋다! 내집 같다. 오늘은 빨래도 돌리고 야호!

72일차 주행거라 0km / **총 주행거리 4,367km**
72일차 지출 0.5리래(라이터 0.5) / **총 지출 1,936.87리라+188.63유로**

앙카라 한국공원, 그리고 급 계획변경

어제와 같이 가지의 차를 타고 앙카라 시내로 나온 나와 아이데미르. 크즐라이의 한 카페에서 윤서를 만나 커피와 함께 여유로운 한때를 보낸다. 내일 계획에 대하여 이야기하다가, 루트를 급 변경하기로 한다. 앙카라 북서쪽에 위치한 사프란볼루와 볼루 대신, 서쪽의 에스키셰히르에 가기로 말이다. 사프란볼루로 가는 길은 험할 뿐 아니라 그곳엘 갔다가 볼루로 빠져나가는 길은 중복되는 구간이다. 그래서 최종목적지인 이스탄불로 가는 루트 중 그나마 길이 평탄한 에스키셰히르—부르사 루트로 변경한다. 불과 10분도 안 되어 루트가 바뀐다. 다시 부르사와 얄로바를 방문하게 되는구나! 곧장 부르사의 아흐멧, 얄로바의 잔수에게 연락을 한다.

정오에는 앙카라 한국공원으로 발걸음을 옮긴다. 한국공원은 앙카라에서 꼭 가보고 싶었던 곳이다. 걷기 좋아하는 우리의 아이데미르. ∾ 푹푹 찌는 날씨에 걷고 또 걸어 한국공원에 도착하고, 그곳에서 나는 애초에 가슴속에 담아두었던 '큰절'을 올린다. 앙카라 한국공원은 6.25전쟁 당시 유엔군의 일원으로 참전하여 희생한 터키 군인들을 기리기 위해 설립된 공원으로, 우리나라에서 석가탑 모양의 기념탑을 만들어 헌정하였다고 한다. 한국인으로서 꼭 들러봐야 할 한국공원! 앙카라에서의 미션 달성~! :)

아이데미르는 점심을 먹자마자, 2시에 미팅이 있다며 나중에 다시 합류하겠다는 말을 전한 뒤 서둘러 자리를 떠난다. 이제 윤서와 나는 서로 필요한 물품들을 구매하기 위해 이곳저곳 누벼보기로 한다. 나는 고프로 방수 케이스를 사려 했으나 파는 곳을 당최 찾을 수 없어 포기… 윤서도 여기저기 둘러보다가 마음에 드는 옷이 없었는지 이내 포기. 우리의 소핑은 이렇

이탑은토이기군이자
유를수호하기위하여
한국전에참전혁혁한
전공을세운바를영원
히기념하기위하여건
립되다안카라시의적
극적인협력을얻어세
워지게된이탑은토이
기공화국건립제50
주년기념일을기하여
한국정부가토이기국
민에게헌납하다

1973.10.29

게 허무하게 끝. 발품을 판 탓에 목을 축이려고 카페로 들어간다. 그리고 이집트 계획 짜기에 돌입! 그곳에서 알게 된 소식. 이집트 원정대의 다른 멤버인 창욱이가 내일모레 알바니아에서 이스탄불로 버스를 타고 온다고 한다. 뭐야, 생각보다 빨리 오네? 그리고 그가 얄로바까지 넘어와서 남은 이틀간 나와 함께 자전거를 타고 이스탄불로 재입성할 예정이다.

미팅을 마친 아이데미크가 등장하면서 우리는 함께 저녁을 먹으러 간다. 오늘 저녁은 호스트인 가지 가족과 함께 근사한 케밥 집에서 먹기로 한 날! 윤서도 함께 초대되어 쾨프테와 타북 카나트(닭날개구이), 타북 쉬쉬(닭꼬치)를 맛있게 먹는다! 저녁 후, 윤서는 버스를 타고 그녀의 숙소로 빠이빠이. 경로가 겹쳐 이틀 뒤, 부르사에서 볼 수 있게 됐다. Hey, Sister~! 몸 건강히 있다가 다시 부르사에서 만나자!

내일은 7시에 일어나서 출발할 계획. 투즈골(소금호수)을 갔다가 앙카라 시내로 되돌아올 예정이다. 앙카라 시내에서 하루 머물 건데 바로 아이데미르의 친구인 무하렘 아파트에서 하루 머물기로 했다. 그리고 나서 에스키셰히르로 이동해야지!

73일차 주행거리 0km / **총 주행거리 4,367km**
73일차 지출 36.75리라(카페 30.75, 양말 3, 간식 3) / **총 지출 1,973.62리라+188.63유로**

소금호수에 가다

오늘은 3일 동안 머물렀던, 정든 가지네 집을 떠나는 날. 온 가족이 함께 아침을 먹고 나를 배웅해준다. 가지네 집 멍멍이들도 떠나는 나를 졸졸 따라오네… 술탄, 에페, 그리고 대형견들. 난 술탄이 좋아좋아. 잘 있으렴!

앙카라가 상당히 넓긴 넓은 모양이다. 출발한 지 두 시간이 지난, 11시가 넘어서야 겨우 앙카라를 벗어난다는 표지판을 볼 수 있다. 이어 쉼 없는 라이딩…. 한 여름을 향해 달려간다. 터키의 농촌 풍경은 한가롭고 풍요롭다. 끝없이 펼쳐지는 밀밭과 유채밭, 간간이 양 치는 풍경도 보이다가 3시를 조금 넘겨 오늘의 목적지 소금호수에 도착한다.

우와~ 안 왔으면 큰일 날 뻔 했다. 촉 규젤 촉 규젤!(너무 좋아 너무 좋아!) 상상했던 그 이상이다. 드넓게 펼쳐진 얇은 호수가 뜨거운 태양빛에 모든 걸 반사시켜 버린다. 이 좋은 곳을 어떻게 담을 수가 없다. 주변 관광객들에게 사진을 찍어달라 부탁해보지만 제대로 된 사진을 건지지 못해 참 아쉽다. 해발 1,000m에 이르는 대륙 속 소금호수는 옛날에 분명 바다였으리라.

소금호수 한가운데 의자를 놓고 앉아 한없이 시간을 보낸다. 5시가 다 되

어서야 휴게소에서 맛보는 뒤늦은 점심. 메뉴가 많지 않아 괴질레메로 때운다. 그리고 돌아오는 길, 자전거를 타면 분명 늦을 것이므로 올 때부터 생각했던 히치하이킹을 시도, 8시쯤 앙카라에 진입한다. 나를 기다리고 있던 아이데미르는 친구들과 저녁식사중이다. 그와 친구들이 있는 레스토랑으로 향하는데, 이 친구, 친구들이 모두 할아버지다! 한 명은 친구의 아버지인데 친구보다 더 친하다 하고, 다른 한 명은 아이데미르 어머니의 주치의란다. 거기서 저녁으로 타북 카나트와 맥주 한 잔을 벌컥벌컥 들이킨다. 너무 목이 말랐나 보다. 라이딩 후에 마시는 맥주란… 캬! 최고다.

잠시 후, 아이데미르의 절친이자 이 아저씨들의 베스트 프렌드이기도 한 가지가 찾아온다. 다시 만나서 반가워요! 그리고 윤서가 앙카라 시내 호스텔에서 머물 계획이라고 하길래, 아이데미르에게 윤서도 호스팅해줄 수 있냐고 조심스레 물어본다. 아이데미르는 그런 건 물어볼 필요 없다며, 흔쾌히 허락해준다. 자기 집도 아닌데 그냥 아이데미르가 막 허락해준다. 여튼 윤서도 이곳 레스토랑으로 와서 같이 가기로 한다.

10시가 넘어 이제는 집에 가야 할 때. 앙카라 도심 크즐라이에서 아이데미르 친구네 집까지는 거리가 좀 있어서 택시를 타야 한단다. 나는 자전거를 타고 택시 뒤를 따라가는데 으악! 안간힘을 써보지만, 매연을 내뿜고 달리는 4바퀴 굴림식 물건은 도저히 이길 수 없다. 고작 5km 달렸는데 130km 달린 오늘 오후보다 더 힘들었다. 이를 악물고 택시 뒤를 밟아 도착한 아이데미르의 친구, 무하렘네 집. 아이데미르는 우리를 친구 집까지 데려다주고

밤 11시 버스를 타고 자신의 집이 있는 데므레로 내려간단다. 이제는 4일간 함께했던 아이데미르와 진짜로 헤어져야 할 때… 아이데미르, 정말 고마워요! 아다믄디비신!

아이데미르 친구 이름은 무하렘(Muharrem)! 터키어가 아닌 아라빅이란다. 그저께 낮에 회사에서 잠깐 봤을 때는 품위 있어 보였는데, 이렇게 집에서 보니 후줄근한 동네 아저씨 스멜이 물씬 풍긴다. 4일간 앙카라에서의 꿀같던 휴식이 끝나간다. 내일은 에스키셰히르로 향하는 날! 10Ckm가 훌쩍 넘는 거리여서 7시에는 출발할 예정이다. 윤서랑 아침도 먹으면서 느긋하게 출발하면 좋겠지만, 워낙 갈 길이 멀어 알람을 아침 일찍이 맞춰놓는다.

하산노을란을 떠나기 전, 가지가 내게 한 말.
"써니, 한국에 돌아가면 너는 터키에 또 하나의 가족이 있다고 말해야 돼. 그곳은 바로 하산노을란이야."

74일차 주행거리 140km / **총 주행거리 4,507km**
74일차 지출 13.59리라(간식 7.59, 점심 5, 화장실 1) / **총 지출 1,987.21리라+188.63유로**

터키의 '디저트' 편

터키에선 식사 후 아주 단 후식을 먹는데, 이를 통틀어 타틀르(Tatlı)라고 한다. 터키를 여행하며 각 지역마다 다양한 타틀르를 맛보는 것도 쏠쏠한 재미다. 타틀르는 주로 날씨가 더운 남동부 지방에서 발달했는데, 이는 엄청난 단맛을 자랑하기 때문에 무더운 여름날 체력을 유지하는 데 많은 도움이 되기 때문이다.

★ 바클라바 (Baklava)

수많은 패스트리 층에 시럽과 견과류가 어우러진 파이의 일종. 바클라바는 피스타치오의 산지로 유명한 안테프(Antep)가 본고장이다. 안테프에 방문한다면 다양한 종류의 바클라바를 먹어보도록 하자. 완전 달달함을 사랑하는 사람이라면 다들 환호성을 지를 만한 터키의 대표 디저트. 바클라바의 크기=설탕의 양이라는 건 함정.

★ 큐네페 (Künefe)

튀긴 과자 사이에 치즈가 들어간 파이로, 쫀득한 맛이 일품인 큐네페. 바삭한 파이의 달달함과 치즈의 짭조름한 맛이 어우러져 말로는 형언할 수 없는 맛을 낸다. 따뜻한 큐네페에 차가운 돈두르마를 살짝 얹어 한입에 쏙 넣으면 차가움과 따뜻함까지 더해져 아주 그냥 군침 돈다. 큐네페의 고장 하타이 주 안타캬(Antakay)에서 맛본 큐네페의 맛은 절대 잊지 못한다. 진정으로 큐네페를 느끼고 싶다면 하타이로 향하라! 제아무리 큐네페 체인점이 전국에 분포해 있다한들 하타이 큐네페의 맛을 따라가진 못한다.

나의 No.1 터키 음식! ★★★★★

★ 돈두르마 (Dondurma)

아이스크림을 터키어로 '돈두르마' 라고 부른다. 터키 어느 곳을 가든 쫄깃쫄깃 늘어나는 돈두르마를 파는 장면을 쉽게 목격할 수 있다. 돈두르마가 유명해진 건 맛도 맛이겠지만 전통의상을 입고 돈두르마의 찰진 특성을 이용하여 손님에게 줄 듯 말 듯 장난을 치는 주인아저씨의 매력이 한 몫 하는 것 같다. 스테이크처럼 아이스크림을 칼로 썰어먹을 수 있다는 건 나에게 큰 충격이었다.

★ 로쿰 (Lokum)

일명 'Turkish delight' 로, 터키를 여행하는 관광객에게 잘 알려져 있으며, 설탕에 전분과 견과류를 더해 만든 젤리 형태의 과자. 개인적으로는 그저 그랬던(?) 터키 디저트다.

내게 솟아나는 힘의 원천

알람 소리에 맞춰 6시 30분에 기상한다. 간단히 씻고 이부자리 정리하고 조용히 나가려 했는데 옆 소파에서 자고 있던 윤서가 깨버렸다. 나 때문에 애도 괜히 이른 시간에 일어나버린 것은 아닌지.

7시에 집을 나선다. 바깥 날씨는 약간 쌀쌀하다. 땀을 안 내면 외투를 걸쳐야 될 정도로. 목적지인 에스키셰히르까지 신나게 달려야 하는데 역풍 때문에 신이 안 난다. 언덕이 계속 펼쳐지는 건 괜찮은데 역풍이 너무 심하게 부니 내리막길도 시원하게 내려가질 못한다. 설상가상 졸리기까지! 졸음운전은 처음이다. 자전거 타고 졸음운전이라, 색다른 경험이다. 진짜 눈 감고 달린다. 아마도 최근에 잠을 충분히 자지 못한 탓일 것이다. 어젯밤에도 다섯 시간도 채 못 잤다. 도무지 안 되겠다 싶어서 근처 공원에 들어가 벤치에 누워 한 시간 정도 눈을 붙인다.

알람 소리에 일어나니 조금은 괜찮아졌다. 다시 자전거에 올라 페달을 굴리는데 페이스 조절에 완전 실패했다. 계획은 120km 지점 동네에서 점심을 먹을 생각이었는데, 80km밖에 못 왔다. 그래도 배가 고프니 점심을 해결해야 한다.

역풍을 뚫고 신이 나려 애쓰면서 달리는데 나를 붙잡는 또 한 가지. 오랜만입니다! 펑크! 게다가 연

달아 두 번이다. 길가에서 수리하는 것보단 공기펑크가 있고 씻을 수 있는 곳이 있는 주유소에서 수리하는 게 훨씬 낫겠다 싶어 자전거를 끌고 저 뒤리 희미하게 보이는 주유소로 이동한다. 펑크를 때우는 중 펑크 난 부위에 본드를 칠해야 되는데, 본드를 다 써서 아주 찔끔찔끔 나온다. 한동안 펑크가 나지 않아 쓸 일이 없었는데, 그나마 조금 남아있던 본드가 말라 비틀어진 것이다. 하는 수 없이 튜브를 아예 새 것으로 바꾼다. 펑크를 한 번도 때우지 않은 새 튜브였는데. 이제 여분 튜브도 없는 상황. 수리를 하면서 바퀴 타이어 상태를 점검하니, 이거 위험하다. 실밥이 보이고 유리파편으로 인해 타이어가 갈라지고 있다. 확실히 교체시기가 다가왔다. 하긴, 4,000km를 달려준 타이어인데 고생 많이 했다. 그러나 타이어를 교체할 생각은 전혀 없다. NEVER! 목적지까지 500km도 안 남았는데 조금만 버텨줘!

튜브를 교체하고 다시 달리는데, 뒷바퀴가 너무 마음이 걸린다. 마치 언제 터질지 모르는 시한폭탄 위에서 달리는 느낌이다.

평지같은 길을 오르막길처럼 달려 드디어! 오늘 목적지인 에스키셰히르에 9시가 다 되어 도착. 그러나 밤 10시까지는 밖에서 기다려야 한다. 오늘의 호스트인 아흐멧이 10시에 일이 끝나기 때문인데, 나는 남은 시간에 아직 먹지 않은 저녁을 먹기로 한다. 와이파이가 되는 레스토랑을 골라 되네르 에크메크로 저녁을 해결. 타이밍 좋게도 딱 저녁을 먹고 나니 아흐멧에게서 연락이 온다. 아흐멧은 웜샤워로 바로 어제 컨택했는데, 상당히 늦은 컨택임에도 불구하고 나를 흔쾌히 받아줬다. 그는 이번 달 말에 와이프와 유럽으로 자전거 여행을 떠난단다. 유경험자인 내가 조금이나마 도움이 되었으면!

그의 집에 도착하여 짐을 풀고 샤워를 하고 나왔더니, 아흐멧이 나를 위해 수박과 빵, 그리고 맥주를 준비해 놓고 있었다. 몰랐는데, 오늘은 월드컵 개막전! 축구를 굉장히 좋아하는 아흐멧이 TV앞에서 맥주를 불러놓고(맥주도 마트에서 배달시킨 것) 축구 경기가 시작되기만을 기다리고 있다. 힘겹

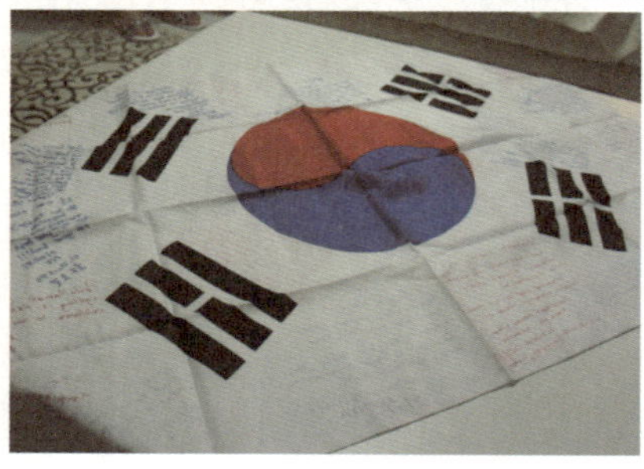

게 끝낸 라이딩 후 보는 축구! 축구에 맥주라니!! 행복하다!

월드컵 개막전, 브라질 vs. 크로아티아 전을 보고 있는데, 아흐멧의 와이프인 아세귤이 들어온다. 이들 부부, 참 유쾌하다! 그들은 이번 달 말에 독일로 자전거 여행을 떠난다기에, 유경험자인 나에게서 조금이나마 궁금한 점과 조언을 구한다. 축구 경기 시청보다는 이들과 이야기하는 재미에 빠진다. 그러다가 내가 여태껏 갈고 닦은 터키어 실력을 뽐내니, 너무 좋아하면서 친구에게 보낼 영상을 부탁한다. 이쯤에서 빠질 수 없는 서비스!

"아다믄 디비신! 아다나리아크 알라흔 아다미아크~!"

이 문장을 외치니 굉장히! 좋아한다. 이 문장 참 잘 배웠단 말이지.

"Happy birthday to you~! happy birthday~~ blabla~."

부엌으로 들어갔던 아세귤이 갑자기 생일축하 노래를 부르며 케이크와 함께 등장한다. 알고 보니 오늘은 아흐멧의 생일! 우와!! 내가 이

미소 하나 달랑 메고, 써니의 80일간 자전거 터키일주

들에게 해줄 수 있는 것이라
곤, 능숙하지 못한, 터키어 실
력으로 그들을 웃을 수 있게
해주는 것과 폴라로이드 찍어
주는 것! 역시나 폴라로이드
는 여기서도 통했다! 선물 대
성공!

　집에 도착해서 호스트와 즐거운 시간을 보내면 그날의 피곤함도 말끔히
잊어버리고 만다. 그리고 항상 그들에게서 힘을 얻어간다.

02:04 a.m 에스키셰히르, 다흐멧&아세귤네 집

75일차 주행거리 140km / **총 주행거리 4,647km**
75일차 지출 22리라(아침 6, 점심 11, 아이스크림 1, 저녁 4) /
총 지출 2,009.21리라+188.63유로

잘 보이면 손해볼 건 없다

저 멀리 크고 작은 언덕빼기들이 줄지어 있다. 출발하기 전 빔(Bim, 터키의 중소형 할인마트)에서 자전거 위에서 먹을 비상식량으로 초코바 4개와 물 1.5리터를 구비해두었다. 페달링 시작! 배고프면 초코바 꺼내서 먹고, 휴대폰에서 흘러나오는 노래를 들으며 힘을 내본다. 오르막길의 향연이 계속되는데, 힘이 난다. 그리고 기쁘다. 오늘만 달리면 고지가 바로 눈앞이다. 생각만 해도 눈물이 핑 돈다. 아직 끝나지도 않았는데 이제까지의 크고 작은 일들이 주마등처럼 스쳐 지나간다. '안 돼! 끝날 때까지 끝난 게 아냐. 이런 생각은 완주하고 나서 하자! 그때 펑펑 울자!'

주문을 외고 신나게 달린다. 드디어 내가 꿈에 그리던 5,000km를 타게 되는구나. 오늘만 잘 넘기면 이제 300km도 안 남는다. 6시쯤 부르사 도착. 오늘의 호스트는 원래 아흐멧이었다. 70일 전, 부르사에 왔을 때 머물렀던 바로 그집. 그런데 아흐멧이 내일 앙카라로 여행을 떠나게 되어서 호스트가 가능할지 확신이 없단다. 그리고 전날 날아온 웜샤워 메시지. 아흐멧 얘기 듣고 연락했는데, 가능하면 자기가 호스트해주고 싶다며 쪽지를 보낸 이는 일케르. 아흐멧이 나에 대해 좋게 말해줘서 호스팅을 결정하게 되었단다. 그래서 도착 전날 호스트가 바뀌었다. 아흐멧의 직장 하사가 일케르의 아내 빌게다. 일케르가 8시에 일이 끝난다니, 약속장소에 미리 가 있을 예정이다.

다시 돌아온 부르사!

부르사, 생각보다 크다. 아직 약속장소에 도착하지도 않았는데, 일케르가 일이 끝났다고 련락이 온다.

겨우겨우 물어 찾아간 약속장소인 까르푸 앞. 아이고, 잘못 찾아왔다! 부르사에 까르푸는 수십 군데에 있다. 지나가는 사람에게 전화기를 건네 다시 약속장소를 정한다. 이 길치, 당최 어디가 어디인지…. 우여곡절 끝에 일케르와의 만남 성사! 일케르는 FIAT라는 자동차 회사에서 일하고, 아흐멧 소개로 나의 호스트가 되었다. 게다가 어제 바로 웜샤워에 가입한 새내기. 아흐멧이 회사에서 내 이야기가 실린 얄로바 신문기사를 그에게 보여주었고, 나 좋은 사람이라고 칭찬 갚이 해줬단다. 아흐멧도 보고 싶었는데, 못보고 가서 좀 아쉽다. 아흐멧에게는 개인적으로 대단히 고맙다는 말을 하고 싶다. 여행 초반 터키에서 꼭 봐야 할 장소들을 아흐멧이 알려줬는데, 그 장소들은 정말 후회 없는 곳이었다. "아다나리아크 알라흔 아다미아크"(아다나 사람이 굉장히 좋아하는, 아다나 지역을 칭찬해주는 종교적 색채가 담긴 터키어 문구)를 알려준 장본인도 바로 아흐멧.

진심어린 호의

일케르의 차 뒤에 자전거를 동여매고 그의 집으로 향한다. 일케르 부부에게는 세 살짜리 딸이 있다. 먼저 인사를 건네자 아빠 뒤로 숨어버리는, 수줍음 많은 꼬마 에다. 귀엽다. 샤워를 마치고 우리는 함께 저녁을 먹는다. 저녁 메뉴는 쾨프테! 이들은 자전거 타기를 좋아하지만, 일케르가 몸이 조금 안 좋아(단백질 관련 병에 걸렸다고 한다) 오래 타지는 못해 장거리를 뛸 수 없단다. 하지만 언젠가는 가족들과 자전거 여행하는 게 꿈이라고. 그들에게서 터키 가족의 전형적인 대접을 받는다. 일케르가 터키의 옛 이야기를 들려주는데, 과

거 오스만 시절의 집에는 게스트룸이라고 해서 욕실까지 갖춰진 방이 따로 있었단다. 돈을 40리라 벌면 1리라 정도는 이웃에게 나눠줘야 했기에, 손님을 귀하게 대접하는 게 바로 이슬람 문화라고 한다. 지금은 많이 퇴색되어 가고 있지만.

그가 또 하나 알려준 건, 라마단 관련 이야기다. 내가 이집트엘 간다고 하니, 이집트와 같은 독실한 이슬람 문화권은 라마단 기간에는 해가 뜨고 나서 해가 지기 전까지인 약 열 시간 동안 물과 음식을 일절 먹지 않는단다. 그러나 터키는 많이 개방되어서 거의 문제되지 않기 때문에 라마단 기간에는 전형적인 이슬람 문화권보다 터키가 여행하는데 별 어려움이 없다고 한다. 자신도 라마단 기간을 지키는데, 라마단 기간에 음식을 먹지 않아야 몸에 좋다고 한다. 저녁을 먹으면서 이런저런 이야기를 나누고 우리는 야경도 볼 겸 타틀르(후식)를 맛보러 밖으로 나온다. 차를 타고 전망 좋은 곳으로 올라가는 길. 야경 찍으라며 나를 세워주고, 부르사 이곳저곳에 대하여 설명해준다. 실은 조금 피곤했지만 내색하지는 않았다. 그들도 내가 첫 게스트여서 많은 걸 보여주고 많은 걸 알려주고 싶어 하는 게 눈에 보였기 때문이다. 언덕에 올라 야경을 본 후, 카페로 이동하여 바클라바와 돈두르마, 그리고 차이를 마시는데, 정말이지 행복하다. 그들의 웃음소리도 좋다. 언제부턴가 웃음소리가 특이하고 유쾌한 친구들을 잘 기억하게 된다. 에르진잔에서의 자페르, 아마시아에서의 셀축, 그리고 어제와 오늘. 무엇보다 전형적인 터키 가족에게서 느낄 수 있는 호의는 나를 너무도 행복하게 해준다.

나는 그들의 첫 번째 게스트다. 내가 폴라로이드 사진을 찍어주고, 태극기도 보여주고 하니, 그들도 내게 무언가를 건넨다. 일회용 차이 티백. 이런

선물, 참 고맙다! 사소해 보일 수도 있지만 이런 선물들은 감동이 더한다. 담배 파이프도 선물 받는다. 내가 담배 안 피우는 걸 알면서도 내게 무엇인가를 주고 싶었던 거다. 그게 느껴진다.

현재시각 2시. 오늘도 늦게 잠자리에 든다. 내일은 좋은 레스토랑에서 아침을 먹잔다. 그러고 나서 나는 얄로바로 이동할 계획. 드디어 창욱이를 만난다. 창욱이는 현재 이스탄불에 있으며(알바니아에서 버스로 점프해왔다) 내일 얄로바행 페리를 타고 내려올 계획이다. 얄로바부터 이스탄불까지 이틀을 함께 자전거를 탈 예정! 오늘 하루도 참 좋은 사람들 만나고 함께하고 있어서인지 정말 행복해!

고지가 눈앞이다!

"귀나이든~!"

아침인사를 나누고, 우리는 아침을 먹으러 차를 타고 나간다. 시내로 가는 줄 알았는데, 산골짜기에 계곡물이 흐르는 산장 같은 곳에서 괴즐레메와 카흐발트, 그리고 차이를 즐긴다. 둥둥 떠다니는 오리와 함께하는 여유로운 토요일 아침. 여유를 한껏 누리다가 11시가 다 돼서야 집으로 돌아온다. 이제는 짐을 챙겨 집을 떠나야 할 시간. 떠나기 전, 일케르가 던진 한마디.

"네가 나중에 가족이랑 함께 온다면, 그때도 언제나 환영이야."

ㅠㅠ 감동이야.

오늘은 약 80km구간을 달려야 한다. 햇살이 너무 뜨겁다. 주유소의 온도계는 34도를 가리키고. 이제 나는 산을 하나 넘어야 한다. 오늘부터는 처음에 왔던 길을 되돌아가는 코스인데, 그때 넘었던 산이 얼마나 험했는지 기억이 나질 않는다. 기억에 없는 걸 보니 그리 높은 산은 아니었나 보다. 기분이 말로 표현할 수 없을 정도로 오묘하다. 80일 전에 내가 밟았던 길을 연어마냥 고스란히 거슬러 올라가다니. 현재 속도계는 4,829km를 가리킨다. 곧 5,000km라니! 벌써부터 김칫국 마시면 안 되는데, 정말 좋다.

"으아아아아아~~!"

너무너무너무~ 뿌듯해. 벌써부터 뿌듯하면, 아마 이스탄불에서 '프리허그'할 때는 눈물이 날 것 같아.

잔수와의 재회

5시가 다 되어 오늘의 목적지, 두 달 전 행복
했던 순간이 고스란히 남아 있는 얄로바에 도착
한다! 페리보트, 그리고 사거리, 희미하지만 아
직 건물 하나하나 도로 하나하나가 기억 속에
남아 있다. 페리보트에 도착하여 잔수에게 전화
를 거니, 곧장 달려온다. 얼마 만에 보는 잔수인

가! 한국을 좋아하는 잔수, 나에게 얄로바를 소개해주고 두 달이 조금 넘게
흘렀는데, 그동안 수많은 한국인들과 함께 어울렸나 보다. 한국말이 몰라보
게 늘었다. 나도 질 수 없다. 그동안 갈고 닦은 터키어를 뽐낸다. 여행 초반
에는 "메르하바(안녕)" 밖에 할 줄 모르던 나였는데, 이제는 현지인과 터키
어로 대화를 나눌 수 있다는 게 신기할 따름이다.

'잔수! 나 터키어 많이 늘었지?! 헤헤.'

여행 동지 창욱

오늘은 고등학교 동창 창욱이를 만나는 날. 창욱이는 네덜란드 암스테르
담에서 자전거를 타고 내려오다가 알바니아에서 버스를 타고 엊그제 이스
탄불에 도착했고, 오후 6시에 얄로바 항구에서 만나기로 했다. 잔수와 페리
보트 앞 카페에서 창욱이를 기다리기로 한다.

80일 전 같은 시각, 서로 다른 장소에서 자전거 여행을 시작해서 드디어 오
늘! 창욱이를 만난다. 남은 시간, 단 이틀뿐이지만 나와 함께 자전거를 타러
이스탄불에서 얄로바로 페리를 타고 오고 있는 중인데, 6시가 넘어도 나타나
질 않는다. 한 시간을 더 기다리다 잔수에게 너무 미안해 일단 집으로 향한

1. 여행 초반, 얄로바 일간지에 실렸던 내 기사, 잘 보관되어 있다. ^^ 2. 신났네. 창욱이 ㅋㅋㅋ

다. 인터넷이 안 되니 연락할 방법이 없다. 이러다 국제 미아가 되지는 않을런지.

다시 찾은 자전거 클럽 사무실. 사무실 안에는 세빔이 나를 기다리고 있다. 그곳에서 샤워를 한 후, 7시가 가까워져 우리는 다시 페리보트로 이동. 드디어! 창욱이를 만났다. 무사해서 다행이다! 감격의 상봉을 한 후, 다함께 저녁을 먹으러 간다. 나, 창욱이, 잔수, 세빔, 그리고 잔수의 동생 눌세다까지! 마리나에서 노을을 바라보며 좋은 사람들과 함께하는 맛있는 저녁식사. 잔수를 처음 보는 창욱이는 그녀의 유창한 한국어 실력에 적잖이 놀라는 눈치다.

얄로바 자전거 클럽 사무실은 밤에 혼자 있을 수 있어 좋다. 비록 와이파이는 되지 않지만, 우리만 있으니 자유롭다. 맥주를 양손 가득 사와서 발코니에서 선선한 바람과 함께 그동안의 이야기를 안주 삼아 회포를 푼다! 그렇게 오랜만에 만난 우리는 이런저런 수다를 떠느라 시간 가는 줄 모른다. 시간은 어느덧 새벽 2시를 넘기고, 이제는 자야 한다. 내일도 신나게 달리려면!

77일차 주행거리 80km / **총 주행거리** 4,853km
77일차 지출 29리라(점심 9, 돈두르마 15, 맥주 5) / **총 지출** 2,052.66리라+188.63유로

페이스메이커가 생기다

모기 때문에 잠을 너무 설쳤다. 보즈야즈 이후로 처음이다. 일어나서 코니 밤새 창문을 열어놓고 자고 있었다. 내 피를 앗아간 모기떼들이 천장에 붙어 휴식을 취하고 있다. 애들아, 나 이틀 남았단다. 부디 건강하게 잘 있어라. 너희들은 내가 아닌 다른 사람이 죽여주겠지. <u>으흐흐.</u>

잔수와 10시쯤 아침을 함께 먹기로 했는데, 갑자기 사정이 생기는 바람에 급하게 이스탄불로 가야 된다는 연락을 받는다. 세빔과 작별인사를 하고, 우리는 길을 떠난다. 아침을 먹기 위해 얄로바 시내에서 와이파이가 되는 레스토랑을 찾아 누빈다. 일요일이어서 그런지 문 닫은 곳이 많다. 한 바퀴 돌아 겨우 찾은 와이파이가 되는 되네르 집. 아침으로 되네르 에크메크를 2개씩…. 그리고

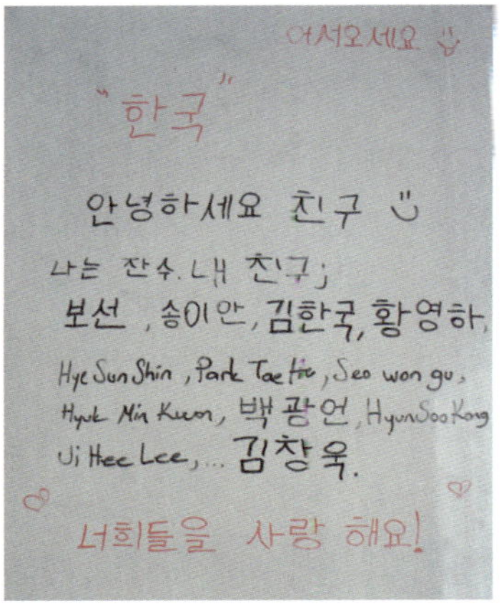

클럽 사무실 한켠에 적혀있는 잔수의 한국어 실력. '보선'과 '창욱' 사이의 한국 친구들은 그간(77일) 잔수가 만났던 한국인들.

아이란도 2개씩. 원래는 1개씩 먹지만, 창욱이 요 녀석이 워낙 먹는 양이 많다 보니 나도 욕심을 부려 2개를 주문해 먹는다.

날씨가 너무 덥다. 그리고 창욱이와 함께하는 첫 라이딩이다. 어찌 보면 누구와 함께 달리는 건 이번이 처음인 듯하다. 나와 창욱이는 달리는 스타일이 다르다. 아니, 내가 다른 라이더들과 다른 것이다. 나는 좀처럼 쉬지 않는다. 초반에 체력이 있을 때, 100km건 150km건 점심시간까지 쉴 새 없이

달린다. 더욱이 그 사이에 볼거리가 없는 심심한 구간이라면 말이다. 그렇게 대여섯 시간을 질주한 후, 점심시간을 오래 갖는 게 나의 특징이다. 오늘 창욱이는 내 페이스메이커가 되어주고 있다! 혼자 달릴 땐 조절하지 못했던 페이스를 친구와 함께하니 조절 가능해졌다.

20km쯤 달리고 첫 번째 휴식을 갖는다. 너무 더워 주유소에서 아이스크림과 주스를 벌컥벌컥 마신 후, 주유소 쇼파에 앉아 더위를 식힌다. 그런데… 그곳에서 그만 잠이 들고 말았다. 한동안 수면시간이 적어 졸린 탓도 있었지만, 더워서 더욱 졸음이 쏟아진 듯. 나와 창욱이는 그렇게 한 시간을 넘게 주유소 쇼파 위에서 자버리는 민폐를 저지르는데… 눈을 떠보니 2시가 넘었다. 정신을 차리고 다시 자전거에 오른다. 푹푹 찌는 날씨. 원래는 더워도 건조해서 괜찮았는데, 이곳은 해안가라서 그런지 습도가 꽤나 높다. 도로는 좋다만, 역풍이 역풍이… '내일은 순풍을 타고 달리겠지'라는 마음으로 초! 긍정적으로 역풍을 뚫고 나아간다. 우리는 6시가 다 되어 오늘의 목적지인 이즈미트에 도착한다.

제일 먼저, 두 달 반 전 이즈미트에서 아침을 먹었던 카페에 가 본다. 나와 함께 폴라로이드 사진을 찍은 종업원이 있나 없나 살펴보는데, 주인아주머니께서 나를 기억하고는 알아보신다! 대화가 잘 통하지 않아, 많은 걸 물어보지는 못했지만 그 여자 종업원은 보이지 않았다. 내일 아침을 먹으러 온다고 하고 발길을 돌렸지만 확신할 순 없다. 이 카페를 다시 찾은 이유는 그때 그 여자 종업원이 나를 뚫어져라 쳐다보며, "스위트"하다고 선물이랑 편지까지 건네주었기 때문. 나는 아직까지 그걸 가지고 있다. 그때 다시 이즈미트에 돌아와 꼭 찾아오겠다고 말했었는데, 그 약속을 부득이하게 못 지

킬 것만 같다. 꼭 얼굴 보고 고맙다는 말 전해주고 싶었는데!

이즈미트 시내에서 피데로 약간의 허기를 달랜 후 우리가 향한 곳은 하맘! 창욱이가 터키에 온 지 얼마 되지 않아 아직 하맘을 가보지 못하여 그곳에 데려가줄 참이다. 멀지 않은 곳에 위치한 하맘. 가격도 마사지랑 다 포함해서 30리라가 채 되지 않는다. 나는 3번째! 창욱이는 첫 경험(?). 오늘 진짜 땀에 쩔었는데, 하맘으로 몸 좀 풀어야겠다! 근데 영 시원찮다. 예전에 시타스와 에르진잔의 하맘에 비해서는 때밀이와 마사지를 대충 하는 듯한 이 기분은 뭐지. 그래도 사우나와 마사지로 인해 피로가 쫙 풀린 느낌이 드는 건 사실! 실은 마사지는 하지 않고, 때밀이만 하려 했으나, 현지인이 받는 마사지가 상당히 시원해 보였다. 그리고 시간도 상당히 오래 해주는 것. 그래서 우리도 그걸 보고는 마사지도 받자고 급 결정했는데 우리에게는 짧게, 그리고 대충 해주는 것 같다. 기분 탓인가? 이런 곳은 현지인과 동행해야 제대로 누릴 수 있을 것 같다는 생각을 해본다.

시계를 보니 8시가 넘었다. 오늘 호스트에게는 8시쯤에 집 근처 오토갈(버스터미널)에 도착해서 문자를 주겠다고 했다. 문자를 보내려 하니, 때마침 그에게서 전화가 온다. 30분 내로 가겠다고 하고 다시 페달을 굴린다. 가운하게 하맘 했는데, 다시 땀을 흘리게 되었다. 약속시간보다 늦어버린, 9시가 다 되어 우리는 오토갈에 도착하고 호스트로부터 답장이 없자 똥마려운

강아지마냥 안절부절못하던 찰나, 고맙게도 호스트가 친히 나와주셨다! 오늘의 호스트는 베슬린, 일단 그의 집으로 향한다. 그리고는 저녁을 준비해준다. 실은 우리… 저녁을 먹었지만… 여행자들, 특히나 자전거 여행자들은 언제나 배고프기에 또 맛있게 먹는다!

그리고 함께 축구 시청. 여행 막판에는 월드컵 기간이어서 거의 매일 축구에 관한 소식을 접한다. 왠지 이번 월드컵은 월드컵 분위기가 나지 않는다. 내가 해외에 있어서 그런가? 아니면 우리나라 축구에 대한 기대가 없어서 그런 것일까? 그래도 축구 경기는 재미있다. 우리나라 축구 경기는 빼고.

호스트인 베슬린도 자전거가 있는데, 우리의 루트에 참 관심이 많다. 이즈미트는 이스탄불 진입 전, 그리고 내 경로의 마지막 도시여서 이제까지 내가 지나온 도시들을 읊어주니, 역시나 대단히 놀란다! 현지인들보다 더 많이 안다면서….

내일은 진정 마지막! 엉덩이가 점점 쓰라리고 아파오지만, 그까짓 것, 참을 수 있다. 아자!

맥주 한 병을 홀짝이며 창밖을 바라보면서 지난날을 돌이켜본다.

5036km, 끝.

마지막 날이 밝았다. 오늘은 이스탄불로 입성하는 날.

아침을 간단히 먹은 후 베슬린과 기념사진을 한 장 찍고, 자전거에 오른다. 너무 신나서 그냥 씽씽 달려진다. 기쁜 나머지 중간중간 고함도 질러보고 빨간불을 무시한 채 달리다 경찰에 걸리고 만다. 실은 경찰차를 보고도 빨간불에 멈추지 않고 그냥 달렸다. 이제까지의 터키 교통문화(?)를 그대로 따랐을 뿐인데, 왜 하필 오늘 잡는 것인지. 뒤따라오던 창욱이가 외친다.

"야, 경찰차가 멈추라는 것 같은데?"

"그냥 달려~!"

경찰차에서 터키어로 멈추라는 듯한 신호를 보내왔지만, 무시한 채 그냥 달린다. 경찰차가 앞으로 내달려 우리 앞을 가로막는다. 어쩔 수 없이 정지.

'하아, 왜 하필 오늘!'

터키 경찰관은 우리가 외국인임을 확인하고 여권을 보여달라고 한다.

'제발 벌금만은… 제발 벌금만은…!'

다행히도 경찰관은 우리의 여권을 확인하고는 빨간불에는 멈춰 설 것을 요구하고는 이내 사라진다.

'휴우….'

"양아치네. 이거 완전!"

"여기 터키여."

다시 페달을 밟는다. 이스탄불로 가는 하늘에 먹구름이 잔뜩 깔려 있다. 나와 비는 여행이 끝나는 날까지 화해를 할 수 없는 운명인가 보다. 오후 4시쯤 이스탄불에 진입한다. 바닷가를 따라 난 자전거 도로를 달려, 불행히도 이스탄불임을 알려주는 표지판은 보지 못했다. 어쨌거나 다시 왔다. 처음 비행기에서 내려 이스탄불을 어슬렁거렸을 때의 기억이 새록새록하다. 흩뿌리는 이 빗방울들이 나를 환영해주는 듯해 더욱 좋다. 시내에 도착한 우리는 컬비네 집으로 향한다. 컬비에게 뭘 해줄까 하다가 한국스타일의 수박화채를 해주기로 하고 마트에서 장을 봐 컬비네 집 벨을 누른다.

"Welcome back!!!"

컬비와의 재회. 77일만이다. 변함없이 그대로다. 그러나, 나는 많이 삭았다. 도착하자마자 컬비에게 터키 지도를 펼치며 자랑해 보인다!!

"내가 해냈어! I did it! I made it!"

컬비가 엄지를 치켜 세워준다. 이 지도도 컬비가 도와줘서 이스탄불 둘째 날에 술탄아흐멧에서 산 것이다.

내가 두 바퀴로 기적을 그렸다. 정말 힘들었다. 감동의 기쁨을 잠시 나누고 땀범벅이 된 우리는 샤워를 한다. 그러고 나서 컬비에게 수박화채를 선사~. 완주 후에 먹는 이 맛이란!

79일차 주행거리 102km / **총 주행거리 5,036km**
79일차 지출 116.5리라(간식 5.5, 수박화채 5, 저녁 95, 맥주 11)/
총 지출 2,228.91 리라+188.63유로

탁심광장에서의 프리허그!

   어젯밤, 완주의 기쁨을 나누느라 미처 프리허그 판넬을 못 만들었다. 이스탄불에 머물고 있는 잔수의 도움을 받기로 한다. 점심때 그녀의 대학교 근처에서 만나 문방구를 누벼 준비물들을 산다. 어떻게 꾸밀지 잠깐 궁리하다가, 터키어가 들어가면 좋겠다는 생각이 들어 제작 또한 그녀의 도움을 받는다. 얄로바에서부터 이스탄불까지 나의 도움 요청에 그녀는 한 번도 거절한 적이 없으며 흔쾌히, 그리고 성심성의껏 도와주었다. 그렇게 하여 만들어진 프리허그 판넬!

(80 GÜNDE BISIKLETIMLE TÜRKIYE'yi GEZDIM)
5036 KM in TURKEY
cycling for 80 days!
FREE HUG
with SUNNY!

80 GÜNDE BİSİKLETİMLE TÜRKİYE'Yİ GEZDİM
5036 KM in TURKEY
cycling for 80 days !
FREE HUG
with SUNNY !

FREE
with SUNNY
5036 KM
80 GÜNDE BISIKLETIMLE TÜRKIYE'Yi GEZDIM

80 GÜNDE BISIKLETIMLE TÜRKIYE'Yi GEZDIM
in TURKEY
5036 KM cycling for 80 days!
FREEHUG
SUNNY!

80 GÜNDE BISIKLETIMLE TÜRKIYE'Yi GEZDIM
5036 KM in TURKEY

80 GÜNDE BISIKLETIMLE TÜRKIYE'Yi GEZDIM
5036 KM in TURKEY cycling for 80 days!
FREEHUG

80 GÜNDE BISIKLETIMLE TÜRKIYE'Yi GEZDIM
5036 KM in TURKEY cycling for 80 days!
FREEHUG
with SUNNY!

80일차 주행거리 0km / 완주 주행거리 5,036km
80일차 지출 66,25리라(이스탄불 카르트 20, 펜 2,5, 저녁 18,75, 맥주 25) /
총 지출 2,295,16리라+188,63유로

인생은 속도가 아니라 방향이더라

한국으로 돌아오는 비행기 안…. 잠도 오질 않아 여유로운 시간, 지난 사진들을 하나하나 꺼내본다. 이 기분… 뭐지? 미련 따윈 없이 터키를 떠날 줄 알았는데, 오묘하다. 비행기 안에서 노트북에 있는 터키에서의 흔적들을 들여다본다. 그동안 찍은 사진이 2만 여장 가까이, 동영상만 100GB. 사진 하나하나 의미 없는 게 없다. 그 속으로 다시 들어가고 싶은 생각이 드는 건 왜일까? 하나는 확실하다. 그만큼 행복했다는 의미일 테고, 내가 성장하는데 큰 자산이 될 거라는 걸.

Sunny의 80일간 나홀로 자전거 터키일주, 끝~!

2014년 3월 30일, 이스탄불에서 시작된 나홀로 자전거 터키일주. 두 바퀴로 터키 전역을 누비면서 41개의 크고 작은 도시에서 46명의 현지인들에게 초대되어 그들과 소통하고 그들의 삶에 조금이나마 비집고 들어가 보려 노력했다. 6월 17일 완주하기까지 80일간 두 바퀴로 그려낸 5036km, 1296km의 히치하이킹, 24번의 펑크, 숙박비 0원, 교통비 0원 달성. 일주를 마친 지금, 얻은 성과라고는 하늘 무서운 줄 모르고 솟구쳐 버린 깡다구와 폭삭 삭아버린 외모, 뼈대만 남아버린 앙상한 몸뚱아리. 그리고 '국내 최초'로 자전거로 터키를 일주했다는 수식어. 아, 또 하나 있다면 출발 당시 터키어라고는 젬병이었던 내가 이제는 곧잘 이해하며 그들을 기쁘게 해줄 수 있다는 것이다.

많이 힘들었다. 정말! 깋이 힘들었다! 밥숟가락 놓을 뻔했던 게 한두 번이 아니었고, 울면서 달린 적도 여러 번 있었다.(물론 웃으면서 달린 적이 훨씬 많았지만) 그런데 그 힘든 순간도 덮어버릴 만큼 느낀 게 많았고 하루하루가 행복한 순간의 연속이었다고 자신 있게 말할 수 있다.

말도 통하지 않는 머나먼 타국에 나가 외로이 두 바퀴를 굴린다는 것. 누구는 무모하다고 할지도 모르고, 또 누군가는 어리석다고 할지도 모른다. 그러나 새로운 세상을 만나 나와 다른 다양한 사람들과 소통하고 경험을 하는 것이 내게는 너무나도 즐겁고 행복한 일이다.

2013년 여름, 유럽일주를 할 때, 아마 네덜란드였던 것 같다. 같은 시기에 유럽여행을 하던 고등학교 동창 둘과 때마침 전화로 안부를 주고받고 있었다. 녀석들은 낭만적인 곳들을 여행하고 있었던 듯, 갑자기 센치해져서 미래에 대한 이야기를 하기 시작했다.

"너는 나중에 뭐 하고 싶냐?"

"나? 나는 그냥 여행하면서 내 이야기도 들려주면서 책도 쓰고 싶어. 그냥 그러고 싶어."

내 마음속 포부를 조심스레 밝혔더니, 친구들이 피식피식 웃는다. 솔직히 나도 웃겼다.

그런데 이렇게 하나하나씩 쌓인 여행 경험 덕분에 나는 강단 위에 서서 내 얘기를 들려주기도 하고, 게다가 터키를 자전거로 돌고 온 지금은, 출판사와 계약을 맺고 책을 펴내기에 이른다.
'써니의 상상은 현실이 된다.'

4년 전, 마음먹고 그려내기 시작한 길이, 그때 당시엔 많은 사람들이 내게 무모하다며 취업준비에나 열중하라고 했었다. 그런데 그때부터 찍은 그 하나하나의 점들이 이제는 희미하게나마 선으로 이어지기 시작하고 있다. 그리고 그 친구들의, 주위 사람들의 나를 바라보는 시선들도 달라지고 있다. 진정으로 하고 싶은 게 있다면 남들 의식하지 말고 일단은 저질러보는 게 맞다.
언제?
되도록이면 지금 당장!
어떤 분들은 "하고 싶은 게 있어도, 미래를 위해 열심히 준비하고, 안정되고 난 다음에 하고 싶은 걸 해도 괜찮아" 라고 말씀하실 수도 있다. 행복이란 게 그럴 수만 있다면 얼마나 좋겠는가. 그때의 행복은 그 순간이 아니면 영원히 사라지고 만다. 내일의 행복을 위한다며 오늘의 행복을 밀어두고 고통을 감내하고만 산다면, 행복은 언제나 막연히 멀리 있는 것일 뿐이다.
하고 싶은 걸 한다고 해도 그것이 반드시 성공을 보장해주지는 않는다. 하지만 후회를 없애줄 수는 있다. 이런 말도 있지 않은가. 하고 싶은 것만 하면서 살 수는 없지만, 하고 싶은 걸 찾아서 할 줄 아는 모습이 세상에서 가장 아름답다는.
나 또한 '젊음을 낭비하지 말자'라는 나의 좌우명과 같이 앞으로도 현실에 안주하지 않고 청춘과 열정을 무기 삼아 도전하고, 또 도전하는 20대를 보내고자 한다. 그리고 또 하나의 목표가 있다면 이 여행기를 접하는 누군가에게 조금이나마 '자극제'가 되었으면 하는 바람이다.

열심히 페달을 밟고 있는 나의 20대.
나 혼자 내 길을
찾아야만 하는 줄 알았는데
아닌 것 같습니다.

같이 힘차게 달려줘서 감사합니다.
덕분에 빠르진 않지만
제 길로 가고 있는 것 같습니다.
응원해주신 모든 분들께 다시 한번 감사의 말씀 드립니다.

2014년 7월 13일~16일 제주도를 찾은 멘데레스 아비

2015년 8월 9일 잔수&놀세다 한국여행 중

2015년 8월 6일 에제 한국 방문하다

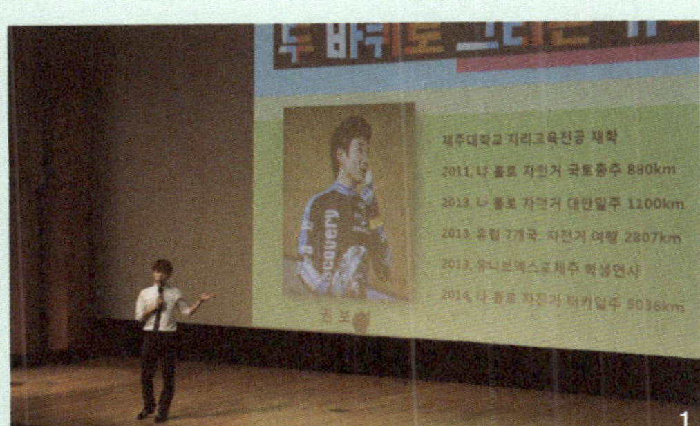

80일 간 자전거로 터키 5036㎞ 열주

제주대 권보선씨

도내 한 대학생이 80일 동안 홀로 자전거를 타고 '형제의 나라' 터키를 일주해 화제다.

주인공인 제주대학교 4년 권보선씨(26·지리교육 전공·사진)는 지난 3월 30일부터 6월 16일까지 자전거를 타고 터키의 대부분 지역을 여행했다. 그가 달린 거리만 5036㎞다.

권씨는 여행 내내 자전거를 타거나 히치하이킹으로 이동했다. 특히 권씨는 '만남을 통해 형제의 나라 몸소 느끼기'도 모토로 정한 만큼 현지인의 삶을 체험하고 정서를 공유하는 데 주력했다. 이에 앞서 권씨는 지난해 여름에는 자전거를 타고 40일에 걸쳐 유럽 7개국을 일주했다. 권씨는 "누군가에게 희망과 영감을 주는 존재가 되는 것이 여행의 목표이자 삶의 본향"이라고 말했다. 김현호 기자 tazan@jejunews.com

1. 써니, 강단에 서다
2. 써니, 대한민국 인재가 되다
3. 써니, 신문에 실리다

KB 금융그룹
국민의 평생 금융파트너
KB 손해보험

LIG손해보험이
KB손해보험으로 새 출발합니다

함께 하면 할수록 더 밝고 크게 빛을 내는 희망처럼,
LIG손해보험이 KB손해보험이라는 새 이름으로
더 큰 안심을 드리는 국민의 희망파트너가 되겠습니다.

LIG손해보험의 새 이름
KB 손해보험

www.kbinsure.co.kr 고객콜센터: 1544-0114